从零开始构建
企业级推荐系统

张相於 著

电子工业出版社.
Publishing House of Electronics Industry
北京·BEIJING

内 容 简 介

本书是一本面向实践的企业级推荐系统开发指南，内容包括产品设计、相关性算法、排序模型、工程架构、效果评测、系统监控等推荐系统核心部分的设计与开发，可以帮助开发者逐步构建一个完整的推荐系统，并提供了持续优化的系统性思路。本书注重从系统性和通用性的角度看待推荐系统的核心问题，希望能够帮助读者做到知其然，也知其所以然，更能够举一反三，真正掌握推荐系统的核心本质。此外，本书对于推荐系统开发中常见的问题和陷阱，以及系统构建过程，也做了重点介绍，力求让读者不仅知道做什么，而且知道怎么做。

本书的目标读者是推荐系统研发工程师、产品经理以及对推荐系统感兴趣的学生和从业者。

图书在版编目（CIP）数据

从零开始构建企业级推荐系统 / 张相於著. —— 北京：电子工业出版社，2020.8
ISBN 978-7-121-39151-4

Ⅰ. ①从… Ⅱ. ①张… Ⅲ. ①计算机网络管理—计算机管理系统—系统开发 Ⅳ. ①TP393.072

中国版本图书馆 CIP 数据核字（2020）第 105595 号

责任编辑：张春雨
印　　刷：北京盛通数码印刷有限公司
装　　订：北京盛通数码印刷有限公司
出版发行：电子工业出版社
　　　　　北京市海淀区万寿路 173 信箱　　　　邮编：100036
开　　本：787×980　1/16　　印张：19.25　　字数：411 千字
版　　次：2020 年 8 月第 1 版
印　　次：2025 年 1 月第 5 次印刷
定　　价：89.00 元

献给我的妻子

序

最近恰巧看到一段视频，是杰夫·贝索斯在 1997 年的一段访谈，关于他如何开始创办亚马逊的。贝索斯之前在纽约的一家量化对冲基金公司工作，他在做数据统计时发现，当年互联网的使用量在一年时间里增长了 2300%，数据告诉他通过互联网卖东西这件事情不容错过。

他列出了 20 种可以在网上销售的产品，发现书籍是最佳选择。书籍这个品类下的商品数量比第二名音乐品类要多得多。同时在售的音乐 CD 有大约 20 万种，而各种语言的书籍有 300 万种，其中光英文的书籍就有 150 万种。当有如此之多的书籍可以选择的时候，网上商店就是最佳的选择了，其他方式都很难满足。20 世纪末，注意力是最稀缺的商品。如果想赢得消费者，就要做创新的东西，做全新的对用户真正有价值的东西。

视频的最后，贝索斯说道，"今天，1997 年，互联网和电子商务都才刚刚起步，它还仅仅是 day one。我相信，当多年以后回头看的时候，人们会说，wow，20 世纪末是这个星球上的一个伟大时代。"无疑，时间回报了这位能够洞穿未来的冒险家。现如今亚马逊已经成为世界上首屈一指的公司之一，贝索斯也随之登上了世界首富的宝座。亚马逊是全世界最早将个性化推荐技术作为商业系统核心引擎的公司。他们早年关于协同过滤的论文对这个领域的发展影响深远。

相於工作早期主要的一段经历是在当当网。当当网是国内最早使用个性化推荐技术的商业公司之一，通过数据智能帮助读者发现值得阅读的好书。从 2016 年开始，相於陆续在 ResysChina 公众号上发表了多篇文章，对自己工作所得所想进行了无私的总结与分享。相於的文章深入浅出，把这项以数学模型为主、乍看起来让人枯燥的工作，讲解得清晰易懂。更难能可贵的是，相於不但精通算法模型，而且对推荐系统的相关产品也有很多思考，受到了业内读者的广泛好评。这本书是相於的心血之作，打磨良久，如果你想系统全面地了解如何构建企业级的推荐系统，本书不容错过。

ResysChina 发起人，谷文栋

自序

我第一次接触推荐系统是在 2012 年的电商行业，那时推荐系统领域有两大传说：一是推荐系统在 Amazon 的订单贡献达到 30%以上；二是 Netflix 悬赏百万美金寻找最强的推荐算法。在这种气氛的烘托下，推荐系统开始受到越来越多的关注，但这种关注并没有在短时间内转化成更丰硕的成果。在认知层面，除了电商和视频等少数行业，在大多数行业中推荐系统的重要性还没有被广泛认可，那时整个行业对于流量分发的认知也远没有今天这么深入透彻，对于推荐系统的认知也更多停留在"可以帮助电商网站卖货"这样的层面。在产品形态层面，彼时还是以各种"豆腐块"为主，现在占据主导的 feed 流、直播以及内容混排等也都还没有出现或者尚处在萌芽期。而在技术层面，机器学习技术还没有开始广泛应用，更遑论深度学习，那时推荐算法绝对的主角还是"常青树"——协同过滤算法。那一年，现在以推荐技术名扬四海的字节跳动刚刚成立。

推荐系统在后来几年内的发展可谓一日千里，也在各个领域受到了越来越多的重视，在业务、产品和技术层面都取得了长足的发展，与搜索和广告一起，构成了互联网算法行业不可或缺的三大核心组件。尤其是近年来随着数据量的持续增长和算力的持续提升，推荐系统这一以数据和算法为核心驱动力的产品，在深度学习技术的助推下，将业务效果不断推向新的高度。

从 2015 年开始，受到 ResysChina 社区发起人谷文栋的邀请，我开始在 ResysChina 的公众号上写一些推荐系统相关文章，其中有关于推荐算法的，有关于机器学习的，也有一些关于推荐系统整体思考的。在这个过程中我发现，虽说关于推荐系统受到关注更多的通常是各种炫酷的算法，但出自一线实践的系统构建一手经验和教训有时会引起更多的共鸣，这些经验和教训可能并不高端也不复杂，甚至很多时候不够起眼，可是对于构建出成功的推荐系统却是非常重要的。于是，与大家分享我和我的团队的实践经验和教训就成为写这本书的第一个驱动力。

　　写这本书还有第二个驱动力，就是希望梳理出推荐系统一些通用的可泛化的做法和思路。推荐系统是一个涉及面非常广的领域，从算法到工程都有很多比较有技巧性的点，这些技术点编织成了一张复杂的网络。但这个世界的本质是简单的，这张复杂的网络中一定存在着一些关键的核心节点，这些节点代表了推荐系统中最为本质、技术点共性的一些东西，掌握这些节点就好比抓住了一棵树的主干，更多的具体实践方法只是主干上长出的树杈和枝丫。正所谓"举一纲而万目张，解一卷而众篇明"，希望能通过这本书和读者一起探得推荐系统中的些许思想精华。

　　以上均为作者的美好愿望，但推荐系统领域博大精深，技术日新月异，作者才疏学浅，经多年努力也只窥得皮毛，书中错谬疏漏之处在所难免。因此，读者读完本书如能略有收获，作者已是诚惶诚恐；如能得诸位读者不吝赐教，更将不胜感激。读者可以在 ResysChina 的微信公众号、知识星球以及知乎专栏上找到我，也可通过 zhangxy@live.com 联系到我。

　　在这里要感谢曾经和我一起工作过的同事们，和你们的共事过程给予了我写作的灵感；感谢 ResysChina 社区的读者们，你们的反馈和肯定是我写就本书的动力；最后，感谢我永远 18 岁的老婆和我可爱的儿子，你们的爱让这一切成为可能。

张相於

2020 年 5 月

前言

说起推荐系统，大多数人第一时间想到的是协同过滤、机器学习这些算法技术，但是当你沉浸在其中足够久的话就会发现，就如同一辆高级跑车不仅需要一台高级的发动机，构建一套靠谱的推荐系统需要的也不仅仅是那几种"高大上"的算法，还有很多不那么光鲜的工作需要完成。在掌握推荐算法和搭建一套可用的企业级推荐系统之间，还有很多路要走。写作本书的目的就是帮助大家从零开始一步步搭建一套可用的企业级推荐系统。这里面最宝贵的可能不是某种算法或某种架构，而是一些通用化、系统化的思维，以及一些没走过就不知道的"坑"或者技巧。而很多时候也正是这些不会在论文中出现的东西，撑起了推荐系统的半边天，确保了推荐算法能够产生它应有的价值。

本书在写作时力求达到良好的条理性、系统性和通用性。在条理性方面，希望能将一种算法或一个模块的演进过程从简单到复杂、循序渐进地展开阐述，读者可以结合自己的业务情况来决定从哪种状态入手。在系统性方面，希望能做到把散落的知识点连成面，例如在介绍相关性算法时，会对所有的相关性链条模式进行系统性总结，这样即使以后出现新的相关性算法，读者也可以很快知道应该如何应用它。在通用性方面，希望能找到不同问题之间的共同点，例如在介绍如何应用机器学习技术时，会将特征类型按照维度和泛化能力进行通用抽象分类，让读者真正理解不同特征的作用原理和作用范围。

本书的整体结构如下。

- **第 1 章**：介绍推荐系统的产生背景、价值及一些产品层面的思考，和读者一起探讨为什么要有推荐系统，以及什么样的推荐系统是好的系统。
- **第 2 章**：对推荐系统所涉及的技术做一个整体的概括性介绍，勾勒出推荐系统技术的整体骨架，作为后续章节内容的指引。

- **第 3 章**：介绍经久不衰的协同过滤算法和其他的基础相关性算法，同时给出相关性链条的常用模式和规律，按照该模式可构建出任意相关性关系。
- **第 4 章和第 5 章**：介绍以机器学习模型为代表的算法融合方法及对应的数据血统策略，这里会覆盖在推荐系统场景下应用机器学习技术的全流程，还会重点介绍机器学习应用中一些不易察觉但却影响很大的"坑"及其应对方式。
- **第 6 章**：介绍推荐系统的基石数据之一——用户画像系统，包括常用的算法及架构的演进，这套技术不仅可用来服务于推荐系统，也可使用在其他需要用户画像系统的场景中。
- **第 7 章**：介绍推荐系统的各种评测方法及系统监控策略，包括离线的和在线的多维度效果评测方法，以及系统上线之后保障系统稳定运行的监控方法。
- **第 8 章**：介绍推荐算法优化的常用方法，以及影响推荐系统效果的一些非技术因素，这里着重介绍效果优化的一般性思路，力求做到精练，通过举一反三，可推广到更多的场景中。
- **第 9 章**：介绍自然语言处理技术在推荐系统中的应用，包括常用技术的演进过程，以及它们之间的关系。
- **第 10 章**：介绍推荐系统所特有的探索与利用问题，包括该问题对推荐系统的影响，以及常用的解决方法。
- **第 11 章**：介绍推荐系统的整体架构设计，包括架构分层、在每一层上适合进行的操作，以及常用的架构演进规律。
- **第 12 章**：介绍推荐系统工程师的成长路线，包括其需要掌握的技术和进阶过程。
- **第 13 章**：介绍当今推荐系统面对的挑战，以及目前已有的一些尝试，读者可以从这里了解到当前还有哪些重要问题没有得到解决，以及它们对推荐系统的影响。

对于推荐系统的初学者，建议从第 1 章开始按顺序阅读；对于有一定经验的读者，则可以直接翻到感兴趣的章节进行阅读。

提示：本书中提到的"链接 1"至"链接 66"，请从 http://www.broadview.com.cn/39151 下载"参考资料.pdf"进行查询。

读者服务

微信扫码回复：39151

- 获取免费增值资源
- 获取精选书单推荐
- 加入读者交流群，与更多读者互动、与本书作者互动

目录

第 1 章　推荐系统的时代背景 1

　1.1　为什么需要推荐系统 1

　　1.1.1　提高流量利用效率 1

　　1.1.2　挖掘和匹配长尾需求 6

　　1.1.3　提升用户体验 7

　　1.1.4　技术积累 8

　1.2　推荐的产品问题 10

　　1.2.1　推荐什么东西 10

　　1.2.2　为谁推荐 13

　　1.2.3　推荐场景 14

　　1.2.4　推荐解释 16

　1.3　总结 18

第 2 章　推荐系统的核心技术概述 19

　2.1　核心逻辑拆解 19

　2.2　整体流程概述 20

　2.3　召回算法 21

　2.4　基于行为的召回算法 24

　2.5　用户画像和物品画像 24

2.6 结果排序 26

2.7 评价指标 26

2.8 系统监控 27

2.9 架构设计 28

2.10 发展历程 28

2.11 总结 30

第 3 章 基础推荐算法 31

3.1 推荐逻辑流程架构 31

3.2 召回算法的基本逻辑 34

3.3 常用的基础召回算法 36

3.3.1 用户与物品的相关性 36

3.3.2 物品与物品的相关性 42

3.3.3 用户与用户的相关性 46

3.3.4 用户与标签的相关性 47

3.3.5 标签与物品的相关性 48

3.3.6 相关性召回的链式组合 50

3.4 冷启动场景下的推荐 51

3.5 总结 53

第 4 章 算法融合与数据血统 54

4.1 线性加权融合 55

4.2 优先级融合 57

4.3 基于机器学习的排序融合 59

4.4 融合策略的选择 61

4.5 融合时机的选择 63

4.6 数据血统 64

4.6.1 融合策略正确性验证 65

4.6.2 系统效果监控 65

4.6.3 策略效果分析 67

4.7 总结 68

第 5 章　机器学习技术的应用 69

　5.1　机器学习技术概述 69

　5.2　推荐系统中的应用场景 70

　5.3　机器学习技术的实施方法 72

　　5.3.1　老系统与数据准备 72

　　5.3.2　问题分析与目标定义 74

　　5.3.3　样本处理 76

　　5.3.4　特征处理 80

　　5.3.5　模型选择与训练 98

　　5.3.6　模型效果评估 101

　　5.3.7　预测阶段效果监控 104

　　5.3.8　模型训练系统架构设计 105

　　5.3.9　模型预测系统架构设计 108

　5.4　常用模型介绍 109

　　5.4.1　逻辑回归模型 109

　　5.4.2　GBDT 模型 111

　　5.4.3　LR+GDBT 模型 112

　　5.4.4　因子分解机模型 113

　　5.4.5　Wide & Deep 模型 115

　　5.4.6　其他深度学习模型 116

　5.5　机器学习实践常见问题 117

　　5.5.1　反模式 1：只见模型，不见系统 117

　　5.5.2　反模式 2：忽视模型过程和细节 117

　　5.5.3　反模式 3：不注重样本精细化处理 118

　　5.5.4　反模式 4：过于依赖算法 119

　　5.5.5　反模式 5：核心数据缺乏控制 120

　　5.5.6　反模式 6：团队不够"全栈" 121

　　5.5.7　反模式 7：系统边界模糊导致出现"巨型系统" 121

　　5.5.8　反模式 8：不重视基础数据架构建设 122

　5.6　总结 123

第 6 章　用户画像系统 **124**

　6.1　用户画像的概念和作用 124

　6.2　用户画像的价值准则 126

　6.3　用户画像的构成要素 128

　　6.3.1　物品侧画像 129

　　6.3.2　用户侧画像 133

　　6.3.3　用户画像扩展 139

　　6.3.4　用户画像和排序特征的关系 142

　6.4　用户画像系统的架构演进 143

　　6.4.1　用户画像系统的组成部分 143

　　6.4.2　野蛮生长期 144

　　6.4.3　统一用户画像系统架构 145

　6.5　总结 147

第 7 章　系统效果评测与监控 **148**

　7.1　评测与监控的概念和意义 148

　7.2　推荐系统的评测指标系统 150

　7.3　常用指标 151

　7.4　离线效果评测方法 158

　7.5　在线效果评测方法 163

　　7.5.1　AB 实验 163

　　7.5.2　交叉实验 173

　7.6　系统监控 178

　7.7　总结 181

第 8 章　推荐效果优化 **182**

　8.1　准确率优化的一般性思路 183

　8.2　覆盖率优化的一般性思路 185

　8.3　行为类相关性算法优化 188

　　8.3.1　热度惩罚 188

　　8.3.2　时效性优化 190

　　8.3.3　随机游走 194

    8.3.4 嵌入表示 196

  8.4 内容类相关性算法优化 200

    8.4.1 非结构化算法 201

    8.4.2 结构化算法 201

  8.5 影响效果的非算法因素 205

    8.5.1 用户因素 205

    8.5.2 产品设计因素 206

    8.5.3 数据因素 208

    8.5.4 算法策略因素 208

    8.5.5 工程架构因素 209

  8.6 总结 210

第 9 章 自然语言处理技术的应用 211

  9.1 词袋模型 212

  9.2 权重计算和向量空间模型 214

  9.3 隐语义模型 216

  9.4 概率隐语义模型 218

  9.5 生成式概率模型 220

  9.6 LDA 模型的应用 222

    9.6.1 相似度计算 222

    9.6.2 排序特征 222

    9.6.3 物品打标签&用户打标签 223

    9.6.4 主题&词的重要性度量 223

    9.6.5 更多应用 224

  9.7 神经概率语言模型 224

  9.8 行业应用现状 226

  9.9 总结和展望 227

第 10 章 探索与利用问题 228

  10.1 多臂老虎机问题 228

  10.2 推荐系统中的 EE 问题 230

  10.3 解决方案 231

10.3.1　ϵ-Greedy 算法 231

10.3.2　UCB 234

10.3.3　汤普森采样 236

10.3.4　LinUCB 237

10.4　探索与利用原理在机器学习系统中的应用 239

10.5　EE 问题的本质和影响 240

10.6　总结 241

第 11 章　推荐系统架构设计 242

11.1　架构设计概述 242

11.2　系统边界和外部依赖 244

11.3　离线层、在线层和近线层架构 246

11.4　离线层架构 247

11.5　近线层架构 249

11.6　在线层架构 252

11.7　架构层级对比 255

11.8　系统和架构演进原则 256

11.8.1　从简单到复杂 256

11.8.2　从离线到在线 258

11.8.3　从统一到拆分 258

11.9　基于领域特定语言的架构设计 259

11.10　总结 262

第 12 章　推荐系统工程师成长路线 263

12.1　基础开发能力 264

12.1.1　单元测试 264

12.1.2　逻辑抽象复用 264

12.2　概率和统计基础 265

12.3　机器学习理论 266

12.3.1　基础理论 267

12.3.2　监督学习 268

12.3.3　无监督学习 269

12.4　开发语言和开发工具 270

　　12.4.1　开发语言 270

　　12.4.2　开发工具 270

12.5　算法优化流程 271

12.6　推荐业务技能 273

12.7　总结 274

第 13 章　推荐系统的挑战 275

13.1　数据稀疏性 275

13.2　推荐结果解释 277

13.3　相关性和因果性 281

13.4　信息茧房 283

13.5　转化率预估偏差问题 286

13.6　召回模型的局限性问题 288

13.7　用户行为捕捉粒度问题 290

13.8　总结 291

第1章
推荐系统的时代背景

现在推荐系统基本算得上互联网系统的标准配置之一，从传统的电子商务、新闻阅读、搜索引擎，到新兴的社交媒体、O2O、视频直播，几乎所有的互联网以及移动互联网应用中都存在着不同形式的推荐系统，它们在发挥着不同的作用。这么多行业、领域的应用都选择使用推荐系统，这必然不是一个偶然事件，所以有必要对其背后的原因做一些分析和思考。

1.1　为什么需要推荐系统

下面从流量利用、长尾挖掘、用户体验、技术储备这四个方面来分析推荐系统存在的必要性和意义。

1.1.1　提高流量利用效率

在电商网站中，在商品详情页中通常会展示一些推荐模块，示例如图 1-1 所示。这些推荐模块的作用之一，是在用户不喜欢当前页面的情况下，能为用户提供更多相关的选择。这里面蕴含着一个推荐系统存在的重要原因，就是流量的高效利用问题。

流量是当今互联网世界的血液，承载着用户的需求和意愿，在互联网世界中四处流动。流量具有稀缺性、不确定性、差异性等特点，而正是这些特点，决定了推荐系统在流量的高效利用中扮演着不可或缺的角色，承担着重要责任。

图 1-1　推荐模块示例

　　稀缺性是流量的第一个特点。之所以稀缺，是因为获得流量是有成本的，而且这个成本在流量红利[1]慢慢退去之后会越来越高。因为大家对流量的争夺已经不再是"说服用户上网用你的APP"，而是"说服用户抛弃其他APP，使用你的APP"。用当下流行的话说，是对用户使用时长的抢占和争夺。换句话说，市场上的一部分竞争已经从"非零和游戏"变成了近似"零和游戏"[2]，这样竞争场景下的流量成本必然是不断增加的。流量成本又可以被进一步细分为两种：外部成本和内部成本。

- **外部成本**：将用户从站外拉到站内所需的成本，有时也被称作获客成本。在竞争激烈的场景下，除了需要付出广告、SEO、SEM等成本，常常还需要使用红包、促销等方式激励用户，而这些成本也需要计算在内。
- **内部成本**：通过外部成本将流量引入站内之后，还面临着一个问题，就是应该将用户引

1　流量红利，指的是在互联网整体用户量不断增长期间，可以以很低的成本获得用户的现象。流量红利的退去，简单来说，就是因为"能上网的人都已经上网了"，不会再有大量的新用户加入。
2　零和游戏，指的是参与竞争的各方的收益之和为零。也就是说，有人挣钱，就会有人亏钱。而非零和游戏的意思就是大家都可以赚钱，而这也是红利期的游戏特点。

导到站内的具体什么页面、什么位置。用户的每一次访问，在选择了一个页面之后，就意味着其他页面失去了机会，也就失去了对应的收益，例如点击或者订单。所以，从这个角度来说，每个页面都承载着其他页面的希望，因为进入网站的流量总和是基本不变的，只有将每一次访问的价值榨取到最高，才能实现全站流量效率的最大化。

在外部成本和内部成本的双重压力之下，系统必须尽可能利用每一次到来的流量，不能让用户轻易地走掉。要以"雁过拔毛"[1]的心态，充分利用用户的每一次访问。例如，在上面展示的商品详情页中，如果用户不喜欢其中的商品，同时页面上也没有展示推荐产品，那么用户就有可能会关闭页面，离开网站。这个时候，为了不浪费这一次的流量，就需要各种推荐产品，为用户提供更多的选择，从而继续将用户留在站内。也就是说，可以允许用户因为不喜欢这个页面上的内容而离开页面，但是不要轻易地允许用户离开网站，所以要努力将用户的下一步动作引导到站内的其他页面。

流量的第二个特点是不确定性。在通过各种形式将用户引导到站内之后，还有一个问题需要解决，那就是如何判断用户来到该网站的意图。就好比站在百货商场的门口，看到顾客鱼贯而入，作为商场经理的你，虽然很高兴，但是心中也有所不安，因为你不知道这些顾客来这里的目的究竟是什么——是为了最近的一次促销而来，还是因为入驻了某国际大牌，抑或是仅仅来看看型号、款式，然后回家在网上找同款？无论顾客出于何种目的而来，如果无法掌握顾客的准确意图，不进行有针对性的营销活动，那么就很难满足顾客的需求，提升顾客体验。

在互联网时代，问题看上去没有百货商场那么糟糕，因为用户可以通过搜索商品、浏览分类等方式表达自己的需求。虽然搜索可以解决用户的一部分需求，但是仍然存在很多搜索无法解决的问题，而这些问题，可以用推荐的方法来解决。例如：

- **意图无法用搜索表达**。这种情况在阅读场景下比较典型，例如，用户读了一本《动物庄园》之后，希望找到与之主题类似的书，但是"与《动物庄园》主题类似"这样的需求是无法通过搜索来表达的。这时，我们可以通过各种推荐算法，计算出与《动物庄园》主题比较类似的书，例如《1984》《美丽新世界》等，然后推荐给用户，从而满足用户的这一需求。而且在现实中，确实有很多用户就是通过这样的方式来寻找他们感兴趣的书的。
- **用户处于一种想"逛"的心情**。人们在逛线下商场时，很多时候，并不是明确地想买什

---

1 雁过拔毛原本是贬义词，用来形容一个人爱占小便宜，但是在流量"寸土寸金"的年代，这种心态就不一定是贬义的了。

么，只是想随便逛逛。线上网站也一样，不仅如此，甚至一些网站就是用来逛的，例如新闻资讯类网站。在这种场景下，要想充分利用"逛"的流量，只能用推荐的方法给用户推荐其可能喜欢的东西，从而满足其需求。满足这种需求和满足用户的准确需求（例如通过搜索表达的需求）有一点不同——能满足准确需求，会被用户认为是网站"分内的事"，用户并不会觉得惊喜，充其量是满意；但是能满足用户"逛"的需求，会让用户有一种惊喜的感觉，会让用户有经常来逛逛的意愿，并且会愿意进行产品的口碑传播。从另一个角度来讲，"使用有惊喜"这种感觉也会增加产品的使用频次，而使用频次也是决胜移动互联网时代非常重要的因素。

- **用户意图不等于用户需求。**前面一直在讲用户意图这个概念，但我们本质上要解决的问题，并不是满足用户的意图，而是满足用户的需求。之所以用意图来替代，是因为我们认为用户的需求是等价于用户的意图的。换句话说，我们认为用户是能够将自己的需求用意图进行表达的。但其实在一些情况下，用户意图并不等于用户需求，或者说用户并不能将自己的需求正确表达出来。假如你是刚入行不久的一名程序员，你所在的行业里有一位"大牛"，这位"大牛"你只是听说过，并不认识。有一天你在某社交网站的推荐栏中发现，你的一位朋友认识这位"大牛"，并且可以帮你引荐，这时你或许就会希望可以通过这位朋友认识这位"大牛"。这就是一个典型的"用户意图不等于用户需求"的场景。**类似这样的需求的共同特点是："在你见到 TA 之前，你不会觉得自己需要 TA"，这里的 TA 可以是商品、资讯或者社交关系。**究其原因，是因为用户只有在获得某些信息的基础上才能将自己的需求通过意图进行表达。但是在上面的例子中，如果你不知道这位朋友认识这位"大牛"，那么你就不会去想结交"大牛"。可以看出，要想达到这样带有一定"惊喜性"的效果，推荐是最好的方法。

差异性是流量的第三个特点。近年来，随着互联网的发展，人们的个性得到充分解放，每个人都是有着鲜明特点的个体，再加上每个人每时每刻所处的情境不同，导致每个来到网站或者应用中的人都有着明显的差异。在一些常见的互联网场景下，差异性体现在包括但不限于以下一些方面。

- **购物意图不同。**有的人有着明确而具体的购物目的，例如，某用户明确要买一件某品牌、某款式、某型号的羽绒服；有的人购物目的明确，但是并不具体，例如，某用户想买一件羽绒服，但是不知道具体买什么牌子、什么款式的好；有的人则只想逛逛，并没有非常明确的购物目的。
- **消费水平不同。**同样是买一件羽绒服，不同的人心中的价位区间相差可能非常大，低至一百多元，高到几千元都是可能的。

- **品牌调性偏好不同**。由于不同的生活习惯等原因，不同的人可能产生不同的品牌偏好，这很容易理解。但其实还存在着一种比品牌偏好更复杂的偏好，这种偏好被一些人称为"调性"。所谓的调性其实是很难讲明白的一个东西，大概来说，它指的是品牌所传达出来的一种包括档次、生活理念等因素在内的综合形象。例如，同样是高档次的衣服品牌，有的人穿起来让人觉得有品位，有的人穿起来让人觉得有个性，而有的人穿起来就给人一种"暴发户才会穿"的形象。
- **兴趣爱好不同**。在一些视频或资讯类网站上，刻画用户的第一个重要维度就是所谓的兴趣，因为视频和资讯不存在诸如价格、品牌等消费方面的属性。

在存在上述差异性的情况下，能否根据差异性在物品展示方面做到"千人千面"的个性化推荐，会给用户完全不同的感受，也是将一个网站或 APP 和竞争对手进行区分的重要手段。个性化的网站或 APP 会让用户有一种"这是我的 APP""这个 APP 和我有关"的感觉，用户和网站之间的关系，从简单的"我是这个网站的一名用户"，升级到"这个网站在为我服务"，使得用户和网站之间产生了某种"亲密关系"，让用户觉得这是一个"懂我"的网站。这种用户和网站之间的关系，在一定程度上也构成了竞争门槛，使得用户迁移到竞争对手的成本无形中变高了。

除流量本身具有上面这些特点以外，在一个网站内部还存在连通性的问题，影响着流量的流转效率。

一个典型的电商网站一般具有如图 1-2 所示的页面拓扑结构。可以看出，这是一个树形结构。从图论的角度来讲，树是图的一种特殊情况，特殊在哪里呢？主要特殊在连通性方面。（无向）树的定义方法有很多，其中一种定义是：如果图中每两个点之间都有且只有一条路径连通，那么这个图便是一棵树。由此可以看出，树型结构在连通性方面有着天然劣势，阻碍着流量的高效流通。例如，用户在首页点击了某个分类页，然后在这个分类页又点击了某个单品页，如果用户对这个单品页上所展示的商品不满意，并且这个页面上没有对应的推荐模块将用户引导到其他位置，那么根据树形结构的特点，用户此时唯一的选择就是顺着树形结构回到分类页，再次进行选择，或者回到首页再次进行选择。

但推荐模块会改变这种局面。如图 1-3 所示，推荐模块的出现使得原本的树形结构变成了网状拓扑结构，大大增强了整个网络的连通性。推荐模块不仅使用户在当前页面有了更好的选择路径，同时也给每个商品增加了入口和展示机会，进而提高了成交概率。而推荐质量的好坏，则决定了用户选择这条路径的可能性，进而决定了网络真正的连通度，因为如果增加的是一条用户不会选择的路径，那么和没有这条路径本质上是没有差别的。

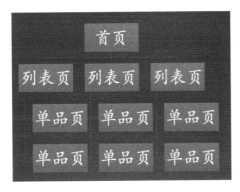

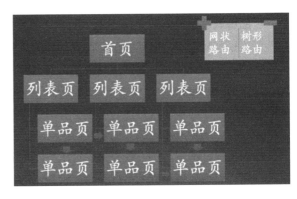

图 1-2　一个典型的电商网站的页面拓扑结构　　　　图 1-3　网状拓扑结构

1.1.2　挖掘和匹配长尾需求

互联网大数据的本质特点之一就是长尾性，它指的是在任何一个具体领域，最流行的那部分物品，并不能满足大多数用户的需求。具体来说，在电商系统中，我们不能只关注最畅销的那 20%的商品，因为用户的需求是多样性的，20%的"爆款"商品只能满足一部分人的需求，而剩余用户的需求，就需要那 80%的长尾商品去满足。比如在新闻领域，重大热点新闻固然重要，但也只能满足人们的一小部分需求，更多的个性化需求，仍然需要那些没有那么热，但是丰富多彩的新闻来满足。

与长尾理论相对的一个理论，就是所谓的"二八原则"，这个原则说的是 20%的头部供给，就可以满足 80%的需求。这个理论和长尾理论的分歧点在于，20%的头部供给能否满足大部分人的需求。在生产能力能够满足的前提下，凡是存在的需求，几乎都会有对应的供给相匹配，那么问题就被转化成了用户的需求是否足够多样，以至于 20%的头部供给无法满足。这个问题的答案显而易见。我们现在处于一个生产能力快速发展的时代，每个个体接触到的数据也变成了"大数据"，这里不仅是说人们接触到的信息量大，更重要的是，信息的多样性大大加强。一个典型的例子就是，无论你知识多么渊博，涉猎面多么广泛，你总能从微信的朋友圈中得到一些你所不知道的信息和知识。这样海量、多样化的输入必然对应着同样多样化的输出，这个输出就是需求，多样化的需求。所以说当今的时代早已是多样化的时代，相比"二八原则"，长尾理论能够对互联网数据做更好的描述和解读。

长尾数据的世界并不是互联网独有的，它的出现与生产力的发展等其他方面也都有着密切的关系。但是互联网在这里面起着一个非常重要的作用，就是为这些长尾需求和供给提供一个绝佳的展示和匹配平台，让原先没有机会展现的长尾事物有机会得到展现。那么如何匹配长尾需求和供给，就成为一个巨大的挑战，这个挑战的本质是对资源进行最优的匹配和利用，从而使各种资源的价值最大化。有句老话叫作"酒香不怕巷子深"，这句话在互联网时代已经有些褪色，因为在这条长长的巷子里有很多家卖酒的，如果没有一个足够高效的系统和方法去为你的酒找到合适的客户，那么你可能就会坐失良机，和你的客户擦肩而过。

对于一个平台来说，无论是否凭借平台上的物品直接盈利，将平台上的供给和需求进行匹配的能力，都是衡量这个平台价值的重要标准之一。而推荐系统，往往就承担着这个任务。推荐系统的好坏，在很大程度上决定了这个平台匹配需求和供给的能力，从而决定这个平台的价值高低，最终决定其商业价值。

如果有人把长尾需求写出来告诉你，那么你需要做的不过是按图索骥，照方抓药，匹配这些需求不过是付出一些劳苦罢了。但是真正的难点在于，没有人会告诉你系统中存在哪些长尾需求，系统中呈现的只是看上去杂乱无章的原始数据，那么如何从这些数据中挖掘出有效的长尾需求，并将其与供给进行匹配，就成为一大挑战，而推荐系统，在很大程度上就是为了应对这一挑战而诞生的。

1.1.3 提升用户体验

说到互联网时代的热门词汇，"用户体验"绝对排得进前几名。确实，在竞争已趋于白热化的这个时代，用户在使用网站的过程中能否获得良好的体验，已经成为他是否选择再次光顾的重要原因之一。用户体验是一个内涵非常广泛的概念，大到购物结算是否流畅，小到一个按钮的位置是否方便点击，这些都属于用户体验的范畴。从另一个角度来讲，我们需要从方方面面去着手努力，才能打好用户体验比拼这场比赛。而推荐系统在这里面起着非常重要的作用，甚至可以说是用户体验比拼这场比赛的胜负手。

对于一个网站来说——无论是电商网站、视频网站、资讯网站还是其他网站——内容是它的核心，例如电商网站上的商品、视频网站上的视频、资讯网站上的资讯、招聘网站上的职位等。既然内容是网站的核心，那么寻找符合自己需求的内容就是用户来到网站的主要目的。所以用户看到的是什么样的内容，以及所看到的内容是否满足他的需求、是否让他满意，就是用户体验最核心的组成部分。其他的用户体验，例如图片够不够大、界面是不是友好，都是建立在用户对内容满意的基础上的。就好比一家饭馆最重要的一定是口味，口味不够好的话，装修、价钱这些因素都无法让它在竞争中脱颖而出。

那么在一个网站上，哪些因素会影响用户能否获取他想要的内容呢？当然，前提是网站上真的有他想要的东西。从用户主动获取信息的角度来讲，搜索和分类是主要渠道，这两个渠道满足的是用户的精准需求,就像前面提到的,这方面的体验属于基础体验。什么是基础体验呢?简单来讲,就是"你做不好用户会骂你,但是你做好了用户也不会夸你"的体验。为什么搜索属于基础体验呢?因为用户觉得"我都把意思说得这么明确了,如果你的系统还找不到我要的东西,那说明该系统做得太差;如果找到了,我也不会觉得该系统多么厉害"。虽然要做好搜索体验很难,但是没办法,用户就是这么挑剔的一群人。

而推荐体验就属于基础体验之外的体验,我们暂且称之为"增量体验",因为这部分做好了,会带给用户额外的满意度。相比于搜索来说,如果推荐做不好,用户会觉得莫名其妙;如果做好了,用户会有一种惊喜感,会在心中给你的系统加分。这是为什么呢?主要原因之一:用户对推荐所展现的结果是没有预期的,因为他无法准确表达希望系统给他推荐什么——如果用户有预期,他就会去搜索了。但是,没有预期不等于没有期待,就好比生日礼物,你知道有人要送自己一个礼物,但不知道具体会送什么,你心中一定是有所期待的,如果他送得好,你会非常开心,对不对?而这正是推荐的魅力所在,推荐就像网站送给用户的礼物,如果用户能够从中感受到惊喜,那么无形中也就增加了网站的黏性。

除了这种体验,推荐还能够提供"导购"式的购物体验。虽然用户有着明确的购买意图,通过搜索寻找备选的商品,但是在做出具体选择时仍然会犹豫不决,这个时候,诸如"其他用户还买了""看了这个商品的用户最终购买了""搜了这个词的用户最终购买了"这样推荐理由充分、商品相关性高的推荐模块,会给用户的选择带来很大的帮助。就好像商场里的导购一样,能够在顾客犹豫不决的时候帮助做出决定,告诉顾客"这是今年卖得最好的款""XXX 明星用的也是这款"等,提高顾客的购买效率,缩短购物流程,最终达到提升顾客购物体验的目的。

1.1.4 技术积累

上面主要从用户和网站系统的角度讨论了推荐系统存在的作用与意义,可以说这些作用与意义都和网站上的具体业务有着紧密的联系。但是除了很具体的现实的作用,推荐系统在人员储务和技术积累方面也有着非常重要的作用。

目前,推荐和广告是经过工业界考验的成功的大数据应用。近些年虽然也兴起了一些其他行业的大数据应用探索,如教育和医疗等,但是在成熟度上,推荐和广告仍然是最成熟的。成熟的具体体现,就是在算法、架构、系统设计等方面都有了成熟的方案,更为重要的是,这些方案不仅可以被应用在推荐系统的开发上,还可以被迁移到其他领域,跨领域发挥重要作用。

作为推荐系统核心之一的推荐算法,例如协同过滤、数据挖掘、机器学习排序等,在计算广告、反作弊、互联网风控等领域都起着核心作用。而贯穿于这些算法背后的更通用的大数据计算方法和算法，例如海量数据的迭代计算，以及流式数据的实时计算处理，更成为当今互联网世界中不可或缺的工具利器。所以说，如果公司里有一个技术全面、成熟的推荐技术团队，则可以扩展解决其他更为广泛的高难度问题。

上面提到的一些技术，和另外一些技术有所不同，我们可以从一个角度将互联网中使用到的技术粗略地分为两类：拿来型技术和积累型技术，如图1-4所示。何为"拿来型技术"？简单来说，就是这种技术在团队中从未使用过，但是拿来就能使用，没有太高的门槛，也不需要很多准备。典型的例子如数据库、一些硬件设备及消息队列等。这里的意思并不是说这些技术难度低，而是强调"从零开始上手的难度"，从这个角度讲，读一读说明手册和API说明文档，就可以上手使用拿来型技术了，当然，要用得顺利、用得高级，还需要深厚的技术积累[1]。

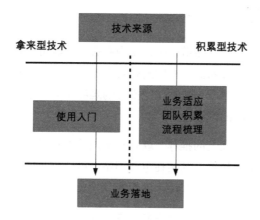

图1-4 拿来型技术和积累型技术

而所谓的积累型技术，有点像"如来神掌"，虽然怎么做都告诉你了，但是不经过足够的练习和积累仍然做不对。与算法相关的技术大多属于这种类型，算法的原理和实现已经算不上门槛了，因为开源工具越来越多、越来越成熟，从头实现一个算法的需求越来越少，更多的是如何将已有算法和当前的业务场景、数据特点相结合，从而让算法产生真正的价值。在业务的原始数据上直接运行一遍开源工具就能得到满意的结果，这样的事情发生的概率非常小，所以说它们不属于拿来型技术。因为得到满意的结果，需要足够多的项目、足够复杂的场景的磨炼，而经历了这样磨炼的个人或者团队，将会积累非常宝贵的经验，而且可以将这种算法方面的经验应用到其他相关领域中，例如计算广告、反欺诈、金融风控等领域。

1　这从另一个角度反映了这些技术本身的发展比较成熟，可以做到所谓的"即插即用"。目前与机器学习和人工智能相关的工作也在往这个方向发展，是一种趋于成熟的表现。

说到底，是推荐系统这样一个强需求在推动团队中的技术向前发展，为团队应对其他相关挑战做着积累和储备。

1.2 推荐的产品问题

讨论完推荐系统存在的作用与意义，在深入到具体的推荐技术之前，有必要先来讨论几个产品层面的问题。

1.2.1 推荐什么东西

要做一个推荐系统，首先需要知道这个系统中有哪些东西可以推荐。看上去这个问题并不复杂，例如电商系统就应该推荐商品、视频网站就应该推荐视频、资讯网站就应该推荐资讯。如果这么想，显然把推荐想简单了——不仅把推荐的难度想简单了，而且没有充分认识到推荐产品形态的丰富性和应用范围的广泛性。

以电商网站为例，传统意义上的推荐，就是在不同的位置推荐一个个商品，例如首页的某个模块、商品详情页的某个模块等。其实在电商网站上可以推荐的东西远不只商品，像促销活动、运营活动这些模块也都可以使用个性化推荐的方式来呈现，如图 1-5 所示。

前面我们讨论过，由于流量等因素的限制，选择让每个用户看到什么内容应该是一件很谨慎的事情。在电商中，促销的目的是通过降低价格来拉动销量，吸引更多的顾客，增加用户忠诚度。我们知道，由于运营的各种因素，电商网站上的促销活动每天都在进行，即使没有"双十一"这样的大促活动，小的促销活动也时时刻刻都在进行，而且同时进行的促销活动也不止一个，因为促销活动一般会根据不同的品类、用户群等因素制定具体的促销方案。例如，有的促销活动是针对某个具体品类的，有的促销是针对某个具体品牌的，还有的促销活动可能是针对新注册用户的，等等。

在一些偏传统的电商网站中，促销信息还以跑马灯的形式在首页的某个模块进行轮播，这样做的好处是实现简单，而且每个促销活动都能得到均等的曝光机会。但这样做的问题也很明显，就是会浪费很多流量。例如，将家居床品类的促销信息呈现给 18 岁以下的用户，或者将与女装相关的促销信息呈现给男性用户，那么用户点击这个促销信息的概率就会很小，呈现给这部分用户的流量就浪费掉了。如果用点击率来衡量一个促销活动的效果，那么这两个例子中用户的点击率是非常低的，我们应该给他们呈现一些点击率更高的促销信息。例如，给 18 岁以下的用户呈现教辅类促销信息，给男性用户呈现运动类促销信息，等等。

图 1-5　淘宝首页的推荐模块

对于运营活动也是同样的道理。每个运营活动背后都有着相对明确的目标对象。例如，在社交网站上，一些活动的目的是增加用户在网站上的活跃时间，这样的活动显然应该面向的是当前不够活跃的用户，如果将其推送给当前已经很活跃的用户，显然是没有意义的；还有一些活动的目的是增加用户的留言回复率，这样的活动的目标用户应该是留言回复不够积极的人，如果将其推送给留言回复已经很积极的人，也是没有用的。在这两个例子中，如果把运营活动推送给了不适合的用户，不仅会造成流量的浪费，在一定程度上对用户也不够友好。

除了促销活动和运营活动，"搜索词"也是可以用来推荐的。对搜索词的推荐还有另外一个名字叫作"搜索提示"，虽然是搜索领域的问题，但使用的却是推荐的套路。一些诸如"相关搜索"或者"搜索了该关键词的人还搜索了"这样的产品，能够帮助用户拓展接触面，提高获取信息的效率。这样的推荐形式不仅存在于电商搜索中，像百度这样的通用搜索中也存在类似产品。如图 1-6 所示，在百度搜索"萝卜"时，右侧页面中的"相关食物"信息就是通过知识图谱的方法提取出来的。

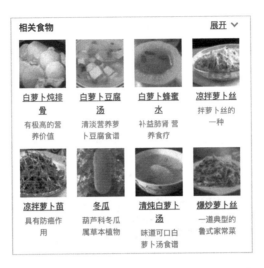

图 1-6　在百度搜索"萝卜"时的结果中的推荐

　　沿着同样的思路，我们再来看视频网站。在视频网站中，不仅可以推荐单个视频和剧集，还有其他东西可以推荐，视频专题就是典型的例子。视频专题指的是和某一主题相关的视频集合，这个集合可能是人工编辑得到的，也可能是算法计算得到的，这些专题常常会随着时事热点或者明星新闻等变化频繁的因素而变化。虽然都是一些热点，但每个主题都有自己的特点以及隐含的用户群。例如，如果有一个"蓝瘦香菇"[1]的专题，它可能更适合呈现给年轻人，如果呈现给 40 岁以上的中年用户，这些用户会不喜欢，甚至有些反感；如果有一个和"恢复高考XX周年纪念"有关的专题，显然它更适合推送给年纪偏大的用户，若推送给年轻的用户，会让这些用户觉得这个网站"太老气"，不适合自己。

　　从上面的例子可以看到，除了网站上最小粒度的内容（商品、视频），还有很多东西可以推荐给用户，换一个角度来说，就是还有很多模块和位置可以做到个性化，来提高流量利用率，提升用户体验。如果将这些东西的共性加以总结，我们大致可以得出一个结论：只要是具有非**普适性**特点的东西，就可以用来做推荐，将其个性化。非普适性指的是不适合所有人，如果适合所有人，也就不需要个性化了。例如"'双十一'期间全场满 200 减 100"这样的促销活动，就不需要个性化推荐，因为它适合所有人。只要不是适合所有人，从流量利用和用户体验的角度出发，就应该努力做到个性化。

1　"蓝瘦香菇"是一个网络热词，本意为"难受想哭"。

如果想将个性化推荐的能量发挥到极致，应该先充分考虑哪些东西可以个性化，不要将思路局限在网站上最小粒度的内容上，例如商品、视频等，只有将足够多的位置个性化，才能充分利用个性化推荐这根技术杠杆来撬动最大化的收益。具体考虑时，先使用"是否具有普适性"这个简单的原则来定位网站上哪些内容是可以个性化、"推荐化"的。

1.2.2　为谁推荐

推荐系统应该为谁推荐？乍一看，这似乎是一个答案很明显的问题。会这么想，是因为我们习惯从"消费型用户"的角度来考虑问题。消费型用户指的是那些主要"消费"网站上内容的用户，例如电商网站上的消费者、视频网站上的观看者、资讯网站上的阅读者等。站在消费型用户的角度，很自然会认为"我"——消费型用户是推荐系统服务的对象。这么想没有错，但并不全面，因为在一些平台型网站上，除了消费型用户，还有一种用户，就是所谓的"生产型用户"。生产型用户指的是那些主要"生产"网站上内容的用户，例如电商平台网站上的商家。在平台上，除了可以为消费型用户提供推荐，还可以为生产型用户做推荐。

说到底，推荐系统是一个匹配系统，目的是把合适的内容匹配给合适的内容使用者。从这个角度来看，应该给生产型用户推荐什么呢？以电商平台为例，可以为平台上的卖家用户提供售卖方面的推荐。例如，对于一个女装类的卖家，通过对平台的数据分析，可以知道哪些衣服现在很畅销，但是供应量不足，或者说还没有很多商家在卖，如果卖家选择售卖这些衣服转化率会比较高，那么就可以为卖家提供这种推荐。这种推荐的好处是多方面的——从卖家的角度看，得到了更高的转化率和收入；从用户的角度看，有更高的概率可以买到这些畅销的商品；从平台的角度看，买卖双方都满意的结果就是平台的繁荣。从匹配的角度讲，这件事情就是为卖家推荐与其售卖需求相匹配的商品。这项服务只能由平台来提供，因为只有平台掌握着整体的销售情况，能够计算出当前的缺口在哪里，从而建议合适的卖家补上这个缺口。而补上缺口之后，直接的受益方虽然是卖家，但从整体上看，如果很多卖家都受益，那么最大的受益者其实是平台。从这个角度看，平台不仅可以做这件事情，而且应该做这件事情。

除电商平台以外的其他平台，如资讯分发类平台、网络文学平台等，在时机成熟的时候也可以做这样的事情。例如，网络文学平台可以计算时下平台上用户阅读的情况，有针对性地邀请一些作者来创作当红但是供应不足的文学作品。虽然这种做法有些过于商业化，但是这在大数据时代并非天方夜谭，反而有可能会促进网络文学市场的进一步繁荣。

总结： 接受推荐服务的不一定只有消费型用户，针对生产型用户的推荐也大有可为。这也给我们一个提示——在考虑为谁做推荐的时候，要打开"脑洞"，从提高平台的匹配效率出发，充分考虑平台上可能的推荐对象。

1.2.3　推荐场景

在确定了"为谁推荐什么"之后，我们再来看看推荐场景的问题。所谓的推荐场景，说白了，就是在什么上下文中给用户做推荐，换个词讲，也可以叫作"时宜"，在合理的场景下做推荐就是合时宜的。在推荐的问题里，可以将场景抽象为"用户当前所处的位置+用户的历史位置"。例如，如果用户搜索了某个关键词，然后在结果列表中点击某个商品到了其详情页，那么这个商品的详情页就是用户当前所处的位置，而之前的搜索页面就是历史位置。从这个例子中可以看到，历史位置其实是可以继续向前追溯的。熟悉马尔可夫过程的人容易理解到，这个过程就如同马尔可夫链一样，用户在网站上的一系列行为定义了他当前所处的场景，所取的历史行为越多，就如同马尔可夫链的状态序列越长，越能够准确地描述和预测后面的状态。但是长的状态序列也会带来数据稀疏、难以训练、泛化能力差等问题。

出于类似的原因，在实践中，我们通常并不会进行如此复杂的抽象，因为这会使推荐的产品形态和技术方案变得比较复杂，而是相对较少地考虑较为久远的历史行为，更多地关注近期的行为，如图 1-7 所示。例如，如果用户刚刚搜索了一个关键词，那么可以在这个搜索页中做一个推荐模块——"搜索了这个词的用户还搜索了"，用来推荐其他搜索关键词；如果用户当前处在商品详情页中，那么可以做一个推荐模块——"看了该商品的用户最终购买了"。之所以做这种简化，一个主要原因是用户当前所在的位置通常已经包含了足够多的信息供我们做出推荐。例如，如果用户当前处在关键词搜索页中，那么他所搜索的关键词就已经包含了足够多的意图；如果用户当前处在商品详情页中，那么不管他是如何进入这个商品详情页的，他在看这个商品本身就已经包含了足够多的信息，换句话说，当前这个商品就已经包含了足够多的信息。在这种情况下，再往前追溯他的行为并不会带来更多的信息，反而会增加复杂度。但是这一点随着深度学习技术的发展也在发生改变，尤其是NLP（自然语言处理）技术中的注意力机制，在序列处理方面展现出强大的能力，同时也可将该技术迁移到推荐的序列处理上，通过对更长行为序列的建模，使推荐效果得到提升 [1]。

$$P(X_{n+1} = x | X_1 = x_1, X_2 = x_2, \cdots, X_n = x_n) = P(X_{n+1} = x | X_n = x_n)$$

用户下一步意图　用户的前 n 步行为组成的场景　　　　用户下一步意图　用户的前一步行为

图 1-7　用户网站行为的马尔可夫过程

1　参见：链接 1

现在我们知道了用户当前所处的网站位置可以被看作一个场景，那么是否所有的场景都适合做推荐，或者说哪些场景适合做推荐呢？结合之前讨论过的推荐系统存在的几个理由，可以知道，如果当前场景满足以下条件中的一条或几条，那么它就是一个适合做推荐的场景。

- **当前场景存在流量浪费或潜在用户流失的可能性较大**。例如，在电商网站上，用户刚刚完成一笔订单的支付，到了订单完成页面，这个页面的主要内容就是告诉用户他的订单已经完成。但如果页面上只有这些信息，用户的唯一选择就是关闭页面，甚至离开网站，那么这个流量就被浪费掉了。所以，一般会在订单完成页面的下方加入一个推荐模块，推荐其他相关的商品给用户，这样用户还有继续点击的可能性，就可以将用户继续留在网站内部。类似的还有用户将商品加入购物车之后的页面。这种主要承载确认信息的页面，都存在着流量浪费和潜在用户流失的问题，都可以用推荐来处理。

- **当前场景中的用户处于选择过程中，需要信息引导**。这是推荐模块出现的主要场景之一。例如，用户在浏览商品详情页时，很显然处在一个挑选商品的过程中，这个时候推荐承担着一种类似于导购的角色。

- **用户在当前场景中具有较强的不确定性**。这种情况的典型例子就是经常出现在各种网站首页的推荐模块，因为用户在到达一个网站的首页时，还没有任何具体的行为，其意图是非常不确定的。这个时候如果按照传统方式摆放一些千人一面的固定的东西，显然对减少用户的不确定性是毫无帮助的。反之，如果能够摆放一些个性化的东西，对用户不确定性的意图进行引导，就可以将不确定性转化为某个相对确定的意图。这种场景常常发生在用户闲逛时，就像女生逛街一样，没有很明确的意图，但是看到喜欢的东西有可能就会买。所以在这个时候，让用户看到他喜欢的东西非常重要。

按照上面的条件，哪些场景**不适合做推荐**呢？简单来说，就是不符合上面任何一条的场景，下面举几个例子。

- **支付过程页面**。在支付的过程中，用户是在做一件意图非常明确而又需要专注的事情，这不是一个需要做出选择的场景——用户所需要做的只是跟随网站的支付流程指导，所以这个时候是不需要，也不能做推荐的。就好比你在商场中正在结账，旁边有个人一直在向你推销东西，你肯定会很烦。

- **搜索页和分类列表页的商品推荐**。搜索和分类是用户获取信息的重要手段，在这种场景下用户的意图非常明确，不需要推荐系统来帮助用户选择。如果当前的搜索结果不能满足用户需求，那么应该去改进搜索系统，而不是用推荐来替代搜索，推荐是无法替代搜索的。如果搜索能保证足够的相关性，再加上灵活的筛选和排序能力，是能够最大限度地满足用户需求的。前面我们举过一个"搜索了该关键词的人还搜索了"或者叫"相关搜索"的例子，这种用关键词来推荐关键词的做法和在搜索页推荐商品的做法有着本质的不同，因为这种推荐没有试图去解决搜索解决不了的问题，而是从不同角度提供了辅助。

- **功能性页面**。每个网站除提供内容和信息部分以外，还会提供功能性页面部分，例如订单管理、客服、投诉等。在这种用户明显不具备购物意图的场景中，做推荐是不会提升用户体验的；相反，还可能会让用户觉得非常奇怪。

总结：在设计推荐产品时，推荐场景是需要仔细考虑的重要部分，应结合多方面思考来做出最终决定。

1.2.4 推荐解释

推荐解释，就是在回答一个隐含在推荐产品中的问题——"为什么推荐这个东西给我？"之所以说这个问题是隐含的，是因为并没有什么规定说一定要对推荐的东西给出解释，或者说一定要给出怎样的解释。正是因为这个问题的隐含性，使得对这个问题的解决态度和方法体现了一个产品对用户的态度，也在无形中成为推荐模块的一道加分题。

既然推荐系统就像商场里卖衣服的导购，在你拿不定主意时会为你推荐，这个时候，作为导购有两种不同的做法，其中一种是直接告诉你"我觉得这件衣服比较适合你"；另一种是告诉你"我觉得这件衣服的材质和你的气质比较搭，款式也比较符合你的年龄，所以可能会比较适合你"。这个例子就代表了对待推荐解释的两种做法。严格来讲，它们是没有好坏之分的，因为不同的人有不同的喜好，有的人喜欢详细的解释，有的人只在乎结果，只要你给我推荐的东西是好东西，适合我，就可以了。

上面例子中的两种做法对应着推荐理由的两个极端，其中一个极端是基本没有理由，只是告诉你"我觉得你会喜欢"；另一个极端是给出很详细的理由。在实际的模块中，我们常常会在这两个极端中间进行取舍。一种最简单的推荐解释，就是给模块起名叫作"猜你喜欢"，这也是很常见的一种做法，这种做法适合很难给出更多具体理由的推荐模块。在这种场景下，推荐结果常常是由比较复杂的算法综合计算得到的，无法给出更加具体的解释。比这种解释具体一些的，就是常见的"买了该商品的用户还买了"这样的模块级别的解释，告诉用户这个模块中的东西都有哪些推荐解释。再具体一些的，可以将解释细化到每一个推荐结果中。例如，在一些音乐推荐产品里，会根据你喜欢的歌手推荐该歌手的其他歌。能够给出这样具体的推荐解释，前提是你的推荐算法能清晰地拆解出每个商品的推荐来源，并且能给用户一个看得懂的解释。

有的推荐模块由于天生的上下文优势，是不需要做到这么细致的解释的。例如，商品详情页的"买了还买"，商品本身的信息已经隐含在这个页面中，所以在推荐解释中就不需要具体给出某个推荐商品是根据哪个其他商品计算出的。而在一些没有这么多上下文信息的模块里，是否就一定要给出尽量具体的解释呢？这个问题没有标准答案，但是会取决于几个因素。首先是产品的 UI 设计，如果产品里给每一条推荐留出的空间不是很充足，那么给每个结果都加上具体的解释可能会使整个产品看上去很"丑"。其次要考虑能否给出一个让用户明确接收到信息的解释，如果背后的算法过于复杂，给出的解释过于晦涩，那么可能还不如不给出解释。最后还有一个比较无法明确言说的因素，就是产品的自我定位和设计，如果你希望产品向用户传达一种"神奇"的推荐效果，那么可以不对推荐做过多的解释，但这样做的前提是推荐效果要足够好，如果做得好，用户会觉得你的产品很神奇，推荐得很准；如果做得不好，再没有合理的解释，用户就会觉得你的产品莫名其妙。

推荐解释的划分维度如图 1-8 所示。在图 1-8 中，将主体粒度和文案粒度汇总在一个视角中，并给出了具体的例子。当前常见的推荐解释大部分都可落在这四个象限的某一个中。

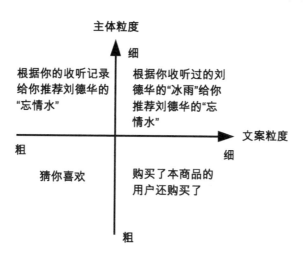

图 1-8　推荐解释的划分维度

1.3　总结

前面我们对为什么要做推荐、给谁推荐、推荐什么、何时推荐这些问题进行了简单的讨论，最后还需要指出一点：推荐不只是一种具体的技术，更多的是一种思维方式。

推荐不仅仅是一种具体的技术、一个具体的模块，只能用来解决某个具体的问题，例如商品推荐。推荐更多的是一种思维方式以及对应的一套技术框架，是一种用个性化、精细化的计算方式来优化信息匹配的思维框架，可以用来解决任何涉及优化匹配效率的问题。推荐就像一门威力强大的火炮，能够发挥多大的作用，全看你把炮口对准哪里。

第 2 章
推荐系统的核心技术概述

推荐系统是一个由多组件、多模块、多数据源构成的复杂系统，在其整个计算和服务流程中涉及用户、物品、行为、上下文等多种数据，计算形式包括大数据平台上的批量计算/挖掘/训练、流式数据的实时处理以及线上的实时服务，同时还涉及与网站中其他子系统的频繁交互。

如此复杂的系统，乍一看有些让人无从下手，不知该从何处开始。但是上面提到的种种系统复杂性其实都是从系统实现的角度来看的，如果换个角度，从逻辑层面来看，其实推荐系统并不复杂，甚至可以说相当直观。而一旦从根本上理解了推荐系统的核心逻辑之后，上面提到的种种系统复杂性，只不过是逻辑树干上自然延伸出的枝叶，理解和实现起来就不那么困难了。本章我们会站在比较高的角度，先从逻辑关系和流程上对推荐系统进行介绍，描绘出推荐系统的逻辑架构和流程，为后面章节中的具体介绍做预热和铺垫。

2.1 核心逻辑拆解

推荐系统的核心目的其实非常简单，就是为用户找到当前场景下最具相关性的物品或物品集合的列表。为了达到这个目的，最直观、粗暴的方法就是将网站上的所有物品全部取出来，然后逐个判断每个物品是否相关，或者根据某个相关性标准对所有物品进行排序。但是显然这种方法存在问题，计算量过于庞大，即使离线计算也无法承受这样大的计算量，所以需要对问题进行拆解，将这个不可解的问题拆解为若干个可解的问题。这种拆解需要借助一个"轴"，这个轴就是用户兴趣（或者叫作用户画像，本书中会交叉使用这两个词汇）。以用户兴趣为轴，我们可以对推荐的问题进行如下表达：

$$P(\text{item}|\text{user}) = \sum_{\text{interest}} (P(\text{item}|\text{interest}) \times P(\text{interest}|\text{user}))$$

也就是将用户与物品的相关性拆解为用户与兴趣的相关性和兴趣与物品的相关性的乘积。需要指出的是，这里的兴趣指的是广义上的兴趣，其粒度和维度范围都是很广泛的。例如，从粒度上讲，可以细到一个具体的物品，可以粗到一个商品的类别；而从维度上讲，可以是价格、产地这样客观的属性，也可以是文本主题或者嵌入表示这样非常抽象的表示维度。总之，只要是能够刻画用户在某个维度上的喜好，就可以看作一种兴趣。

对于每个用户，我们希望得到的是 $P(\text{item}|\text{user})$ 最高的那些物品。表达成这种形式有什么好处呢？乘法有一个很好的性质，就是：如果两个数中的任意一个为 0，那么这两者的乘积一定为 0。可见，$P(\text{item}|\text{interest})$ 和 $P(\text{interest}|\text{user})$ 这两者任意一个为 0 的话，它们的乘积 $P(\text{item}|\text{user})$ 一定为 0。这个性质给我们的启示就是，其实并不需要对所有的物品进行相关性判断或者排序，只需要对那些 $P(\text{item}|\text{interest})$ 不为 0 的物品和 $P(\text{interest}|\text{user})$ 不为 0 的兴趣进行计算即可。换句话说，我们需要做的就是找到用户感兴趣的点，然后找到在这些兴趣点下相关的物品，只对这些物品判断相关性即可。这样做极大地减少了计算量。进一步地，在这两个因子相互独立的条件下，这两个因子中的某一个更大的话，那么整体的乘积就会更大。这个性质告诉我们应该挑选用户更感兴趣的点，以及在一个兴趣点下与该兴趣相关性更大的物品，因为这些对应着更高的最终相关性 $P(\text{item}|\text{user})$。

将这种思路加以具象化，就有了"用户兴趣+相关性召回+融合排序"这种三段式逻辑，并从此逻辑产生出了对应的具体实现架构。大家在各种书籍或者文章中看到的推荐系统的相关算法和技术，大部分都可以落到这个框架中。换句话说，这些技术都是在解决用户兴趣、相关性召回、融合排序这三个问题中的某一个。脑子里有了这样一个逻辑架构之后，再遇到与推荐相关的算法和技术，就可以将其进行正确的归类，从而有助于对该算法和技术有更深入的理解。下面我们就对此逻辑架构下的推荐系统进行概述性介绍。

2.2　整体流程概述

首先需要根据一些线索找到用户可能会喜欢的物品，这一步骤通常称为"召回"，根据不同的策略来召回的方法称为"召回算法"。在召回之后，我们得到了一组用户可能会喜欢的物品。之所以说"可能"，是因为在召回这一步，为了提高覆盖率，通常会使用很多算法进行召回。这些算法各有特点，给出的相关性也有强有弱，所以这一步得到的结果并不能保证用户在当前场景下真的会喜欢。这就好比在网上购物时加入购物车的行为，你会把自己觉得和本次购物有关系的商品都先放到购物车里，但这并不代表你最后会把它们全部买下来，因为这只是一次初步筛选。所以，这时就需要有针对性地对召回结果进行再次排序，以期找到用户真正感兴趣的物品，就好比从购物车中筛选出最终真正会购买的商品。

所谓"再次"排序，通常也称为"重排序"，因为在召回阶段每个算法给出的结果在算法内部已经是排过序的，在第二阶段需要进行再次排序。这一步排序的核心目的有两个。首先，因为第一步中使用了不同的召回算法，每个算法的计算方法、使用的数据等都不尽相同，所以，虽然每个算法都会为物品打一个分数，但这些分数的含义、量纲都不相同，不能放在一起排序。其次，也是更重要的一点，这样做可以有针对性地提升系统效果。所有召回算法的出发点都是"相关性"，也就是用户是否可能会对该物品有兴趣。这里的相关性是一个很宽泛的概念，可以包含很多具体关系，例如行为上的相关性、内容上的相关性、兴趣上的相关性等。而推荐系统的最终目的之一是让用户对物品产生点击，进而产生进一步的行为，例如购买商品、分享资讯等。以 CTR（点击率）为例，前面召回算法考虑的相关性和 CTR 并不完全一致，换句话说，召回算法在计算候选物品的时候，直接的出发点并不是用户是否会点击这些商品。所以，为了提高系统的整体点击率，我们需要以点击率为目的进行一次排序。

经过再次排序之后，就得到了对齐目标的一个推荐列表。所谓对齐目标，指的是这个列表已经是针对我们的目标，例如点击率或转化率，有针对性地优化过的列表。到了这个阶段，我们在效果层面的工作就算做完了，但是在将结果展示给用户之前，还有一个关键步骤，就是所谓的业务干预。这里的干预，指的是根据具体的业务需求，需要对结果进行最后的调整，例如过滤掉一些不适合推荐的物品、过滤掉没有库存的物品等。在此步骤之后，就可以将结果呈现给用户了。

上面是一个站在非常高的角度看到的推荐系统的核心逻辑流程，其实还是比较直观和简单的。但是这个角度的抽象层次太高了，把很多关键细节都模糊掉了。下面我们就逐一介绍推荐系统的一些核心组成部分，看看它们和这个核心逻辑流程有着什么样的关系。

2.3　召回算法

召回算法，顾名思义，就是用来召回候选物品的算法。由于排序层只是对召回结果做了重排序，不会引入新的候选物品；同样地，后面的业务干预层一般也不会引入新的候选物品，所以说召回层是整个推荐系统架构中唯一能决定哪些物品可能被展现给用户的部分，召回算法所召回的物品集合，就决定了最终展现给用户的候选集。换句话说，召回层召回的物品都有可能被展现给用户，而召回层没有召回的物品，则肯定不可能被展现给用户。

因此，作为整个系统的准入"负责人"，召回层的压力很大。为了尽量给出全面而准确的候选集，作为各个召回算法的关注点，召回层主要包括：

1. 相关性

相关性是召回算法的核心。说到底，推荐系统是要帮助用户找到和他相关的物品的，所以召回算法作为链条上的第一个环节，在相关性方面一定要把好关。在这方面有人可能会有疑问：现在机器学习技术这么发达，可以帮助我把相关的物品排到前面，那么在召回层是不是就可以不那么关注相关性了，只需要尽量多地召回就好了？这是一个很好的问题，答案很明确，是不可以的。原因有三：第一，排序层能做的是对召回结果按照一定的目标进行排序，但并不能凭空增加候选集的相关性，正所谓"巧妇难为无米之炊"；第二，如果对召回层的相关性不加以控制，那么在召回结果中就会带有大量相关性差的物品，而这些物品即使参与排序，排到前面展现给用户的概率也会非常小，是一种对计算能力的浪费，会对其他有效逻辑的计算产生影响；第三，也是最重要的，机器学习排序并不能解决所有问题，如果你传给排序层一个一半好一半坏的候选集，排序层并不能保证一定会将好的全部排在前面，将坏的全部排在后面。虽然我们可以通过更高级、复杂的算法不断提高好结果排在前面的比例，但是这样做一来并不一定能解决问题，二来难度要远远大于在召回层做相关性控制。所以说，即使有排序层的保障，对召回层的相关性进行控制也仍然非常重要，在必要时还需要对召回的候选集按照相关性程度进行分层，以便之后对不同层次的相关性物品分层进行排序。推荐系统整体的相关性要靠每个环节的共同努力来保障，每个环节都应该发挥应有的作用，而不能把事情都留给某一个模块来做，否则不仅会影响系统的整体效果，也会使系统模块间的职责和复杂度分布非常不均衡，我们要避免这种不合理的架构设计。

2. 多样性

用户希望看到与自己相关的物品，但也不希望结果过于单一。例如，一个用户浏览了三件连衣裙、一件上衣，如果推荐系统只给出和连衣裙相关的推荐物品，虽然相关性比较高，但是结果会过于单一，让用户很快产生腻烦感，同时也没有照顾到用户兴趣的多样性。出于这些原因，召回层的不同算法在召回候选物品时也要充分考虑召回结果的多样性。这里的多样性有多重含义：

- **物品类别的多样性**。这是最直观的一种多样性，是指物品结果从类别上看要多样化。例如，在商品推荐场景中，商品种类要多样化，在上面的例子中，连衣裙和上衣等结果都要出现，而不能只关注用户最感兴趣的那一个类别。

- **物品标签的多样性**。在这里，我们用标签来指代一切可标识物品特点的描述，包括物品的固有属性，例如衣服的款式、风格等，还包括通过算法挖掘出的标签，例如文本的主题聚类标签或者商品的适用人群、价格档次等。这方面的多样性的意义在于，由于用户兴趣和意图的多样性与变化性，以及通常只能捕捉到用户的部分兴趣这一事实，我们很难保证能一下子猜中用户真正喜欢的那几个标签，所以要在保证相关性的前提下增加标签的多样性，以提高潜在的命中率。例如，如果已知用户可能喜欢某一风格的衣服，则可用算法挖掘出与这一风格相近的其他风格，将这些近似风格的衣服也推荐给用户，增强用户的浏览体验，增加对用户真正兴趣的命中率。
- **召回维度的多样性**。这方面的多样性指的是不应该只使用用户某一方面的数据来进行召回，而要综合考虑用户的全方位数据。例如，在电商场景中，用户的点击、搜索、浏览分类页、评论、购买、加入购物车等行为都可以作为召回的依据。此外，根据这些原始行为加工挖掘出的多维度画像数据也都可以用来进行召回。召回维度的多样性可加强我们对用户认识的全面性，从用户体验的角度来看，也会让用户觉得系统更懂他。同时，也可以避免因某一方面数据的不准确而对整个系统造成太大的负面影响。

值得注意的是，不仅要在用户兴趣存在多样性时考虑结果的多样性，即使用户本身的兴趣不存在多样性，也需要考虑结果的多样性。不能说发现用户喜欢手机，就满屏幕全是手机，这会让用户觉得系统推荐结果单一，不能给出新东西，也就失去了经常来逛的动力，这对推荐系统的长期发展是有损害的，无异于"杀鸡取卵"。

3. 覆盖率

对于单个召回算法，覆盖率指的是这个算法能为多少用户/物品计算出相关物品，而对整个系统来讲，就是指所有的召回算法加在一起，能够为多少用户/物品计算出相关物品。如果说推荐系统是普照万物的"太阳"，那么地球上存在多大的阴影面积就是衡量这个"太阳"工作是否尽职到位的一个最基础的衡量指标。推荐系统又常被称为"个性化推荐系统"，其主要原因之一就是可以给大多数人提供个性化服务，如果推荐系统只能覆盖很少一部分人，那么它也就失去了最根本的意义。

4. 实时性

严格来讲，实时性应该算作相关性的一个方面，因为系统实时化的目的其实是为了加强推荐物品与用户的相关性。之所以将实时性单独拿出来讨论，是因为它是一个很重要而又很通用的相关性优化思路，几乎任何召回算法都可以通过加强实时性来提升其相关性和准确性。所谓的实时性，具体来说，指的是系统能否将用户的实时行为用于推荐逻辑的计算，对推荐结果产生影响，并让用户感知到这种变化。就像老师更喜欢反应快的学生，用户也更喜欢反应快的系统。

在具体做法上，召回算法可分为两大类：直接基于行为的算法和基于用户画像的算法。所谓直接基于行为的算法，就是观察用户刚刚干了什么，然后根据他刚刚干的事情进行召回。例如，他刚刚搜索了一个词，那么就把与这个词相关的东西召回；他刚刚浏览了一个商品，那么就把与这个商品相关的商品召回，等等。而所谓基于用户画像的算法，要比上面的做法复杂一点，它处理用户行为的方式，不是对其直接使用，而是对其进行加工处理，处理成为更高级别的数据，例如用户对某种品类的偏好、用户的消费水平等，然后基于这些数据进行推荐。

2.4 基于行为的召回算法

基于行为的召回算法本身通常并不复杂，可看作一组规则，例如上面提到的使用用户搜索过的词、浏览过的物品进行召回，这一组规则本身可通过对业务的观察和理解来制定。真正复杂的地方是确定了召回依据以后的工作，例如，知道了要根据用户的搜索词进行召回，那么该如何找到和这个搜索词最相关的物品；知道了要根据用户浏览过的物品进行召回，那么如何找到和这个物品相关的其他物品，这些是基于行为的召回算法真正需要解决的问题。

总结起来，可以将这些问题统一称为"相关性数据挖掘"的问题。例如，挖掘和某个搜索词相关的其他搜索词或者物品，挖掘和某个物品相关的其他物品，等等。解决这类问题，通常会依赖两种数据——用户行为数据和物品属性数据。基于用户行为数据的就是以协同过滤为代表的一类算法，而基于物品属性数据的就是一些基于内容相似度的算法。这两类算法在原理上并没有太多的本质差异，只是使用了不同的数据。一般来讲，基于行为数据的算法在准确率上效果会好一些，但是会受限于数据稀疏性而导致覆盖率较低，同时也会有多样性和时效性差等一些问题；而基于内容相似度的算法则相反，准确性会稍差一些，但在覆盖率、多样性、时效性等方面会较有优势。由于这两类算法的互补性质，在实际系统中一般都会使用，形成互补。

2.5 用户画像和物品画像

用户画像是推荐系统中一个很重要的组成部分，在基础的相关性召回、排序模型特征等方面起着很重要的作用。在推荐系统以外，例如用户定向投放等方面也起着重要的作用。从某个角度来看，用户画像的工作其实就是在"盲人摸象"：通过从不同角度对用户侧面的刻画描述，以期得到对用户尽量全面的认识。例如，我们会从用户的购买行为中挖掘到用户的消费水平，从用户的浏览行为中挖掘到用户对类别、品牌的喜好，以及喜好随时间变化的情况，还可以从用户每天的登录行为中分析出用户的活跃时间规律等。

用户画像建设工作的核心有两点：一是判断哪些用户画像对推荐系统或其他业务有帮助；二是如何挖掘这些画像。其中第一点的重要性要高于第二点，因为如果没有找到真正有用的用户画像，即使挖掘算法再高级，也是在构造无用的"马其诺防线"，而一旦用户画像的方向找对了，即使算法简单一点，也能够对系统起到提升作用，优化算法会将这种提升效果进一步放大。例如，年龄是我们常常提到的一类用户画像信息，但是在有的场景中，用户是什么年龄和用户对物品是否感兴趣并无很强的关系，那么年龄就不是一个好用的画像信息，即使用很高级的算法将其挖掘出来，也并不能对推荐效果起到促进作用。

对用户画像还可以根据描述的角度进行划分，分为与人口统计学相关的客观属性类画像（例如用户的性别、年龄、职业等）和描述用户和物品之间关系的偏好类画像（例如用户喜欢的类别、品牌、价位等）。其中第二类画像就涉及了物品画像的建设。物品画像是用户画像的基础，我们首先提取出物品层面的多维度描述，再通过用户和物品的行为关系，计算出用户在这些维度上的描述。例如，我们挖掘出商品的价格档次信息，再通过用户对商品的行为，计算出用户的消费档次信息。

还有一个值得一提的方面，就是推荐系统中的用户画像和泛泛意义上通用的用户画像有所不同，推荐系统中的用户画像是为推荐效果服务的，因此通常还包含一些可读性不强但是非常有用的画像，包括用户行为或特征的一些嵌入式表示，典型的如使用神经网络模型得到的用户或物品的向量表示，以及 LDA 文本主题表示。这些维度的画像单独拿出来看是没什么含义的，就是一些数字的组合，不像性别、年龄、类别、品牌这些信息含义明确。但牺牲这些数据的可读性带来的往往是效果和精度的提升，因此具有很重要的作用。所以，我们不能从普通人是否能看明白来判断一份数据是否有用，而是要看这份数据是否从一个独特的角度连接了用户和物品，只要做到了这一点，就是有意义的数据，否则就不是。例如上面提到的用户年龄的例子，在有的场景中，虽然可以计算出用户的年龄，但是无法计算出另一端物品的年龄，这份数据没有将用户和物品连接起来，所以它并不是一份有用的画像数据。

2.6　结果排序

前面我们讲到，在按相关性召回之后需要再做一次统一的结果排序。排序的目的上面已经简述过，是为了针对统一的目标进行优化。在这一部分中，根据系统所属的阶段不同，以及数据积累和技术积累的阶段不同，会采取不同的做法。最简单的排序方法是基于一套规则的融合方法，这套规则来自技术或产品人员的经验，以及对业务的观察了解。在具体的规则套路上，可以选择分层式或者加权融合式等融合方法。

当数据和技术积累到一定程度时，通常都会用基于机器学习的排序技术来取代基于规则的技术。相比于规则系统，机器学习系统的优势在于它是一套"活"的系统，能够根据用户对系统的反馈来不断调整系统的工作方式，从而从一个"菜鸟"不断进化成为"老司机"。此外，它不需要太多的人工先验知识就可以工作——当然，如果有先验知识，则会工作得更好。机器学习的工作原理特别适用于像推荐系统这样的面对大规模用户，同时用户行为又受很多因素共同影响决定的系统。在这种系统中，由于变量众多、情况复杂，导致使用规则系统需要建立的规则量非常大，而且不易维护，更重要的是，它不能自动适应用户行为的变化。所以，推荐系统也是互联网上机器学习系统最早取得实际效果的领域之一。

由于机器学习技术的优良特性，在推荐系统中会大量使用该技术，除了在最外层的结果排序中使用，在用户兴趣建模、用户活跃程度预测、商品销量预测等问题中也都会广泛使用机器学习技术。换个角度来讲，只要能够满足机器学习善于解决的问题的一些特点，就可以尝试使用该技术。这些特点主要包括但不限于：

- 影响决策的因素众多，难以建立和维护对应的规则。
- 数据量巨大，人工难以从中提取出有效规则。
- 数据本身会发生变化，需要自适应的系统来应对这种变化。

为了让机器学习技术能够更好地服务于包括推荐系统在内的整个大系统，我们通常需要开发一整套机器学习的配套设置，从离线模型训练到在线服务和数据采集等，这些技术都会在后面的章节中进行详细介绍。

2.7　评价指标

在对任何系统做优化之前，首先都需要有明确的评价和衡量方法，正所谓"If you can't

measure it, you can't improve it"。对推荐系统也是一样的，最忌讳的就是凭感觉衡量，凭感觉优化。这种做法中的典型就是"面向老板体验"的优化，即老板对哪里不满意就改哪里，但是却忘了老板并不一定能代表系统的典型用户，老板的某个看法也并不一定是综合考虑了所有利弊后提出的。系统只有有了明确的评价指标之后，才能够有针对性地对这些指标进行优化，如果觉得应该往既定指标以外的其他方向优化，那么首先应该做的是建立新的衡量目标，而不是盲目动手。

具体到推荐系统来讲，评价指标可分为结果指标和过程指标两类。所谓结果指标，指的是用来最终衡量推荐系统好坏的指标，换个角度来看，就是经常被用作 KPI 的指标。而过程指标，则是对结果指标的分解，目的是将结果指标分解为几个可具体操作的维度，这样做的好处是可以通过对过程指标的把控来实现对结果指标的把控，结果指标出了问题，也可以通过分析过程指标来找到具体出问题的环节。

从另一个角度来讲，又可以将评价指标分为短期指标和长期指标。短期指标，顾名思义，就是承担短期业绩压力的指标，而长期指标则是从网站长远发展考虑来看的指标。

2.8　系统监控

上面讲到的评价指标指的是从效果上如何评价和把控系统，此外，还需要对运行中的系统做足够的监控，以保障系统的正常顺利运行。

监控指标和评价指标都是对系统量化的描述，二者的区别在哪里呢？最重要的区别在于，评价指标的意义是指导系统的持续迭代，而监控指标的意义是及时发现系统的突发问题，保障系统的稳定运行。换个角度来讲，如果发现评价指标不符合预期，一般不用太惊慌，只需找到问题继续优化即可；而一旦发现监控指标有问题，就需要立刻行动，将问题消除，或者阻止问题的进一步扩大。

在推荐系统中系统监控的难点在于，推荐系统的核心组成部分是各种数据，如果数据有了异常，很多时候是不会导致系统出现通常意义上可观测到的问题的，例如超时增加、连接失败、系统崩溃等。这就要求我们从数据的角度出发设计合理的监控指标和监控方式，防止系统出现静默失败，进而影响最终效果。

2.9　架构设计

任何系统，初期都可以以实现功能为主，不必太在意架构层面的问题，但是当系统的功能越来越多、组件越来越多、数据越来越多时，整个系统的复杂度会呈指数级上升。这个时候，合理、有效的架构设计，不仅可以提高开发效率，降低系统的复杂度，提升系统的可维护性，可能还会起到提升效果的作用。

推荐系统的架构设计，可粗略分为在线、离线和近线三部分。在线服务架构设计的核心要点，是保证系统的稳定运行、算法策略的足量生效[1]，以及对策略快速迭代的支持等；而离线数据生产架构的关注点，更偏向于如何生产出准确率高、覆盖率高的商品和用户相关数据；近线层架构的作用是快速处理用户和物品的行为与信息变动，为在线架构提供实时性高的数据服务。这三套架构共同组成了推荐系统的整体架构，综合目标是让推荐系统跑得更快、跑得更稳、跑得更远。

2.10　发展历程

从 1990 年"数字书架"的概念被提出[2]，到 1998 年亚马逊上线基于用户的协同过滤算法，再到现在各种个性化资讯类产品异军突起，推荐系统的发展已经经过了多个阶段。本书作者并未对这段发展历史做过系统性的考证，下面仅从推荐系统在工业界应用发展的角度进行简单回顾，旨在让读者了解推荐系统发展的整体脉络。

最早算得上系统级别的推荐系统，使用的大多是打分类的规则——使用一套规则为网站上的不同物品打分，打分高的物品排在前面。这套打分规则可能是综合了浏览历史、物品质量、网站上下文等条件在内的一个复杂公式，并且可以根据反馈不断调整，早期的 Reddit 和 Stack Overflow 使用的就是这样一套排序方法。可以说，这个时候人们已经有了为物品打分排序这样一个概念，也知道哪些因素应该决定分数的多少，但问题在于打分规则的制定并没有很强的理论依据，更多的是业务经验和简单的数学原理的整合。

1　所谓足量生效，指的是算法策略不因为各种条件的限制而无法百分之百按照预定方案上线，从而导致效果提升打了折扣。典型的原因可能包括过大的计算量与性能要求之间的矛盾等。

2　参见：链接 2。

接下来具有代表性的系统就是亚马逊首创的基于协同过滤的推荐系统。这个系统根本性的创新点之一在于，它将物品间相关性这一概念用具有理论依托的方法进行了量化，那就是基于用户行为的相似度计算方法。同时，这个算法很好地利用了用户进行推荐，省去了复杂而又缺乏客观性的规则的制定，再加上高效的工程实现方法，一经发表便迅速成为推荐系统中使用最广泛的算法，直到今天还在发挥着重要的作用[1]。在协同过滤算法发明后，一系列与之类似或者相关的算法被迅速发明和发展出来，例如以SVD（奇异值分解）为代表的各种矩阵分解算法，以及一系列将各种算法公式进行整合，从而给出综合结果的混合推荐算法，如各种Ensemble算法。著名的Netflix大奖赛是这类系统顶峰时期的代表[2]，虽然由于各种原因Netflix最终并没有在线上真正使用当时冠军的算法，但毫无疑问，这一赛事给推荐系统和推荐算法做了一次极为成功的宣传。这一时期的特点是，人们已经有了一些理论基础来解决推荐系统中的打分问题，并且能够将这些理论付诸实现以取得良好效果。但此时的局限性在于，人们都在试图用一种算法来解决问题，所以就有了融合各种想法、逻辑在内的复杂算法。这种做法虽然在一些情况下可以提高准确率，但却给系统的实现和维护带来了很大的困难，所以整个业界并没有在这个方向上坚持太久。

下一个重要节点就是机器学习技术的引入。机器学习技术的引入，使得推荐系统目标的实现变得更加有迹可循。例如，当系统的目标是最大化点击时，可以使用目标为点击率的机器学习排序模型，而当目标是最大化观看时长时，则可以将目标调整为总的观看时长。机器学习系统最大的优势在于，它可以有针对性地优化系统的目标，而不是像之前的算法一样用启发式的公式来模糊地定义物品的好坏。例如，协同过滤算法虽然效果很好，但它并不能保证给出的结果是最大化点击的，但由于它考虑的因素和最大化点击时考虑的因素有重合，例如都考虑了类似物品的点击，所以能够给出比较好的结果，但如果将它给出的结果再使用机器学习模型进行一次排序，则将得到更符合预定目标的排序结果。这种有针对性优化目标的能力，让机器学习系统在各种推荐系统中得到广泛的应用。此后，由于出现了专门进行排序的方法，使得在生成待排序结果时可以使用更多的方法，这进一步促进了从"一次性搞定所有问题"到"召回+排序"的架构转变，而这种基本架构也一直沿用至今。

除了效果好，机器学习的方法还使用特征来描述和学习用户对物品产生行为的概率，让我们认识到了影响用户兴趣的究竟是哪些因素和特征。这一点在协同过滤算法中是无法做到的，因为协同过滤算法只能记住哪个用户对哪个物品做了什么，并基于此计算相关性，但并不知道

1　协同过滤算法的发明者对算法发展20年来的回顾，参见：链接 3。

2　参见：链接 4。

为什么这个用户对这个物品感兴趣。这是一个很大的进步，这让我们从"知其然"升级到了"知其所以然"。虽然当前的机器学习算法学到的相关性还不具有完全的因果性，但对于我们认识用户行为的深层次原因已经提供了非常有用的信息，这些信息对推荐系统以外的网站运营有着非常重要的作用。

和这一变化几乎同步发生的，是推荐系统更加广泛的推广和应用。在此之前，推荐系统的主要应用场景还是电商、视频等少数行业，但是在这一时期，新闻资讯、应用市场、求职招聘等多个行业都陆续引入了推荐系统，直到现在出现了一些完全基于推荐系统驱动的产品。这一转变不仅代表着推荐系统技术的广泛应用，更代表着基于用户的个性化推荐这一产品思路正在移动互联网时代赢得越来越多用户的青睐，这无疑是推荐系统从业者最大的福音。

自此之后，推荐系统仍然在不断发展，典型的如深度学习在结果排序、用户兴趣模型等方面的尝试和应用，而在整体思路架构上，主流的方案仍然没有发生太大的变化。但是新的思路也在被不断地提出和尝试，例如基于强化学习的做法、基于博弈论的做法，以及基于 Counterfactual Reasoning 的做法等，相信这些前沿的探索性思路也会对推荐系统的发展起到推动性作用。

2.11　总结

本章我们从较高的抽象角度对推荐系统的整体逻辑和一些核心组成部分进行了简单介绍，目的是让读者在脑海中形成一张推荐系统的逻辑地图（如图 2-1 所示），这样不仅能够更加容易理解后面章节中的内容，也有利于读者在读完本书后进一步学习推荐系统的其他相关技术，不断丰富自己的知识结构。

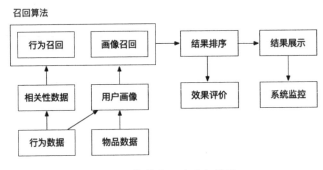

图 2-1　推荐系统的流程简图

第 3 章
基础推荐算法

本章主要讨论基础推荐算法和与推荐数据建设相关的一些问题。之所以叫作"基础推荐算法",是因为推荐系统在经过这么多年的发展之后,已经从最开始的"一套算法直接出结果"的简单模式演化到了现在的"相关性召回+点击率排序"架构,而本章要讨论的"基础推荐算法",指的就是这个架构下的相关性召回算法。

3.1　推荐逻辑流程架构

我们在前面的章节中讨论过,推荐的根本任务是匹配,例如,在电商网站中匹配消费者和商品,在招聘网站中匹配求职者和职位等。在当今的推荐系统中,我们会把这个匹配过程分为四个步骤:第一步是"相关性召回",第二步是"候选集融合",第三步是"结果排序",第四步是"业务干预"。之所以要分为这四个步骤,是因为在这种做法中,每个阶段的功能职责划分比较明确,目的也就比较单一,相当于把一个大项目模块化拆解,拆解后每个模块的功能职责都比较单一、明确。这样做的好处是在开发每个模块时可以更加专注,不用考虑其他模块的问题。

具体来说,在第一步"相关性召回"阶段,主要目的是尽可能多维度、相对准确地找到和用户可能相关的物品候选集。这一阶段的关注重点是物品与用户之间的相关性,以及物品本身的质量等因素。这一阶段我们会使用不同的推荐算法来召回候选商品,例如协同过滤、内容相关性等,这些算法的目的都是以用户的行为、画像等为出发点的,找到用户可能感兴趣的物品。这一步我们希望召回的角度越多越丰富越好。例如,可以将召回粗略地分为基于行为的和基于画像的,而行为又可以细分为"行为+行为相似度"和"行为+内容相似度",画像又可以细分为人口统计学类的画像和用户偏好类的画像等；完整的行为和画像又可以划分为实时级别的（代表短期）和离线级别的（代表长期）。

除了相关性，我们还需要关注召回物品的质量。之所以要关注物品的质量，是因为对于一些看上去和用户相关的物品，如果质量不过关，那么用户对这个物品的操作可能只是一次点击，而不会有深层次的操作。例如，在新闻资讯类产品中，如果一个新闻的标题非常吸引人，但是内容非常低俗或者陈旧，那么它就属于低质量的相关物品；在二手交易网站中，一些商品看上去价低质优，但是卖家长期不在线，不能及时回答买家的问题，或者干脆就是一个吸引流量的骗子，那么这些商品即使相关性再好，也不应该被推荐出来。我们关注物品的质量，是因为我们希望提供给用户的是可以有深层次交互的高质量的物品，这才是推荐系统的真正价值所在。例如，推荐可以让用户深度阅读的资讯，推荐可以让用户快速成交的物品等。只追求相关性，不关注质量，在短期内或许可能吸引用户，但是长期来看，会给用户留下一种"低质量"的印象，这对整个网站都会造成非常大的损害。

概括起来，我们希望这一步能够对用户做 360 度的全方位扫描，在此基础上尽量多地描述和覆盖用户可能感兴趣的高质量的物品。

在第二步"候选集融合"阶段，将对来自多个召回算法的候选物品进行融合，产生一个待排序的候选集。这一阶段的关注重点是多样性和相关性的均衡、召回算法的优先级等问题。在第一个阶段之后，我们得到了来自多个推荐算法的多组候选集，每组候选集代表了基于一个维度的推荐结果。这一步的目的就是将这些结果融合成为一个结果。这个过程就像通过比赛来层层筛选运动员，每个推荐算法就像一个省，给出的候选集对应着这个省最优秀的运动员，而融合就是要从全国各个省的代表队中，再筛选出进入国家队的成员。在这个过程中，我们当然希望选出每个推荐算法中最好的结果，但是为了保证最终的候选集能包含尽量多维度的数据，我们需要从每个候选集中都选一些出来，否则用户最终看到的结果可能都是类似的，推荐结果的范围会越来越窄，体验不好。粗暴的做法是，我们可以把最终的候选集的份额均分到每个算法的结果中，这样看上去最公平，但是由于不同算法的相关性强度不一样，而且不同算法中的结果可能存在一定程度的重合，如果简单地均分，并不一定能够得到最好的结果。

总结起来，这一步要通过一些算法和规则，使得最终的候选集在相关性和多样性之间取得一个合理的平衡。

到了"结果排序"这一步，目标就相对比较明确了——将上一步融合到的结果，按照某一确定目标进行排序。这一目标在不同的业务场景中也有所不同，例如，在电商业务中，可使用点击率、转化率或二者相结合的指标作为目标，而在资讯类产品中，可使用停留时长、分享比例等作为目标。无论选取什么目标，在具体做法上一般都会使用机器学习的方法来处理，这部分我们会在后面的章节中进行具体介绍。

这一步的作用和第一步"相关性召回"看上去有点相近，二者似乎都在关注用户对一个物品究竟感不感兴趣，但其实二者的功能并不相同，单独的排序层的存在也是很有必要的。首先，在召回层我们会使用很多算法，而每个算法的计算方法都不一样，这导致不同算法出来的结果并不能使用算法内部分数进行统一排序；其次，在召回层我们的思路其实是"用户可能会喜欢这些东西"，无论是基于行为的相似度还是基于内容的相似度等，都使用了一种默认的逻辑，那就是"与用户行为/兴趣相似或相关的物品是用户喜欢的物品"，而这些物品用户究竟会不会点击、购买，在召回层算法中是没有考虑的，所以有必要从最直接的是否点击、是否购买等角度进行一次单独的排序。换个角度来看，在一种完全不考虑性能的理想场景中，最优的做法其实是跳过前面两步，对网站上的所有物品都直接进行面向点击、购买等最终目的的排序，这相当于做了一次全局的筛选，这样得到的结果从点击、购买等最终目的来看（不考虑物品质量等因素的话），效果是最好的。但由于在真实场景中我们需要考虑性能，所以需要预先将参与排序的候选集缩小到一个可接受的范围，那么这个缩小候选集的操作，就是前面的召回和融合的过程。

最后一步"业务干预"，是为了给业务留一个进行最终干预的接口，这一步进行的干预通常与相关性、算法等无关，多数是具体业务给出的需求。常见的如在电商的推荐中不能推出成人用品等类别，需要过滤掉无库存商品，或者由于某些原因不能推出某些店铺的商品等。

推荐系统的逻辑流程图如图 3-1 所示。在这样一种分层明确的逻辑架构中，每一层都只需要负责这一层要做的事情，这有利于项目整体的并行化以及效果调优的并行化。相关性召回阶段只需要负责使用各种相关性算法找到与当前场景相关的候选物品，在这个过程中只需要关注每个算法内部的排序逻辑，无须关心整体的最终排序。到了排序的时候，再去考虑统一排序的问题。而与业务相关的规则干预都放在最后一层进行处理。这种方法使得每个阶段相对独立，可以分别进行开发、维护和优化，不用去考虑另外一个阶段的逻辑。这种方法的另外一个好处在于，可以在排序阶段充分利用机器学习模型的威力，取得最终业务目标的最大化。

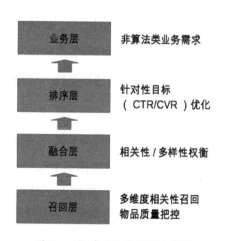

图 3-1 推荐系统的逻辑流程图

本章我们会重点介绍第一阶段，即相关性召回，其他部分会在后面的章节中另行介绍。

3.2 召回算法的基本逻辑

说到推荐算法，协同过滤、关联规则等算法大家应该都有所了解，在这里我们会对这些基础算法进行详细介绍，但除了介绍算法本身，更强调算法背后和算法之间的逻辑与条理，希望大家将这些算法看作一个相互关联的有机整体。如果想要检验自己是否达到这个理解程度，则可以问自己下面几个问题。

- 为什么要用这个推荐算法？它解决什么问题？其中心思想用大白话说出来是什么？[1]
- 这几个算法之间是什么关系？它们有什么相同点和不同点？它们分别适用于什么场景？
- 这些算法是否可以相互替换、相互补充，以及在什么情况下可以相互替换、相互补充？

如果对这几个问题都能回答得比较好，那么可以认为你对基础算法这部分有了较好的整体性理解。当然，这种学习思路也适用于其他领域。下面我们就沿着这样的思路对基础推荐算法进行介绍。

前面说到推荐系统的本质是匹配，例如，在电商系统中，终极目的是匹配用户和商品。为了达到匹配的目的，除了可以直接计算用户与物品之间的相关性，还可以通过一种"两阶段"的方法来得到最终的相关性。在具体应用中，有下面一些常用的计算路径。

路径 1：**直接计算用户与物品的相关性。**

路径 2：**用户与物品的相关性 + 物品与物品的相关性 => 用户与物品的相关性。**

路径 3：**用户与用户的相关性 + 用户到物品的行为权重 => 用户与物品的相关性。**

路径 4：**用户与标签的相关性 + 标签与物品的相关性 => 用户与物品的相关性。**

两阶段相关性计算流程图如图 3-2 所示。需要指出的是，上面"路径 1"中的"用户与物品的相关性"和"路径 2""路径 3"中的"用户到物品的行为权重"是两个看似不同但却异曲同工的概念。这两个概念本质上都是在寻找实体之间的相关性，所以它们都可以被认为属于"广

1　能否用大白话把一件事情讲明白，即能否做到"深入浅出"，是检验对这件事情理解程度的最好方法。建议大家在学习新事物的时候，可以用这个方法对自己进行检验。

义相关性"的概念范畴。而不同之处仅在于,它们是实际应用流程中不同阶段里对"广义相关性"的不同实现方式——"相关性"通常指通过一些算法计算出的相关性,可以认为是一种"复杂相关性"或"静态相关性";而"行为权重"则指根据用户与物品之间产生的行为关系计算出的一种时效性较短的相关性,可以认为是一种"简单相关性"或"动态相关性"。之所以要做这样的划分,是因为在实际系统中,用户的行为是推荐策略的重要来源,所以需要先通过度量用户的行为权重来得到用户行为中隐含的相关性信息,然后找到与用户直接产生行为的物品相关的其他物品,而这两个步骤分别对应于"动态相关性"和"静态相关性"。

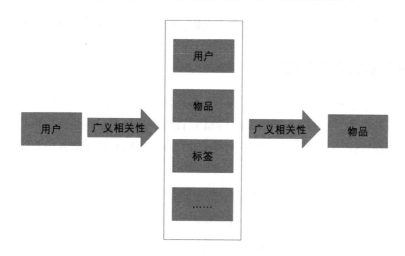

图 3-2 两阶段相关性计算流程图

上面"路径 1"中的相关性,指的是在用户与物品没有产生直接行为的情况下,根据其他线索计算出的可能相关性,而"路径 2"和"路径 3"中的行为权重,指的是用户对该物品产生的直接行为,例如浏览、购买、分享等对应的权重。这部分通常不需要用过于复杂的算法来计算,根据真实的用户行为加上一些业务规则即可得到,例如,可以根据行为重要性的不同和行为产生时间的不同来制定一种计算方法。当然,也可以使用机器学习的方法来学习这些权重。值得指出的是,在社交网络应用中,召回算法的逻辑与其他应用有所不同,可以利用用户之间的社交关系(关注、转发、回复等)直接进行召回,召回的物品与用户之间本身就有着很强的相关性。

以上不同的路径对应着不同的算法组合,例如,"路径 2"其实就对应着基于物品的协同过滤(Item-based CF)算法,"路径 3"就对应着基于用户的协同过滤(User-based CF)算法。我们可以看到,每种算法组合都是由两个计算相关性的算法组合而成的,而这些算法的两端对应着不同的实体。例如,在计算"用户与物品的相关性"时,算法的两端分别是用户和物品,而在计算"用户与标签的相关性"时，算法的两端分别是用户和标签。这里的标签也是一个很宽泛的概念，在实际应用中可以是类别、关键词、文本主题等具体的标签，对物品的任何客观描述都可以认为是一种标签。下面介绍一些常用的计算不同实体之间的相关性的基础算法。

3.3 常用的基础召回算法

本节我们会围绕用户、物品和标签这三个实体，讨论它们两两之间的相关性算法。

3.3.1 用户与物品的相关性

有一类算法特别适合用于直接计算用户与物品之间的相关性，那就是基于矩阵分解的算法，也可称为隐语义模型（Latent Factor Model，LFM）。该算法的特点是将用户与物品之间的关系，建模为"用户到隐特征 + 隐特征到物品"这样一个链条，然后通过求解其中的隐特征信息来求解整个链条。

首先我们使用矩阵 R 来表示用户对物品行为的原始矩阵：

$$R = \begin{pmatrix} r_{1,1} & r_{1,2} & \cdots & r_{1,I} \\ r_{2,1} & r_{2,2} & \cdots & r_{2,I} \\ \vdots & \vdots & \ddots & \vdots \\ r_{U,1} & r_{U,2} & \cdots & r_{U,I} \end{pmatrix}$$

矩阵中每行表示一个用户，每列表示一个物品，每个元素 $r_{u,i}$ 表示用户 u 对物品 i 的行为。行为是一个很宽泛的概念，具体来说，可能包括经典的评分行为以及购买、浏览等行为。如果是评分行为，其取值会是一个离散的值，例如 1 到 5 或 1 到 10，根据网站的评分系统设计有所不同。如果是购买、浏览这样的行为，其取值一般就是 0 或 1。

矩阵分解就是将上面的原始行为矩阵表示为两个矩阵的乘积：

$$R \approx X^{\mathrm{T}} \times Y$$

其中：

$$X = \begin{pmatrix} x_{1,1} & x_{1,2} & \cdots & x_{1,U} \\ x_{2,1} & x_{2,2} & \cdots & x_{2,U} \\ \vdots & \vdots & \ddots & \vdots \\ x_{K,1} & x_{K,2} & \cdots & x_{K,U} \end{pmatrix}, \quad Y = \begin{pmatrix} y_{1,1} & y_{1,2} & \cdots & y_{1,I} \\ y_{2,1} & y_{2,2} & \cdots & y_{2,I} \\ \vdots & \vdots & \ddots & \vdots \\ y_{K,1} & y_{K,2} & \cdots & y_{K,I} \end{pmatrix}$$

其中有 U 个用户，I 个物品，包含 K 个隐类别。X矩阵中每列表示一个用户，Y矩阵中每列表示一个物品。这种表示方法的本质是在用一种隐类别的概念来表示用户和物品。在上面的表示中，我们引入了K个隐类别，将用户和物品表示为用户与这K个隐类别之间的相关性。如果这些类别具有直观含义，例如一共有两个类别，一个是科幻小说，一个是言情小说，假设有一个用户的隐类别向量为$X_1 = (0.3,0.7)^T$，那么我们可以理解为该用户在科幻小说和言情小说上的兴趣分别为 0.3 和 0.7；假设有一本书的隐类别向量为$Y_1 = (0.6,0.4)^T$，那么我们可以说这本书的内容有 0.6 的科幻成分和 0.4 的言情成分。

但是这K个隐类别是没有具体含义的，这样做的缺点是牺牲了一定的直观解释能力，但是也带来了一些优点。

- **能够发现一些人工没有找出的类别**。上面例子中的科幻小说、言情小说类别属于系统中已经有的类别，但是如果某些类别信息没有被录入到系统中，尤其是一些难以简单说明的类别，例如"小众""土豪"等这些不会出现在正式的分类体系或标签体系中的类别，若不使用 LFM 的方法就无法捕捉到与这些类别相关的信息，也就无法利用这些信息做出推荐。
- **能够更好地适应数据变化**。LFM 是通过计算用户的行为以及行为之间的关系来找到这些隐类别的，因此，如果用户行为中出现了一些新的特征信息，例如，在一些视频网站中可能会由于潮流变化忽然出现一些新风格的搞笑视频，LFM 是能够第一时间发现并捕捉到的。如果依赖人工发现这些潮流，然后给它们打上标签或类别，则势必会有一定的滞后性，难以满足时效性的要求。
- **将用户、物品与隐类别之间的关系进行了量化**。在基于人工的类别和标签体系中，物品与类别、标签之间往往只是有或无的关系，无法进行更细致的量化，但是 LFM 可以将其进一步量化，得到更细致的信息，从而计算出精度更高的推荐结果。

所以，LFM算法从本质上可以理解为对上面提到的两种计算路径——"用户与物品的相关性 + 物品与物品的相关性 => 用户与物品的相关性"和"用户与标签的相关性 + 标签与物品的相关性 => 用户与物品的相关性"进行了抽象，将"物品"和"标签"统一抽象为"变量"，用变量来描述用户和物品，然后将其一般化为可计算、可量化的"隐变量"，从而得到一个在计算逻辑上更统一、更通用的模型。用隐变量来表达概念是一种非常有效且通用的数学方法，衍生出了很多相关模型，除了LFM，还有pLSA、LDA等经典模型。此外，近年来炙手可热的词嵌入以及扩展出的句嵌入、文档嵌入等都使用了这样的思想，这种现在统称为嵌入式表征的方式适用性非常广，甚至可以将社交网络关系也进行嵌入式表征[1]。

严格来说，这种方法也并不是"直接"计算出了用户与物品之间的关系，而是借助"隐特征"这个桥梁将用户和物品联系起来。但由于隐特征缺乏直接的解释，导致隐变量这个中间数据难以复用，这样整个算法产出的有效数据只有最终的用户和物品的数据，所以从最终的效果来看，也确实是直接计算出了用户与物品之间的相关性。

在上面的矩阵 R 中，并不是每个元素都有值的，只有用户u和物品i之间有过行为关系，$r_{i,j}$才会有值，而那些没有值的元素该有的值，才是我们真正感兴趣的，一旦知道了这些元素的值，也就知道了用户对未产生过行为的物品的感兴趣程度——用户 u 对物品 i 的感兴趣程度为$x_u^T y_i$，其中x_u、y_i分别为用户和物品的隐变量表示。我们可以根据感兴趣程度对一个用户的所有物品进行排序，然后进行推荐。

我们使用 LFM 的思路就是：先得到用户和物品的原始行为矩阵，然后借助矩阵中有值（有行为）的元素来计算求解两个隐变量矩阵的值，再用隐变量反过来求解缺失值（无行为）的元素的值，从而得到推荐结果。

可以看出，要想使用 LFM，最关键的就是解出矩阵X和矩阵Y，也就是求出矩阵中每个元素的值。这个问题可以通过以下式子建模为一个优化学习问题。

$$L = ||R_{\text{sample}} - (X^T \times Y)_{\text{sample}}||_F^2$$

其中，$||M||_F^2$是矩阵 M 的 Frobenius 范数的平方，表示矩阵中每个元素的平方和。sample下标代表矩阵中的样本集。所谓样本，和机器学习中的样本的概念是一样的，即用户有过反馈的物品的集合。前面说过矩阵中的元素分为两种，即有值的和没有值的，而我们的目的是通过有值的元素来学习参数，从而预测没有值的元素。有值的元素就是我们所说的样本。这些样本从哪里来呢？如果是评分类数据，例如对电影、书籍的评分，那么可以直接使用用户有过评分的物品作为样本。如果是隐式反馈，例如是否点击这样的信息，则可以将产生过点击的物品作为正样本，将曝光给用户但未产生点击的物品作为负样本，分别给予 1 和 0 的分值。进一步地，如果数据中有代表不同行为强度的信息，例如同时有点击和购买的信息，则可以考虑根据行为强度给予不同的分值，如给予购买的商品 5 分、浏览的商品 1 分，这样的差异性分值，使得力度更强的行为会给模型提供更多的信息，从而让模型学习到粒度更细的信息。这种做法虽然没有严格的理论支撑，但在实践中不失为一种简单有效的方法，其中不同强度的行为对应的得分需要通过实验来调整确定。

1　参见：链接 5。

将上面式子的矩阵表达形式写成非矩阵的形式（将矩阵 **R**、**X**、**Y** 转换表示为三组参数 $r_{u,i}, x_{u,k}, y_{i,k}$）如下：

$$L = \sum_{u,i \in \text{sample}} (r_{u,i} - \sum_{k} (x_{u,k} \times y_{i,k}))^2$$

我们的目标就是找到能使损失函数 L 取得最小值的 $x_{u,k}$ 和 $y_{i,k}$。

如果单纯地优化上面的式子可能会出现过拟合[1]现象，所以需要对 $x_{u,k}$ 和 $y_{i,k}$ 做一些限制，也就是加上正则化项，得到如下式子：

$$L = \sum_{u,i \in \text{sample}} (r_{u,i} - \sum_{k} (x_{u,k} \times y_{i,k}))^2 + \lambda (\sum x_{i,j}^2 + \sum y_{i,j}^2)$$

其中，λ 是正则化参数，代表正则化的力度。有了上面这个明确的优化目标，我们就可以通过具体的方法寻找满足条件的 $x_{i,j}$ 和 $y_{i,j}$ 了。这里介绍两种求解的方法，其中一种是基于梯度下降的方法；另一种是不基于梯度的交替最小二乘法。

梯度下降法是一种迭代式的方法，常用来求解机器学习中的优化问题。这里介绍它的一种常见形式——随机梯度下降法（Stochastic Gradient Descent，SGD）。其中心思想是每次随机找一条训练样本，求得其梯度，然后将参数向梯度的反方向前进一步，通过不断重复该过程，求得一组结果稳定的参数值。

在这个问题中，存在两组参数，即 $x_{u,k}$ 和 $y_{i,k}$，这两组参数的偏导数分别为

$$\frac{\Delta L}{\Delta x_{u,k}} = -2(r_{u,i} - \sum (x_{u,k} \times y_{i,k}))y_{i,k} + 2\lambda x_{u,k}$$

$$\frac{\Delta L}{\Delta y_{i,k}} = -2(r_{u,i} - \sum (x_{u,k} \times y_{i,k}))x_{u,k} + 2\lambda y_{i,k}$$

根据上面的梯度可以求得参数的前进方向：

$$x_{u,k} = x_{u,k} + \alpha((r_{u,i} - \sum (x_{u,k} \times y_{i,k}))y_{i,k} - \lambda x_{u,k})$$

$$y_{i,k} = y_{i,k} + \alpha((r_{u,i} - \sum (x_{u,k} \times y_{i,k}))x_{u,k} - \lambda y_{i,k})$$

我们可以先将 $x_{u,k}$ 和 $y_{i,k}$ 随机初始化，然后使用上面的方法不断迭代，直到达到一个稳定的

1　过拟合的解释，可参见：链接 6。

结果，或者达到指定的迭代次数。上面方法中的λ和α需要通过反复实验来确定最优值。而隐特征数量K的大小也需要多加权衡，K太小的话无法捕捉到用户兴趣的多样性，K太大的话则可能会导致数据稀疏而降低结果的置信度，同时也会增加计算量。

上面的优化目标之所以需要用梯度的方法来迭代求解，重要原因之一是损失函数L不是一个凸函数[1]。交替最小二乘法（ALS）的思想就是想办法把要优化的问题变为凸函数，使得求解变得简单。从广义上讲，这也是一种很常用的思路，就是把未知问题转为已知问题，把复杂问题转为简单问题。

具体来说，L之所以难解，原因在于它包含了$x_{u,k} \times y_{i,k}$这样的部分，这个部分中同时包含两个变量，如果把其中一个变量固定下来，变成常量，那么这个式子就只包含一个变量，从而也就变成了一个普通的二次多项式，其求解难度就被降低到了高中数学的水平。"交替最小二乘法"中的"交替"指的是将这两组参数交替保持一组固定不变，来优化另外一组，而具体的优化方法就是最小二乘法，所以这个方法的精髓已经在名字里面完全体现出来了。

为了使用最小二乘法进行求解，我们需要引入一组变量：

$$c_{u,i} = 1 + \alpha r_{u,i}$$

可以看出，当用户对物品无行为或行为得分为 0 时，$c_{u,i}$取值为 1，这相当于给所有用户一物品对一个最小权重，而有行为得分的话$c_{u,i}$取值大于 1，对应着该条数据有更高的权重。在引入变量$c_{u,i}$之后，优化目标被修改为

$$L = \sum_{u,i} c_{u,i}(r_{u,i} - \sum(x_{u,k} \times y_{i,k}))^2 + \lambda(\sum x_{i,j}^2 + \sum y_{i,j}^2)$$

这个损失函数与之前相比，在表达形式上有所不同，主要差异在于表达式中多了$c_{u,i}$这一项，同时下标不再要求属于用户有过行为的样本集。这样的修改本质上是对之前的损失函数的一个扩展，让每条样本具有了不同的权重，从而在优化时起到不同的作用。此外，这么写还有一个好处，就是损失函数L不再只依赖一部分数据，而是要使用到所有数据，这样我们就可以使用矩阵形式对其进行表达和求解，利用一些矩阵运算的工具和库来加速计算。将上面的损失函数改写为向量形式：

$$L = \sum_{u,i} c_{u,i}(r_{u,i} - x_u^T y_i)^2 + \lambda(\sum_u ||x_u||^2 + \sum_i ||y_i||^2)$$

---

1 凸函数的含义，可参见：链接 7。凸函数有一个很好的性质，就是存在唯一的最小值，这使得求解变得很简单，而非凸函数则没有这样的性质，所以求解比较复杂。

此时，损失函数中待求解的变量就变成了x_u和y_i，分别代表用户 u 和物品 i，通过一些微积分运算，就可以分别得到它们的解析解：

$$x_u = (YC^uY^T + \lambda I)^{-1}YC^uR_u$$

$$y_i = (XC^iX^T + \lambda I)^{-1}XC^iR_i$$

其中，C^u、C^i 都是对角矩阵，对角线上的元素分别代表了与用户 u/物品 i 产生过行为的物品/用户，也就是前面引入的变量 $c_{u,i}$ 起到的作用。

首先将所有的y_i固定下来，计算所有x_u的值，计算完毕之后，再反过来把所有的x_u固定下来，计算所有y_i的值，这样交替迭代若干次后，结果稳定下来，便得到最终结果。

上面的求解式中存在一个计算瓶颈，就是YC^uY^T、XC^iX^T的计算，其朴素计算方法对应的时间复杂度为$O(k^2n)$，其中 k 为隐变量数量，n 为物品数量。以YC^uY^T为例，我们可以将其拆解为

$$YC^uY^T = YY^T + Y(C^u - I)Y^T$$

注意其中的 YY^T 与具体的用户 u 无关，只需要计算一次，而$C^u - I$中的非零元素也非常少（注意 $c_{u,i}$ 变量的含义），所以 $Y(C^u - I)Y^T$ 中的非零元素也很少。可见，真正需要的计算量只与输入的用户—物品行为对的数量有关。具体的复杂度计算和此方法的一些改进可参见文章：*Collaborative Filtering for Implicit Feedback Datasets*。

与SGD相比，ALS在并行度方面具有明显的优势。从上面的求解过程中可以看出，ALS在每次迭代时所有的用户/物品向量之间都没有相互依赖的关系，因此可以很方便地进行并行计算，例如，可以使用Spark等工具进行并行计算，而Spark的最新版本中也提供了ALS的实现 [1]。但是SGD有可能会导致多条样本同时更新一个参数，出现冲突，因此并行难度增大，速度降低。此外，SGD的方法在某些数据集上可能会陷入局部最优结果，使得模型捕捉到的信息有所减少，而ALS则没有这方面的问题。

以上两种求解 LFM 的方法，在不同的方面各有利弊，但具体到推荐效果上，还是需要在具体的问题和数据集上进行反复尝试，包括对不同方法的不同参数也要进行充分调试，才能确认哪一种参数配置下的哪一种方法是最适合当前问题的。

上面我们介绍了直接计算用户与物品相关性的方法，这是一种基于隐特征的优化方法，这

1　参见：链接 8。

种方法比较明显的缺点是隐特征的含义难以解释，因此也就难以在其他地方进行复用。而在下面介绍的推荐路径和计算方法中，都会产生可解释、可复用的中间数据，不仅能够给出可解释性更强的结果，同时也可以提高复用程度，更有助于系统性地打造推荐系统。

3.3.2　物品与物品的相关性

在计算物品与物品的相关性方面，从根本逻辑上来划分算法，可以分为两类，其中一类是基于行为的算法；另一类是基于内容的算法。基于内容的算法我们会在后面的章节中专门介绍，这里先介绍基于行为的算法。在基于行为的算法中，最经典也最常用的是以余弦相似度为代表的相似度算法和以Apriori与FP-Growth为代表的关联规则算法。这两种算法都是典型的基于用户行为的算法，有着非常相似的行为模式。从函数的角度来看，输入都是用户对物品的行为，输出都是物品之间的相关性关系。从算法的基本直觉上讲，都是在鼓励相同或相似行为比较多的物品对，这些行为包括共同浏览、共同购买、相似评分等。也就是说，如果两个物品有着更多的共同行为或相似行为，那么它们之间的相关性就会相对比较高。在此基础上，为了防止出现哈利波特效应[1]，又会对自身行为数量较多的物品进行惩罚。这两方面的考虑相互制衡，将其用合理的方式结合起来，就构成了计算物品间相关性的算法。

相似度算法和关联规则算法在基本思想上有较高的相似度，都是基于物品在行为中的共同出现强度计算物品之间的关系的，但是在具体实施中关注点又有所不同。关联规则算法最著名的用例就是"啤酒尿布"的故事，而这样的数据一般来源于对购物篮结果的分析，也就是说，关联规则算法主要是分析一次购物涉及的物品之间的关系。而相似度算法处理的则是更加广义的数据，例如，在计算"买了还买"这样的数据时，使用的是用户较长一段时间内的购买行为数据，而不是某一次购物中的行为数据。这在现实场景中导致的区别就是，关联规则算法计算出的数据相关性会更强，因为它对数据做了更加严格的限制，相当于在一个更小的集合内进行搜索；而相似度算法由于使用了更多的、时间跨度更长的数据，所以在相关性上可能会有所牺牲，但是会具有更好的多样性，在被推荐物品的覆盖率上会有更好的表现。此外，由于使用了更少的数据，关联规则算法在覆盖率上会比相似度算法差一些。

由于这两种算法在逻辑上类似，我们可以通过对相似度算法的数据进行预处理，或者对其进行限定——例如，限定在同一次购买中，近似关联规则算法的计算逻辑和计算结果。此外，在大数据场景下，相似度算法更容易进行并行计算，因此在计算上也具有较明显的优势。同时，相似度算法还具有比较大的调优空间，例如，我们可以对余弦相似度公式进行各种形式的调优，

1　哈利波特效应指的是由于某个物品过于热而导致很多其他物品都会与它发生相关性的现象。

便于应对不同的数据特点。综合来讲，相似度算法比关联规则算法更加具有普适性，可近似认为是一种广义的关联规则算法，所以在这里只对相似度算法进行介绍。

在各种相似度算法中，余弦相似度算法因为简洁易懂的形式、高效的计算方式以及灵活的调优方式，成为在众多场合下最常用的算法，可以说是推荐算法中的"万能公式"。其原始定义如下：

两个 N 维向量 $\boldsymbol{X}$（$\boldsymbol{X} = (x_1, x_2, \cdots, x_N)^{\mathrm{T}}$）和 $\boldsymbol{Y}$（$\boldsymbol{Y} = (y_1, y_2, \cdots, y_N)^{\mathrm{T}}$）的余弦相似度为

$$\mathrm{cosine}(\boldsymbol{X}, \boldsymbol{Y}) = \frac{\boldsymbol{XY}}{||\boldsymbol{X}||\,||\boldsymbol{Y}||} = \frac{\sum_{i=1}^{N} \boldsymbol{X}_i \boldsymbol{Y}_i}{\sqrt{\sum_{i=1}^{N} \boldsymbol{X}_i^2} \sqrt{\sum_{i=1}^{N} \boldsymbol{Y}_i^2}}$$

在最常见的基于隐式反馈，也就是基于用户行为的场景中，我们常用用户对商品的行为来将商品向量化。例如，在一个由三个用户和两个物品组成的场景中，用户与物品之间的行为关系如表 3-1 所示。

表 3-1　用户与物品之间的行为关系

	User$_1$	User$_2$	User$_3$
Item$_1$	1	0	1
Item$_2$	1	1	0

两个物品可用向量表示为

$$\boldsymbol{I}_1 = (1,0,1)^{\mathrm{T}}$$
$$\boldsymbol{I}_2 = (1,1,0)^{\mathrm{T}}$$

套用前面的公式，可知两者的相似度为 0.5。

对于一个有 N 个用户和 M 个物品的数据集，计算每两个物品之间的相似度的朴素算法的流程如下：

（1）构建 $N \times M$ 的用户行为矩阵，矩阵中每个元素代表一个用户对一个物品的行为，取值为 0 或 1。

（2）使用两层循环遍历所有的物品对 $\boldsymbol{I}_i, \boldsymbol{I}_j$，计算它们之间的相似度并输出。

上面的算法在小数据量的场景下是没有问题的，但一旦面临大数据场景——无论是用户量大还是商品量大，行为矩阵就会变得非常大，而且由于在大数据场景下数据常常是稀疏的，也就是每个用户通常只会对少量物品产生行为，这就会导致该算法在两个层面产生大量的浪费。

- 物品对层面的浪费。由于每个用户只会对少量物品产生行为，所以余弦相似度真正不为 0 的物品对数量要远远小于 $M \times M$。上面流程中第二步的第一层循环会花费大量时间来计算最终结果一定为 0 的物品对。
- 点积层面的浪费。对于余弦相似度不为 0 的物品对，我们在计算分子上两个向量的点积时，需要依次对每一维进行相乘，然后将结果相加。但由于行为数据的稀疏性，N 维的两个向量只会在少数的维度上相乘不为 0，也就是那些同时对这两个物品产生过行为的用户对应的维度。上面流程中第二步的第二层循环也会将大量时间浪费在那些没有同时对这两个物品产生过行为的用户对应的维度上，因为在那些维度上两个元素相乘结果一定是 0。

由于存在以上问题，在实际场景中，我们不会使用这种朴素的计算方法，而是使用一种优化后的计算方法来进行计算。这种方法的核心思想可以认为是一种剪枝优化，将上面提到的两种会产生浪费的情况提前剪掉，只处理那些一定会有非 0 结果的计算。

通过分析上面余弦相似度的公式可以发现，在用户行为定义的向量场景中，要计算两个物品 i 和 j 之间的相似度，需要的数据有：

- 分子上，需要同时对物品 i 和物品 j 产生过行为的用户数，我们将其称为intersect(i, j)。
- 分母上，需要物品 i 和物品 j 对应的向量长度，而计算向量长度的部分，根号下的计算量等价于对物品 i 和物品 j 产生过行为的用户数，我们将其称为count(i)、count(j)。

而要计算所有物品之间两两的相似度，需要的数据有：

- 所有的 intersect(i, j)。
- 所有的 count(i)。

于是，优化后的计算方法就围绕这两个量展开。优化后的计算流程如下：

（1）将用户到物品的行为原始数据转为物品到用户的倒排表。

（2）遍历倒排表得到所有的 intersect(i, j) 和所有的 count(i)。

（3）使用 intersect(i, j)、count(i) 计算物品 i 和物品 j 之间的非零相似度。

其中，第一步转倒排表算法的类 Python 语法的伪代码如下：

```
建立倒排表的算法

输入：每一条格式形如（用户，物品）的行为日志
输出：key-value 格式的倒排表，其中 key 为用户，value 为物品列表
```

```
invert_table = {}
for user, item in behavior_log:
    if user not in invert_table:
        item_list = []
        invert_table[user] = item_list
    else:
        item_list = invert_table[user]
    item_list.add(item)

return invert_table
```

在上面的算法中，假设对用户行为做了去重处理，也就是说，现在已没有重复的（用户，物品）数据。这样会导致用户对两个物品的多次共同行为只被计算一次，看上去会损失信息，但在实际工作中，这两种处理方式导致的结果差异非常有限，而且去重之后的计算会更加高效，所以一般都会做这样的去重处理。

在建立好用户到物品的倒排表之后，第二步计算intersect(i,j)和 count(i)的算法的伪代码如下：

```
计算 intersect(i,j) 和 count(i) 的算法

输入：用户到物品的倒排表 invert_table
输出：两个字典 intersect 和 count, 分别代表 intersect(i,j) 和 count(i)

from itertools import combinations

intersect = {}
count = {}
for user, item_list in invert_table.iter_items():
    for k in item_list:
        count[k] += 1
    for i, j in combinations(item_list):
        if i < j:
            i, j = j, i
        intersect[i,j] += 1

return (intersect, count)
```

对于上面的算法有两点需要注意：

- 在遍历 invert_table 时尽量使用流式处理，即类似于 Python 中迭代器的做法，因为这样可以只在内存中保留当前处理的数据，而不需要保存处理过和未处理的数据。
- 在第二个第二层循环中，需要对 i 和 j 的大小做判断，是为了防止重复处理 ij 和 ji 的物品对。

45

在得到intersect(i,j)和count(i)之后，第三步计算物品间非零相似度的算法的伪代码如下：

```
计算物品间非零相似度的算法

输入：intersect(i,j)和count(i)
输出：物品间非零相似度字典sim(i,j)

sim = {}
for (i, j), int_value in intersect.iter_items():
    count_i = count[i]
    count_j = count[j]
    sim[i, j] = int_value / math.sqrt(count_i * count_j)

return sim
```

经过上面三个步骤，我们就得到了所有非零的物品相似度。

优化后的协同过滤计算流程图如图 3-3 所示。可以看到，与前面介绍的朴素算法不同，在这个计算流程中没有任何浪费，每次计算都对最终结果有所贡献。

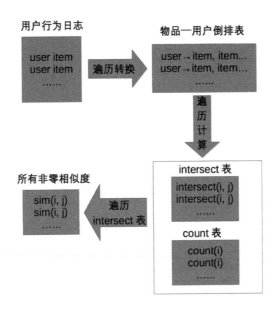

图 3-3 优化后的协同过滤计算流程图

3.3.3 用户与用户的相关性

从前面的余弦相似度的定义中可以看出，余弦相似度的公式并没有限定其可以计算什么样的数据，只要能给出两个物品的向量表示形式，就可以计算其对应的余弦相似度。所以在计算用户间的相似度时，我们仍然可以使用物品间的相似度的计算方法，以及用户与物品行为的原始数据，只是在计算时需要将用户和物品在算法中的位置互换。

在实际应用中需要注意的一点是，一个网站的用户数以及变化频率通常是远大于物品数的。例如，在电商网站中，可能每天都会新增大量注册用户，而商品的数量虽然也在增加，但是相比于用户数要少很多。换个角度来想，用户数在一定程度上取决于网民的数量，而物品数则取决于具体领域，一般来讲，用户数的量级要大一级。这个事实会导致用户与用户的相关性计算的复杂度，常常要高于物品与物品的相关性计算的复杂度，无论是在单次计算还是更新频率上都是如此。此外，物品间的相似度在通用性方面要优于用户间的相似度。因此，虽然二者在形式上非常类似，但是在实际工作中还要根据具体的业务特点和规模做综合考虑。

3.3.4　用户与标签的相关性

在本章的开始部分介绍过，召回算法可简单分为两类：第一类是基于直接用户行为的算法；第二类是基于用户画像的算法。上面介绍的方法，对应的都是基于直接用户行为的算法，而下面要介绍的内容，对应的则是基于用户画像这一类的召回算法。

这两类召回算法的差异在于，第一类基于直接用户行为的算法，是基于一种直接、短期、缺乏抽象的逻辑的——"用户喜欢物品 A，物品 A 和物品 B 很像，那么用户可能会喜欢物品 B"或"用户 A 和用户 B 很像，用户 B 喜欢物品 C，那么用户 A 可能会喜欢物品 C"。可以看出，这样的逻辑存在如下问题。

- 直接依赖用户行为，扩展能力差。这里的扩展能力差有两层含义，第一层是冷启动，即没有行为的时候无法给出推荐结果；第二层是时效性，即基于用户行为的推荐只在行为产生的一段时间内有效，例如，用户今天浏览了一个商品，如果一周以后你还给他推荐与这个商品相似的商品，那么显然对用户的吸引力是比较差的。
- 缺乏抽象，不知其所以然。这类算法只知道这两个物品、用户之间有相关性，但是对于其中的深层次原因却并不知道，因为它基于的是一种"大家说好就是好"的逻辑。这意味着我们并没有从用户行为中获取到足够多的信息，只是知道当下能够给出合适的推荐，但其实对用户并没有真正地了解，这种"知其然，不知其所以然"的做法会限制我们能够为用户提供的服务，对于推荐系统乃至整个网站的长期健康发展显然是不利的。
- 长尾挖掘能力差和滞后性。直接依赖用户行为的算法，也被称为基于记忆的算法。也就是说，这类算法并不像机器学习算法那样能够学到知识，它只是记住了一些事情。这类基于记忆的算法除了有上面提到的扩展能力差的问题，还有一个问题就是它对于没有见过的事物是完全无能为力的。例如，在系统中存在一个和用户非常相关的物品，但是该物品由于发布时间较短或者比较小众等原因并没有得到足够曝光，这个时候基于行为的算法是无法将该物品推荐出去的，即使后面能够推荐出去，显然也存在一定的滞后性。而在海量数据的场景下，这会是一种非常常见的情况，这些物品被称为长尾物品。也就是说，完全基于直接用户行为的算法，是无法挖掘到真正长尾的物品的，即使能挖掘到一部分，也会存在不同程度的滞后性。

基于以上一些原因，在基于直接用户行为的算法以外，我们还需要一类能够克服这些问题的算法，我们将这类算法统称为基于用户画像的算法。"画像"这个词可能显得过于笼统，我们将其拆解为一个个具体的标签，来讨论用户与标签的相关性，以及标签与物品的相关性。这里的标签表示对用户各种维度的描述，例如性别、年龄、喜好类别等都可被看作标签。

用户标签的来源可分为三种：第一种标签是根据行为分析而来的，例如用户喜欢的商品类别、新闻类别、语义主题等；第二种标签是根据行为分析+相关性而来的，例如用户喜欢政治题材的内容，而政治题材又与历史题材有着比较强的相关性（可使用上面讲过的计算物品间相似度的算法进行计算），那么可以认为用户对历史题材的内容也有一定的兴趣；第三种标签是不直接依赖用户行为的，例如用户的年龄、性别、职业等——当然，如果用户没有填写这些内容，可能也会根据其行为进行推断预测。这三种不同来源的标签，对应的相关性计算方法也不同。对于第一种标签，由于来自用户的直接行为，可以使用行为权重+时间衰减的方法来计算，例如，对购买、收藏、浏览等不同行为可给予不同的行为权重，再使用行为产生时间和当前时间的距离进行衰减，得到最终的相关性；对于第二种标签，可以在第一种标签的基础上，再考虑两个标签之间的相关性；对于第三种标签，如果是通过客观渠道获取到的，例如用户主动填写，或者从第三方数据源获取到，则可给予较高权重，如果是通过算法预测得来的，则可使用预测概率作为相关性。关于计算用户画像和用户兴趣的更多方法与模型，请见后面有关用户画像内容的章节。

总结起来，这部分相关性计算的复杂程度介于计算"用户与直接产生行为的物品之间的相关性"和计算"用户与未产生过行为的物品之间的相关性"的复杂程度之间，在具体计算时用到的方法，也结合了这两种相关性的计算方法。

3.3.5 标签与物品的相关性

有了用户与标签的相关性，我们还需要知道标签与物品的相关性，这样才能把用户和物品最终连接起来。由于上面提到的标签有多种来源，每一种标签与物品的相关性的计算方法也不尽相同，下面举几个例子。

- 类别到物品。这是最常见的一种召回策略——用户喜欢某个类别，我们就把这个类别下的物品推荐给用户。在类别下具体该召回哪个物品，就涉及类别标签与物品的相关性问题。这里最常用的方法就是在召回热品、新品或质量高的物品时，还可以加入一些品类下的重点物品，这部分可以通过业务规则来实现。但是在这个过程中需要注意一点，无论是召回热品还是新品，最好都加入一些随机因素，以确保不同热度和不同"新度"的物品都有一定的曝光机会，而不是永远只推荐最热的和最新的几个物品。这么做有两个原因：一是希望能够通过随机因素使更多的长尾物品有曝光机会；二是因为根据类别召回本就是一种个性化程度不够强的策略，因为类别毕竟还是很宽泛的范畴，用户对类别中具体物品的喜好程度是无从得知的，虽然我们认为热品、新品可能会让用户感兴趣，但这只是一种一厢情愿的猜想。在这种情况下，更要通过随机因素，让系统有更大的概率探索到用户真正喜欢的物品，来弥补策略先天的个性化程度不足。

- 语义主题到物品。这里的语义主题指的是通过 LDA 等方法得到的一组主题（这部分内容在后面的章节中有详细介绍），而在 LDA 中我们可以得到每个物品中每个主题的概率 $P(\text{topic}|\text{doc}_i)$，通过贝叶斯公式就可以得到每个主题下不同物品的概率 $P(\text{doc}_i|\text{topic}) = \frac{P(\text{topic}|\text{doc}_i)P(\text{doc}_i)}{\sum\limits_{k} P(\text{topic}|\text{doc}_k)P(\text{doc}_k)}$。这个概率值就可以作为主题标签与物品的相关性分数。

- 搜索词到物品。搜索词是一种比较常见的标签，代表了用户一段时间内明确的意图。搜索词与物品的相关性计算，一般可借助搜索系统来实现，使用搜索系统中给出的相关性分数。而在一个相对完善的搜索系统中，相关性分数通常是综合了文本相关性、时效性以及预估的 CTR/CVR 等因素的一个分数，因此具有较多的信息量，可在推荐召回时直接使用。

从上面的几个例子可以看出，标签与物品的相关性计算是没有一定之规的，需要根据具体标签的计算方法，结合一些业务规则来进行。这里需要注意的是，不同的计算方法得到的相关性分数在量纲上最好一致，例如都在 0 和 1 之间，这样方便后面的融合等其他步骤的计算。

在计算完标签与物品的相关性后，结合用户对物品的行为，还可以把标签传播到用户上，形成对应的用户画像。例如，可用如下形式的公式来计算用户与标签的相关性：

$$\text{rel(user,tag)} = \sum_{\text{item}} (\text{rel(user,item)} \times \text{rel(item,tag)})$$

其中用户与物品的相关性 rel(user,item) 可以根据用户行为的不同给予不同的权重，例如收藏、点赞、购买等行为所表达的相关性要高于普通的点击，而具体的权重值可以根据经验来人工指定，也可以使用机器学习模型单独学习。

3.3.6 相关性召回的链式组合

在 3.2 节我们讨论过推荐召回算法的几种路径。

路径 1：**直接计算用户与物品的相关性。**

路径 2：**用户与物品的相关性 + 物品与物品的相关性 => 用户与物品的相关性。**

路径 3：**用户与用户的相关性 + 用户到物品的行为权重 => 用户与物品的相关性。**

路径 4：**用户与标签的相关性 + 标签与物品的相关性 => 用户与物品的相关性。**

可以看到，除了"路径 1"的方法，其他方法都是将多个相关性计算的结果进行组合的，而这也是推荐算法中常用的方法——将用户与物品的关系拆解为多个中间相关性的组合。这种方式就像把多块磁铁首尾相接，最终连接了起点和终点，而每块磁铁的两端分别连接着用户、物品、标签等不同角色。掌握这种思路比掌握具体的算法更为重要，因为处理问题的领域可能会发生改变，新的算法也在不断被发明，但是连接用户和物品的基本思考路线却具有很强的普适性。如果说具体的算法是推荐的"形"，那么基本的策略路线就是推荐的"神"。

这些组合方法在逻辑形式上是统一的，但是却对应着不同的策略和思路。"路径 2"和"路径 3"的方法以用户行为为核心，在数据充足的情况下，推荐结果精度高，个性化程度强，但也存在上面提到的泛化能力差、不知所以然、滞后性等问题；"路径 4"的基于标签的方法，泛化能力强，是对用户更加深入的认识。虽然它在精度上可能不如前者高，但是胜在可召回的候选物品比较多，可供选择的余地比较大，可以用来满足更多的业务需求。

此外，这两种召回流程还可以分别在离线和实时场景下使用。例如，对于基于行为的算法，可以基于用户刚刚产生的行为做推荐，也可以根据用户过去一段时间的行为做推荐。而对于用户标签，既可以用实时行为对应的标签，也可以使用长期积累的行为对应的标签。通常来讲，实时的算法效果要优于离线的算法，因为它反映了用户当前的行为，用户发现系统捕捉到了他的实时行为也会有较明确的感知。但离线策略也是不可或缺的，因为实时策略对应的用户兴趣范围相对较窄，如果只基于实时策略来推荐，多样性会受到比较大的影响，推荐的东西看上去千篇一律也不好。而离线的行为由于对应着用户之前的行为，一般会和当前的兴趣不太相同，与实时策略相互补充，形成一个更多样的推荐结果集合。此外，离线策略由于不受实时计算的性能限制，可以做一些复杂的计算策略，在精度、多样性等方面都可以做更复杂的优化。所以，在实际使用中都会将实时策略和离线策略进行融合，融合的方法会在后面讲到。

3.4　冷启动场景下的推荐

虽然我们上面介绍了多种算法，力求覆盖用户的方方面面，但是仍然会有很多时候这些算法无法生效，这就是传说中的冷启动问题。所谓冷启动，是指推荐系统所处的一种状态，在该状态下行为数据存在缺失或不足，导致无法使用基于行为的算法（典型的如协同过滤）给出推荐。冷启动存在用户和物品两个维度，用户维度的冷启动，指的是该用户没有在系统中留下足够的行为，导致个性化的推荐算法失效；物品维度的冷启动，指的是物品在系统中刚发布，还没有足够多的用户对其产生行为，因此基于行为的算法无法将其纳入推荐范围内。

关于冷启动问题，需要明确的一个概念就是：由于在大数据环境下数据稀疏性的本质，冷启动问题并不是只在推荐系统建立初期才会存在，而是时时刻刻都存在，只是存在的范围、程度表现形式有所不同。

在系统建立初期，面临的是一种全局冷启动。所谓全局冷启动，是指在用户和物品两个角度都没有行为。从用户的角度来讲，在系统建立初期用户非常少，所以以用户的行为也就非常少，系统对所有的用户基本上都一无所知；从物品的角度来讲，在系统建立初期还没有足够多的用户对其产生行为，所以基本上所有的物品也都处于一种冷的状态。这种所有用户和物品均处于冷启动状态的系统状态，我们将其称为全局冷启动。

当系统上线运行一段时间之后，就会逐渐脱离全局冷启动的状态，这意味着部分用户和物品已经逐渐"热"了起来——其对应的行为数据在逐渐丰富。但是仍然会有一部分用户和物品处于冷的状态，例如刚注册的新用户、刚发布的物品，以及由于某些原因曝光不足导致行为不足的物品。我们将这种状态称为局部冷启动，因为此时只有部分用户和物品处于冷的状态——虽然这部分的比例可能还比较高。从一个角度来看，推荐系统的作用，就是使用各种算法、数据和产品来逐步减少处于冷启动状态的用户和物品。这就像一个地区的买卖活动，买卖越频繁，说明这个地方越发达；反之，说明越落后。推荐系统也是一样的，用户与物品之间的相互行为越丰富，说明这个系统越活跃、越健康；反之，说明系统缺乏活力。图 3-4 展示了用户和物品在冷启动过程中的状态变化。

对于冷启动问题，解决方案通常是使用

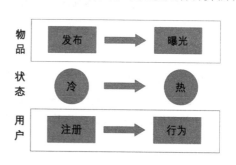

图 3-4　用户和物品在冷启动过程中的状态变化

不依赖行为的推荐算法，典型的如基于内容的算法，或者直接推荐一些畅销热品或新品。对于基于内容的算法，其中的隐含假设是：用户喜欢A，那么在内容[1]上和A很像的其他物品用户也会喜欢。这个假设看上去是合理的，但是在具体的业务中是否能够有效，还需要具体情况具体分析。例如，在电商网站中，用户刚刚看了一部手机，这时候如果推荐一部各方面和这部手机几乎一样的手机，用户会不会喜欢呢？答案是不一定，因为有可能用户已经看过了这样配置的手机，他希望看到的可能是与之类似但又不完全相同的手机，因此这其中对相似程度的把控，就需要根据业务的具体情况来调节了。所以，我们在本书中反复强调一个算法背后的基本假设的重要性，如果基本假设是错误的，那么即使算法再高级，也仍然无法解决问题。

冷启动时期推荐系统的责任，不仅是给出推荐结果，更重要的是要对用户进行引导，使用各种方法探测用户的兴趣，使用户和物品尽快脱离冷启动状态。例如，在一些音乐应用中，在用户刚刚注册或首次使用时，为了探测用户的兴趣，应用会给用户提供一些艺术家或者艺术风格让用户选择自己是否感兴趣。但是在很多其他场景中，或者说在大部分场景中，在产品形态上并不存在让用户主动提供兴趣的方式，即使存在用户的参与度也很低，这个时候就只能在推荐策略上采用一些方法来探测用户需求了。在这些场景中，冷启动的推荐算法不仅仅要给出推荐结果这么简单，还要想办法尽快探测到用户的兴趣。具体来说，这意味着在冷启动时就应该尽量提供种类丰富的物品，来增大命中用户兴趣的可能性，同时提高用户在系统中留下行为的概率。例如，同样有 10 个推荐位置，一种做法是随机选取一个类别，并选出该类别下的 10 个物品；另一种做法是随机选取 10 个类别，每个类别选出一个物品。在第一种做法中，如果选中的恰好是用户喜欢的类别，那么恭喜你中奖了——因为这件事发生的概率也和中奖差不多，如果选中的不是用户喜欢的类别，那么用户不会点击任何一个物品，也就不会与系统产生任何交互行为；而在第二种做法中，由于物品的多样性提高了 10 倍，命中用户喜好的类别的概率也就增加了 10 倍，一旦在这 10 个类别中有一个是用户感兴趣的——这件事发生的概率比上面的要高 10 倍，他可能就会对这个物品产生行为，那么这个用户就不是完全的冷用户了，后面我们就可以根据他的行为为他做出更精准的推荐。所以，在冷启动阶段，不仅要给出推荐结果，在条件允许的情况下，还要充分引导用户，让用户在最短的时间内变"热"。

物品层面的冷启动也是一样的，也需要尽快从"冷"变"热"，这类问题在推荐系统中称为 Exploration & Exploitation 问题（简称为 EE 问题），即探索与利用问题，有一类算法就是专门用于解决这样的问题的，这部分内容将在后面的章节中专门做介绍。

1　这里的内容指的不只是文本内容，而是一切可以根据物品的固有属性来描述物品的描述方法，例如商品的结构化属性也算是内容的一种。

3.5　总结

本章介绍了推荐系统中的基础算法组件——相关性算法，具体介绍了协同过滤算法、LFM算法等，同时介绍了构造用户与物品之间相关性的几种通用路径模式。相比具体的算法，这种通用化模式更具有价值，它能够帮助我们用基础算法组件构造出任意两类实体之间的关系，这里的实体包括用户、物品、标签等，这些关系数据构成了不同场景下推荐系统的基石。

第4章
算法融合与数据血统

第 3 章介绍了推荐的一般流程和常用的召回算法，有了基础的召回算法，就相当于有了搭建推荐系统的基础材料，接下来需要做的就是使用这些基础材料搭建一个推荐系统。这个搭建的过程主要涉及推荐算法的融合问题。

我们前面讲过，在召回算法之后需要做的是推荐算法融合。推荐算法融合的作用在于，每种推荐算法都只考虑了一部分维度的数据，例如，某个维度的行为数据，或者某个维度的内容数据，但是在实际的推荐模块中，单一维度的算法往往是不能满足需求的。以电商商品详情页的"买了还买"为例，直觉上，我们可以使用基于购买数据的协同过滤算法，计算出推荐结果。还有一种方法是使用相关性更强的关联规则算法来进行计算。这两种算法相比较，关联规则算法由于限制更大，所以相关性更强，但是覆盖率比较低；而协同过滤算法则相反，覆盖率更高，相关性稍逊一筹。这两种算法都是基于行为的，所以都会有冷启动问题。那么对于冷启动的物品，还需要一些不依赖行为的算法，例如内容相关性算法来托底。因此，最好的方法是将三种算法融合到一起，综合每种算法的优点来得到最终的结果。

上面只是举了一个例子，在实际的推荐产品中，已经很少有完全依赖某一种推荐算法的了，大多都是多种算法融合的结果。

与推荐算法融合相伴随的，是推荐数据血统的话题。数据血统指的是对数据的来源进行记录与分析的相关数据和过程。通过数据血统我们可以追根溯源，在最终的融合结果中找到每个推荐结果的来源，并对其进行相应的分析。这些分析的结果对于推荐服务的问题排查和后面的效果改进都有着重要的作用。

下面先介绍一些常用的推荐算法融合方法，然后对推荐数据血统进行讨论。

4.1　线性加权融合

　　线性加权融合是一种实现简单、解释直观的融合方法,同时也具有比较强的干预调优能力。要想使用线性加权融合,对于候选集中的每一个物品,都需要有两个值:w,代表对该推荐物品使用的推荐算法的权重;score,代表在该推荐算法下该物品的得分。在有了这两个值之后,每个推荐物品 i 的综合得分为

$$score_i = \sum_j (w_j \times score_{j,i})$$

　　可以看到,这里面最核心的问题就是如何得到w_j和 $score_{j,i}$。我们先来看$score_{j,i}$,这个值代表在推荐算法 j 下物品 i 的得分,如果推荐算法是像协同过滤或基于内容相似度这样的算法,那么算法本身就会给每个推荐物品打一个分数,这个分数可以直接作为$score_{j,i}$。但也有一些算法并不能直接给出得分,例如一些推荐出类别下新品的推荐算法,或者基于搜索系统的推荐算法,由于各种条件的限制,这些推荐算法可能只会给出推荐结果的排序。在这种情况下,可以选择拟合一个简单的公式,将排序变换为分数。具体来讲,我们可以选择平均点击率为拟合目标,即:

$$ctr_i = w_i \times order_i + b$$

　　其中,ctr_i为该算法下在该位置的平均点击率,$order_i$ 为位置编号,b 是偏置项。拟合这个公式的目的是为了从编号得到对应的平均点击率,再将平均点击率作为该算法下该物品的分数。这种方法有两个明显的问题:第一,编号和平均点击率之间的关系未必是线性的;第二,只要推荐出来的编号相同,得分就会相同,这显然并不合理。尽管该方法有着明显的问题,但它仍然不失为一种简单、实用的得分近似算法,在实践中也可得到较好的效果。线性加权融合的逻辑流程图如图 4-1 所示。

图 4-1　线性加权融合的逻辑流程图

　　在得到$score_{j,i}$之后,我们还需要一种方法来得到合理的w_j。w_j代表的是推荐算法的权重,

所以最直观的做法就是按照不同推荐算法的表现来分配权重。具体来说，可根据不同算法的 CTR、CVR 等客观指标来分配权重。例如，每种推荐算法的平均点击率分别为 ctr_j，则其对应的权重可计算为 $w_j = ctr_j / \sum_k ctr_k$。这里需要注意的是，平均点击率的计算一定要注意公平性问题。具体来说，因为平均点击率除了与物品本身质量和相关性有关，还和展示位置有着很强的关系，同样的物品，放在第一位和放在第五位，得到的平均点击率一定是不一样的。所以，在计算用来分配权重的平均点击率时，最好能够使用不同算法在同一位置上的平均点击率，例如，都使用在第一位上展示时得到的平均点击率，以此来消除位置的影响。

这种基于 CTR、CVR 来确定配比系数的方法，从本质上讲，可以算是一种启发式方法。除了这种启发式方法，还可以通过一些基于搜索的方法来寻找 w_j，最典型的就是网格搜索[1]。具体来讲，可以使用启发式方法找到一组初始值，然后从这组初始值出发去寻找最优的结果。使用网格搜索时，需要解决的一个问题是如何衡量每一组参数的好坏，也就是说，需要一个可用的效果衡量方法。在这个具体的问题中，我们可以将用户的数据划分为训练集和测试集，在训练集数据上进行各种推荐算法的计算，然后用某组 w_j 对不同的算法进行融合之后，使用测试集数据进行效果衡量。具体来说，融合后算法的结果和测试集中用户行为的重合度越高，重合的结果在预测结果中越靠前，说明该融合效果越好。

网格搜索的方法比启发式方法进步了一些，因为它是按照一定的原则对最优结果进行搜索的，能够保证结果不差于启发式方法。但是并不能够保证一定会找到最优结果。此外，由于其本质是一种类似遍历的搜索，所以求解效率也比较低，在到达最优解对应的格子之前，需要把初始值到最优值之间的格子都搜索一遍，而且每次搜索都需要在测试集上进行效果评估，整个过程效率很低。因此，为了加速求解过程，以及为了保证能找到最优解，我们可以使用一些机器学习的方法来进行求解。具体来说，可以将问题建模成一个二分类问题，正负样本分别代表用户是否点击的结果，而特征就是各种算法给出的得分。这种方法能够保证得到线性假设下的最优配比关系，同时由于特征数与推荐算法数相关，并且不会很大，所以求解速度也非常快。

无论使用哪种方法来进行算法的配比，背后其实都有一个基本假设，那就是算法之间是线性加和的关系。这是最朴素、简单的一种假设，但很多时候并不能反映数据的真实关系，这也是这种方法的缺点之一。同时，这种融合方法只使用了推荐算法给出的最终分数，而没有使用更深层次、更为本质的信息，因此也很难找到最合理的配比关系。

虽然这种融合方法有一些理论不完备的地方，但是由于其实现简单、好用等特点，不失为

---

1 参见：链接 9。

一种有效的融合手段，值得在系统建立初期进行快速尝试。同时它也可用于将多数据源的候选集进行融合，输送到后面的机器学习模型排序中。

4.2　优先级融合

优先级融合有时也称作交叉融合，其本质思想是使用一组规则将来自不同推荐算法的结果进行融合，这组规则的核心包含两个要素：推荐算法之间的相对优先级，以及每种算法要占到的比例。举例来说，现在有三种推荐算法 A、B、C，根据经验得知，在当前场景下算法的优先级是 A>B>C，同时，为了加强结果的多样性，避免结果全部来自同一种算法，约定这三种算法在最终结果中的占比为 5 : 3 : 2。上面这段描述就构成了一组基于优先级的融合规则，如果最终要产生 10 个推荐结果，那么按照这组规则，我们会先从算法 A 中取出 5 个候选结果，从算法 B 中取出 3 个，从算法 C 中取出 2 个，构成最终的结果列表。在融合规则中，除了上面提到的两个关键要素，还有一些细节需要处理，例如，当算法 B 由于各种原因取不到 3 个时怎么办？是用算法 A 来补足还是用算法 C 来补足……将这些细节完善之后，会得到一个更为完善的融合规则。随着融合规则的不断完善和调优，得到的最终效果也会越来越好。优先级融合的逻辑流程图如图 4-2 所示。

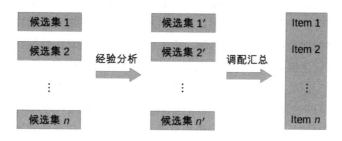

图 4-2　优先级融合的逻辑流程图

上面描述的是优先级融合的一般性做法，具体的融合顺序等需要根据所涉及的推荐算法和业务需求来决定。虽然如此，但仍然有一些相对通用的准则，对于大部分场景都比较适用，可作为优先级融合的一般性原则来看待。在这组通用的准则中，优先级高的算法通常具有以下一些特点。

1. 准确率高

把准确率高的算法排在前面，自然是希望最好的结果得到最好的位置，从而发挥最大的作用。这里的准确率高，可以指准确率高的算法，也可能是同一算法准确率较高的版本。例如，调优后的协同过滤算法的准确率就比未调优的准确率高，使用购买数据计算的协同过滤算法的准确率也会比使用收藏数据计算的准确率高，等等。准确率高的算法的特点各不相同，但是通常都会对数据有着更高的要求，例如对数据量、数据的实时性、干净程度等方面的要求。此外，在计算复杂度上也会更高一些，例如，同样是基于文本内容的算法，使用 word2vec 和使用关键词来计算相关性对应的复杂度就明显不同，同时在效果上也会有明显差异。

2. 覆盖率低

由于准确率高的算法或者某算法准确率高的版本对数据和算法有着更高的要求，因此通常需要为此付出计算耗时多和覆盖率低的代价。在一些情况下，计算耗时不会成为太大的问题，因为很多推荐算法都可以离线进行计算和更新，所以对计算时间并不特别敏感。但是覆盖率低通常会成为一个问题，因为覆盖率低意味着一部分物品会没有推荐结果，造成流量的浪费和用户体验的下降。例如，协同过滤算法对用户行为数据有着较高的依赖，那么对于访问频次较低的物品，通常会难以计算出推荐结果，这时就需要使用对用户行为数据要求更低、覆盖率更高的算法作为低优先级的算法，例如基于内容的算法来进行补充，保证整体的覆盖率不低。

3. 实时性好

推荐算法的实时性对准确率和用户体验都有着非常重要的作用。这里的实时性指的是推荐系统能否对用户的实时行为做出反馈，例如，能否根据用户刚刚浏览过的物品做出推荐。实时性好的推荐算法能够捕捉到用户最近的兴趣，而实时性差的推荐算法捕捉到的显然已经不是当前的兴趣了。这样不仅会提高推荐的相关性和准确率，更会让用户有一种很好的体验，让用户感知到这是一个为他定制的系统，能够快速捕捉和理解他的行为。尤其在移动互联网时代，除了一些功能性应用，APP 这种大产品形态本身就在整体趋于个性化[1]，再加上屏幕空间有限，在屏幕上呈现与用户实时相关的内容就显得更加重要了。所以，从这个角度来讲，推荐系统所使用的用户行为的实时性越强，一般效果会越好。这显然是一个很高的要求，因为如果不是一个超级APP，那么在很多情况下用户并不会有那么多的行为；相反，可能还需要推荐系统来激活用户的行为。在这种情况下，就需要用实时性不那么好的算法来做补充。例如，可以在最高优先级下使用基于用户实时行为的协同过滤算法，后面用基于离线行为的协同过滤算法来做补充，而在基于离线行为的协同过滤算法中，又可以根据离线行为的时效性进一步优化，这部分内容在后面的章节中会进行更详细的介绍。

1　现在的大部分 APP 都或多或少地存在一些个性化成分，完全千人一面的 APP 已经越来越少了。

综合来讲，在基于优先级的融合方法中，我们倾向于给准确率高、覆盖率低、实时性强的算法更高的优先级，而给准确率低、覆盖率高、实时性弱的算法更低的优先级。优先级融合的一般性原则如图 4-3 所示。

图 4-3　优先级融合的一般性原则

可以看出，这种融合方法的融合粒度比较粗，同时比较依赖对不同推荐算法效果的先验判断。但其优点是实现简单，不需要做任何的预先训练和计算，同时有比较大的调整空间，比较适合在系统建立初期，没有很多精力去处理更复杂的融合方法时使用，通常可以取得比较好的效果。当然，在这个时期要注意数据的积累，记录好日志，为后面使用更复杂的融合方法做好数据准备。

4.3　基于机器学习的排序融合

上面介绍的两种融合方法，都不同程度地存在一些问题，例如融合粒度粗、模型结构简单、用户反馈利用不足等。

首先，上面的两种融合方法都是粗粒度的算法级融合，而不是细粒度的物品级融合。这两种方法本质上都是以推荐算法为粒度进行融合的，例如，找到某种算法的配比系数，或者找到某种算法的优先级和占比等。虽然在具体执行时也会考虑策略内部某个候选物品的个体情况，但考虑的也是某种推荐算法对于该物品的得分等信息，并没有充分考虑该物品本身的信息。换个角度讲，这种算法级融合，难以充分考虑到每个物品的个体情况，例如，某种优先级低的算法计算出的结果，是很少有机会能在最终结果中排到前面的，这在无形中会损失一部分优质内容。

其次，上述融合方法的模型结构简单，优化空间小。从参数数量的角度来看，对于一个有 N 种推荐算法的系统，线性加权融合的方法一共只有 N 个参数，分别对应每种推荐算法的权重；而对于优先级融合的方法来说，它有 $N-1$ 个参数，分别对应除最低优先级以外的其他优先级下的算法，再加上少量细节调节的参数，整体参数数量也不会比 N 多很多。由于 N 代表了推荐算法的数量，通常不会很大，一般不会超过两位数，典型的在 10 左右，从模型复杂度的角度来看，一个只有十几个参数的模型，其优化空间是非常小的，所以其效果的上限 "天花板" 也是比较低的。

最后，也是最重要的一点，这些融合方法都没有充分结合用户反馈。优先级融合的方法主要依靠的是开发人员对算法以及业务的了解和经验，对用户反馈的利用程度极低；而线性加权融合的方法在计算融合系数的时候虽然用到了用户行为，但是粒度比较粗，对用户行为的收集和反馈都汇总到了推荐算法一级，并不会直接影响某一个具体的物品。对用户反馈的利用不充分，就意味着推荐结果与用户的相关程度不能随着用户使用行为的增多而变得更好。换句话说，从与用户的相关性和准确率方面来说，这样的系统就是一个相对静态的、非个性化的系统，而不是一个足够动态的、个性化的系统，也会让用户觉得这个系统不够懂 "我"，体验不够好。

基于以上一些原因，要想充分发挥不同推荐算法的能力，将其有效进行融合，取得最大收益，使用基于机器学习的模型排序融合的方法是最合适的。这种融合方法包含两个部分：一是模型的训练；二个是模型的使用。关于模型训练和使用的详细过程会在后面的章节中专门进行介绍，这里我们可以认为，该过程的主要作用是在某个衡量指标的指引下，基于物品本身的特征、当前场景的特征以及物品和场景的组合特征，为当前场景下每个参与排序的候选物品计算该指标的估计值，并使用该估计值作为排序依据。例如，最常用的是使用 CTR 作为衡量指标，那么我们就需要利用各种特征，计算出每个待排序物品的 CTR 估计值，然后使用这个估计值进行排序，从而达到排序融合的效果。在模型训练之后，利用模型进行排序的逻辑流程图如图 4-4 所示。

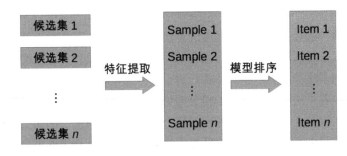

图 4-4　基于机器学习的排序融合的逻辑流程图

利用机器学习模型进行排序，并不是因为这是一种更加 "高级" 的方法，而是因为它解决了其他融合方法存在的问题。这种融合方法具有融合粒度细、模型复杂度高、充分结合用户反馈等特点。

首先，在这种方法下，对物品排序起决定性作用的大部分是每个物品本身的特征，而候选物品从哪种推荐算法计算出来只起到一个辅助作用，这使得融合真正从算法级进化到了物品级，每个物品都有了一次公平竞争的机会。这使得相对弱一些的算法中的好东西也有机会被排到前面，有点"不拘一格降人才"的意思。

其次，从模型复杂度的角度来看，由于引入了大量的场景特征、物品特征以及组合特征，使得模型中的参数数量发生了质的变化，从推荐算法数量的量级上升到了特征数量的量级。上面提到推荐算法的数量（加上各种变种）一般不会超过两位数，而各种特征的数量加起来少则千级、万级，多则千万级，甚至可能上亿。大量参数的存在赋予了模型更大的优化空间，使得各种优化方法有了用武之地，使模型能够有更大的概率接近最优的排序结果。

再次，由于机器学习模型排序的核心是以特征为视角，通过对历史行为的分析，来学习得到影响排序的真正因素。所以说其中心思想是分析和学习用户反馈，这使得系统能够最大程度地和用户行为、喜好保持一致，做到充分的动态化和个性化，而这种动态化和个性化也正是一个推荐系统最核心的竞争力。

最后，机器学习的方法还有一个很重要的优点——它是一种目标非常明确，并且对于如何达到这一目标有着清晰路径的方法。以最常用的以 CTR 为目标的排序为例，在这种方法中优化模型和对物品排序的目标是非常明确的，就是要把物品的 CTR 估计得尽量准确，之后把预估 CTR 最高的物品排在最前面。为什么这么做呢？因为可以证明，在这样的策略下，能够保证在曝光总量一定的情况下，系统收获的总点击量最多。这是一条严密的逻辑链条，从目标（最多总点击量）推导出排序的策略（点击率高的物品排在前面），进一步推导出要优化的目标（每个物品的预估点击率）。整个系统是在一个非常明确的目标指导下工作的，同时，对于如何达到这个目标也有着相对明确的路线，例如，可以采用增加样本数量、提升特征信息量、使用复杂度更高的模型、使用精度更高的优化方法等手段。**千万不可小看这一点，因为在各种数据和算法任务中，最重要的也是最难的，就是找到这样一条清晰、可执行的逻辑链条，而具体如何优化链条中的每一个环节，因为存在大量的方法和工具，反倒不是一件很困难的事情。**

4.4　融合策略的选择

上面介绍的三种融合方法在基本假设、实现成本以及可调节性方面各有不同，同时也介绍了不同方法的适用场景，下面做一个简单总结。

1. 优先级融合方法的适用场景

该方法适合在使用者对算法的效果、覆盖率等方面相对熟悉，并且不同算法之间有着相对明确的效果差异时使用。从时序关系上讲，它适合在系统建立初期，人力和资源都相对有限时使用。这个时期的特点是已经有了几种不同的算法，并且需要将这些算法组合起来形成一个更为完整、覆盖率更高，同时准确率也有所保证的推荐系统，但此时还没有充分的数据储备和技术能力来实现机器学习模型。

2. 线性加权融合方法的适用场景

与优先级融合方法不同，线性加权融合方法更适合使用在几种推荐算法之间没有那么大的效果差异的场景中，这个时候多算法融合的目的更多的是使用不同的算法来提高整体的覆盖率和多样性。这种融合方法可以让不同的算法之间以一种合理的比例"和平共处"，共同发挥作用。在这种场景下，如果使用优先级融合方法，则会导致本来差异不大的两种算法有了明显的先后之分，对提高多样性这个目的会有影响。

3. 机器学习模型排序方法的适用场景

由于具有"学习"这一本质优势，使得这种方法在融合粒度和最终效果方面都具有明显的优势，在各方面条件都具备的情况下，该方法一定是第一优先级的方法。但是在使用该方法之前，需要具备以下几个条件。

- 系统中已经存在一些推荐算法，这些算法加起来已经有了一定比例的优质覆盖率。所谓优质覆盖率，指的是准确率较高的算法的覆盖率。因为排序模型是工作在召回层上面的，所以，如果在召回层不能提供足够的优质候选集，那么排序层也是"巧妇难为无米之炊"，不能充分发挥模型的威力——召回质量决定上层排序。
- 具有数量足够准确的样本数据。足量优质的样本是训练出靠谱模型的基础保障。简单来看，似乎只要有足够的日志数据，就可以从中解析出所需的样本。但事实往往并没有这么简单，原因在于日志中存在样本数据并不等于这份样本数据是正确的。正确的样本只有一份，而样本错误的方法却有千千万，具体细节将在后面的章节中进行讨论，这里只需要知道样本数据的数量和质量直接关系到排序模型能发挥出的作用即可。

4. 混合的融合方法

对于这几种融合方法并非只能选择某一种使用，必要的时候也可以混合使用。例如，可以将某算法在不同数据源上的计算结果进行线性加权融合，然后在不同的算法之间使用优先级融合。再如，在使用机器学习模型排序之前，也可以先对候选集根据效果或业务的需求划分层级，如将效果最好的算法生成的候选集放在第一层级，略差的放在第二层级，托底算法生成的数据放在第三层级，然后在每个层级进行模型排序，最后把排序后的结果按照优先级合并起来。所以说，不同的融合方法只是工具，并不代表只能使用其中的一种，在架构层面可以根据具体业务和效果混合使用不同的融合方法。

4.5　融合时机的选择

在确定了融合策略之后，还有一个问题需要解决，就是何时进行融合计算，即融合时机的选择。融合时机的选择主要取决于几个关键因素：时效性要求、计算和架构能力以及数据量大小。在不考虑任何资源限制的情况下，最自然的思路是在每次用户请求到来时进行融合，这样可以保证最好的时效性，能够每次都取到最新的数据。但是在一些情况下不会这么做，例如：

- **时效性要求不高**。可以做到实时融合，并不代表就应该做到实时融合，因为在一些场景下，数据的变化并没有那么频繁，每天一次的离线融合就已经能够满足需求。例如一些经典书籍的推荐，数据变化频率非常低，进行实时融合并不会使数据有太多的变化，也就不会有太明显的效果提升。
- **策略多样复杂**。每次实时融合都涉及从多种召回算法中获取数据，并进行融合计算，融合完毕之后还可能会有一些业务规则的处理。这一整套流程的耗时会随着算法数量和复杂度的增加、数据量的增大以及业务规则的复杂化而越来越长，而这可能会给实时服务造成很大的压力。在这种情况下，如果没有优秀的服务架构能力，在每次用户请求到来时进行融合就会导致服务压力过大，对性能造成影响，进而影响效果。
- **召回数据量大**。即使召回算法不是很多，但是每种算法也有可能会召回比较多的物品，那么每次对这些物品进行融合也会具有一定的计算量，对性能产生压力。

由于以上一些原因，除了在用户请求到来时进行融合，通常还有两种融合时机可选择，分别是离线融合和近实时融合。

离线融合，顾名思义，指的就是在离线端进行数据融合，例如，用定时任务每隔一段时间进行一次融合。这种融合的好处是可以与线上服务完全解耦合，因此可以进行一些数据量大、逻辑复杂的融合；但是其坏处也比较明显，就是时效性比较差，新数据生效会有明显的延迟，虽然可以通过缩短运行间隔、一天运行多次来缓解延迟，但整体来讲，实时性还是差一些。所以，这种方法适用于数据量大，但是时效敏感性较低的场景。例如，在图书推荐场景下商品详情页的推荐，由于相关图书在很大程度上代表了主题内容的相似性，而这一点一般不会在一天之内发生较大的变化，所以可以用离线融合的方法来处理。

可以看出，离线融合的优点是计算能力强，可以处理复杂逻辑和大量数据，但实时性差。而实时融合则相反，那么我们自然就会想能不能把这两种方法结合起来，取它们共同的优点呢？事实上是可以的，这种方法就是所谓的近实时方法。近实时方法的中心思想是只在必要的时候进行融合，并且将融合的触发时机与用户的请求解耦合，使用数据缓存作为中间层，将对线上服务的性能影响降至最低。所谓"必要的时候"，是指我们认为推荐数据的融合结果会发生变化的时候，例如用户产生了实时行为，需要根据新的行为进行推荐的时候。与之相对的就是"不必要的时候"，也就是在这个时候进行一次融合操作并不会带来数据的很大变化。通过引入这样一个概念，可以避免一部分不必要的计算。当检测到会引起数据变化的信号时，系统会发起一轮计算，计算内容包括从每种推荐算法中获取推荐结果，将结果进行融合等。完成这一系列计算后，将结果存储在缓存中，当用户请求到来时，直接从缓存中获取数据。这里需要注意的是，进行计算的服务和处理用户请求的服务不是一个服务，二者通过数据存储服务进行交互，从而实现解耦，这样可以保证用户体验不受影响。

这种做法将用户对推荐数据的请求和推荐数据的计算生成进行了分离，对推荐数据进行了类似于静态化的存储，使逻辑计算部分不会承受很大的时间压力，从而可以进行比较复杂和量大的计算。这种计算时机的选择和架构的设计不会影响线上服务的性能，又能接收到数据变化的时间点，这样既可以拥有实时策略良好的时效性，又可以拥有比实时策略强大的计算能力。当然，由于我们选定的"必要的时候"不可能真正包含所有数据发生变化的时间点，理论上讲，这种方法在实时性上是不如纯实时策略的。所以，从这个角度来看，这种方法的本质是对实时性和计算能力的取舍权衡，试图获得最佳的平衡点——既不对性能造成过大的压力，又能够保证足够的实时性。当然，具体的取舍点还需要根据具体业务来决定。

4.6 数据血统

无论使用哪种融合方法，其最终效果都是将来自多个召回源的推荐列表融合成一个最终列表，将其呈现给用户。虽然最终呈现给用户的是一个统一的列表，但列表中的物品却来自不同的算法。为了方便数据的分析、监控和改进，我们需要对数据血统做好相关的建设和记录。

广义的数据血统有着丰富的含义 [1]，在推荐算法融合场景下可以认为数据血统是该概念的一个子集。具体来讲，我们主要关心推荐数据的以下两个方面。

---

1 参见：链接 10。

- 每个推荐物品来源于哪种算法。
- 每个推荐物品在该算法中的得分和排序。

有了这些数据之后，可以在效果监控、效果分析等方面做很多工作，还可以为效果优化方案提供依据。具体来说，数据血统可以用来做以下一些事情。

4.6.1　融合策略正确性验证

上面介绍的几种融合方法，基本思想都不算复杂，但具体实现时还是有很多细节需要处理的，主体逻辑和细节逻辑加起来组成了一个完整的融合系统。就像所有的软件系统一样，这个融合系统也会有 bug，但是这里的 bug 有一个特点，就是它并不像一些功能软件系统中的 bug 那样容易被发现。例如一个用户登录系统，如果出了 bug，用户就会无法登录，那么问题就会暴露出来，然后就可以通过追查日志找到原因，最后将其修复。但是在推荐系统这样的算法系统中，如果存在 bug，那么结果往往并不那么显眼。以本章介绍的融合系统为例，如果上线时存在 bug，例如，错误地减小了某种优质策略所占的比例，融合系统很可能还是会给出一个最终的推荐列表呈现给用户，而不会给出容易发现的空结果集。这时如果发现效果不好，并不是很容易确定究竟是程序出了 bug，还是策略本身有问题。换个角度讲，普通的功能性测试并不能测出程序实现是否有 bug，这时候就需要算法工程师自己来做测试，而这个测试所依赖的一个重要数据，就是数据血统。

简单来说，算法工程师可以自测融合结果是否符合预期。具体来说，如果日志中记录了数据血统，就可以很容易计算出每种策略在结果中的占比分布，将这个分布与自己的预期相比较，便可大概知道策略是否正常生效。如果觉得这样做对整体分布的验证还不够，则可以对数据细分后再做分析，例如可细分计算融合后前 N 个物品中结果的分布。从另一个角度看，还可以分析每种策略平均能贡献多少个结果，以及这些结果的平均分数如何等。经过这样一套从整体到细分、从最终结果到单个策略的分析计算，便可基本确认策略是否正常生效。这种方法的优势之一，就是如果你有什么怀疑的地方，都可以记录在数据血统中，然后对其进行分析，从而验证你的怀疑。所以说基于数据血统的正确性验证是一种通用的可扩展的方法，而上面提到的具体用法，只是这种通用方法的一个常用实例。

4.6.2　系统效果监控

推荐系统作为算法构成复杂的多策略系统，其线上效果会受到很多因素的影响。如果其中的某个因素发生变化，影响了其中一种算法，那么就会对整个系统产生影响。这个时候，要想从系统效果变化反推到具体是哪种算法策略出了问题，就需要借助数据血统来实现。具体来说，可以在日志中记录每个推荐结果的血统信息，然后通过对血统信息的实时和离线监控分析，如果出现异常可触发报警。常用的监控指标包括：

- 不同策略在请求、曝光、点击等多个维度上的绝对数量和数量占比。例如，在曝光维度上，统计在 N 种策略中每种策略的曝光数量和在总曝光数量中的占比。这个统计的意义在于，如果某种策略的结果数量或占比发生了明显变化，则可能意味着在这种策略的生成过程中发生了问题，需要引起注意。例如，当托底策略的占比明显升高时，说明一定是某种优质策略发生了问题。这种监控不仅可以用来发现问题，还可以解释数据为什么变好。例如，某天发现整体效果忽然变好，那么在这种监控下可能会发现原来占比 10% 的某种优质策略忽然占比提升到 20%，其背后原因可能是该算法使用的数据源更新量变大。总结起来，这种监控可从算法结果的数量维度上对系统的效果变化做到很好的监控，同时能给出原因解释，是效果监控中不可或缺的一部分。在具体实施时，可同时进行实时和离线两种监控，实时监控用来快速发现问题，离线监控以天为维度进行汇总统计，可用来做更为细致、复杂的分析。

- 分策略的点击率、转化率。除了要监控每种策略的结果数量，还要对这些结果的效果做监控。最常用的监控指标就是分策略的点击率和转化率。数量监控虽然可以保证在数量发生明显变化时发出警报，但是也有很多时候，某种算法给出的结果数量没有减少，而其效果质量却降低了。例如某种基于内容相似度的算法，由于基础数据发生了分库分表，而计算程序并不知情，就有可能在计算时少用一部分物品数据，但是仍然能够计算出 TopN 结果，只是这 TopN 结果的平均质量（平均相似度）都有所下降。这时就需要监控这些结果的具体质量，例如点击率和转化率。如果某种策略的点击率和转化率发生明显变化，那么即使它们对应的结果数量没有变化，也需要引起警惕，快速追查在该策略的计算流程中是否出现了问题。

- 分策略的平均排序位置。前面两个监控指标的单位都是具体的一种策略，除此以外，我们还需要一些指标来监控策略融合之后的效果，分策略的平均排序位置就是其中之一。无论使用什么样的融合策略，每种算法在最终融合结果中的位置都是相对稳定的。例如，协同过滤算法由于效果好，其整体排名都会比较靠前，而一些托底性质的策略，由于个性化程度不够强，其整体排名可能会比较靠后。统计每种策略的平均排序位置，其意义在于对每种策略在融合后最终结果中的整体位置进行度量，如果某种策略的平均排序位置发生了明显变化，则可能意味着融合算法出了问题，例如，机器学习排序模型的某个特征计算出了问题，导致排序发生变化。即使系统效果不出问题，统计这个指标也是有意义的，它让我们知道现在系统中效果更好的是哪些策略、某种策略的平均排序位置是否符合预期等。这种监控和上面提到的"融合策略正确性验证"的区别在于，"融合策略正确性验证"发生在融合策略上线以前，可理解为测试的一个环节，而这里提到的监控是在融合策略上线之后要做的，是持续的监控，两者的关系可理解为普通服务的上线前测试和上线后监控的关系。

上面提到的只是几个最常用的监控指标，除此以外，还可以根据具体的业务来制定更多、更细致的监控指标。无论使用什么样的监控指标，其目的只有一个，就是保障系统效果的稳定，以及在出现问题时能够尽快定位问题、解决问题。所以说，凡是可以为这个目的服务的监控指标和方法，都可以纳入考虑中来。

4.6.3　策略效果分析

除了用来监控系统是否正常运行，数据血统更大的意义在于其在效果分析方面的功能，如果说系统监控的意义在于保证系统稳定运行，那么效果分析的意义就在于如何让系统效果更上一层楼。

当一个具有多策略的推荐系统上线后，无论效果好坏，我们最关心的都是搞清楚系统效果为什么是现在这个样子，以及如何进一步提升效果。将这两个问题进一步拆解之后，我们得到了以下几个更细致的问题。

- 在这么多策略中哪些在起主要作用？
- 效果好的是哪些策略？这些策略为什么效果好？
- 效果不好的是哪些策略？这些策略为什么效果不好？
- 如果想提升系统效果，应该重点优化哪些策略？

上面这些问题，都可以通过对数据血统的分析来得到答案。具体来说，可以考虑分析以下维度的数据。

- 统计在 Top$N$ 结果中，不同策略的曝光、点击、下单数据占比，以此确定主要起作用的是哪些策略。这里的 N 可以根据产品形态和业务需求来定，例如可取 5、10、20 等值。
- 统计不同策略的点击率和转化率，以此确定效果好的是哪些策略，效果不好的是哪些策略。同时可统计不同策略的排序位置分布，以此确定策略效果的好坏在多大程度上受到排序位置的影响——毕竟排序位置对推荐效果的影响还是很明显的。这两者相结合即可得到每种策略相对公正的效果好坏分析。
- 分析在每种策略的被点击/下单的结果中，策略的打分和排序的分布如何。例如，在协同过滤算法中，可能计算出被点击的物品其相似度得分大部分在 0.5 以上，排序在前 10 名以内。这样的结果就可以在日后的开发和优化中起到一个指导作用，让我们知道得分达到 0.5 是一个效果可能比较好的下限。

- 对以上两种数据进行交叉分析，即分析效果好的策略和效果不好的策略在结果中的占比。若发现某种策略效果好，但是占比低，则可以考虑想办法提高该策略的覆盖率，以增加其作用范围。这样就可以得到策略级的优化方向，在确定了该优化的策略之后，再针对该策略考虑具体的优化方法。

与监控指标类似，上面介绍的是最常用的一些效果分析指标和方法，工程师和产品经理可以在此基础上根据具体需要不断扩展分析内容和维度。通过这样对推荐策略细节的量化分析，做到对系统从效果层面到原因层面心知肚明，才能够对系统的整体效果有充分的把握，对于未来如何优化才能有靠谱的方向。

4.7 总结

本章介绍了不同推荐算法结果的融合方法，并分析了不同方法的各自特点。通过合适的融合算法，可以将不同来源、反映不同思想的推荐结果，按照我们想要的效果进行合并，达到兼顾多个目标的效果。在当今的推荐系统中，大多会使用机器学习模型来做最后的排序，但即使如此，在排序之前先做一次融合也是有益的，可以显著减少待排序候选集的数量，减轻实时排序的计算负担，同时可以对最终展现结果的多样性和平衡性做一定程度的调节。

第 5 章
机器学习技术的应用

本章并不打算对机器学习的原理和理论进行细致的介绍，这方面有很多资料和课程可以参考。本章的重点是介绍如何构建一套面向推荐系统的机器学习系统，内容包括系统构建的一般流程、模型和特征的选择处理、系统的验证和评估、常见的问题和优化方法，以及可能会陷入的误区等。这种系统构建方法也可以扩展到其他算法类的业务中。

5.1　机器学习技术概述

"机器学习"这个概念的提出至少可以追溯到 1959 年[1]，当时定义的核心概念是"能够让计算机在没有被显式编程的情况下具有自主学习的能力"。这个定义虽然古老，但却点出了机器学习与计算机其他子领域的核心差异。机器学习系统虽然不需要被显式编程，但也并不是不需要任何基础，它所依赖的就是所使用的模型，而自主学习到的内容就是模型中的参数。从自然界的角度类比来看，可以认为机器学习的模型决定了一个动物是猫还是狗，而模型的具体参数则决定了这只猫/狗的具体形状，或者说决定了是哪只猫/狗。

要用好机器学习技术，我们需要先理解它的工作原理。从实践的角度来讲，机器学习技术允许我们定义一组特征和一个具体可衡量、待优化的目标，这组特征与这个目标相关联。我们

1　最早提出机器学习概念的文章之一：Some Studies in Machine Learning Using the Game of Checkers. IBM Journal of Research and Development. Volume: 3, Issue: 3, July 1959.

知道，这组特征与要优化的目标有着或正或负的相关性，例如，增加广告投放可以增加销售收入。这是一个感性认识，我们需要将这个感性认识进行量化，例如，每增加 1 万元的广告投放究竟可以增加多少销售收入。机器学习中的"学习"二字，解决的就是这个问题，即给定一组特征和一个目标，还有相应的学习样本，机器学习技术可以学习出来特征和目标之间具体的相关情况，也就是特征对应的权重。

学习到量化的相关性之后，通常有两种用法，一种是预测，一种是推断（inference）。所谓预测，就是根据特征来预测结果，例如，在投入 5 万元广告费用的情况下，预测销售收入会是多少；所谓推断，指的将学习出来的特征权重使用到业务决策中，例如，通过机器学习发现每投入 1 万元的电视广告和报纸广告费用，得到的销售收入分别是 10 万元和 5 万元，那么我们就可以将有限的广告费用更多地投入到电视广告中。

5.2　推荐系统中的应用场景

在理解了机器学习技术的工作原理之后，我们会发现，推荐系统中的很多问题都是可以用机器学习技术来解决的。推荐系统的本质任务是匹配，匹配用户和物品，而海量候选集场景下的匹配，说到底其实就是一个预测任务，预测用户对哪些物品最可能感兴趣、最可能发生进一步的交互，如点击、购买、转发、收藏等。要完成这个大的预测任务，需要将其拆解为多个子任务，而在这些子任务中包含了多个小的预测任务。下面列举几个最常见的例子。

1. 推荐结果排序

我们在前面的章节中介绍过，推荐流程的最后一步通常都是结果排序，就是将多个召回源的结果进行统一排序。这里的排序便是一个典型的适合用机器学习技术来解决的问题。在机器学习技术被应用之前，人们倾向于使用一些公式来定义排序规则，例如，将最近一周的销量乘以 0.1 加到公式里面，这些规则往往基于人们对业务的理解，一般趋势上是对的，但无法保证所使用的具体规则是合理的，以及其中的具体数值是最优的。从一个角度来看，机器学习技术就是选择具有良好描述能力的规则系统，然后将这些规则进行最优化，使其能够最好地服务于系统的目标。

2. 用户兴趣建模

推荐系统中还有一个环节，就是对用户兴趣的捕捉和预测。所谓捕捉，指的是对用户行为的客观记录；而预测，就是基于这些行为记录对用户将来可能感兴趣的内容进行预测。这部分工作不用机器学习技术也可以完成，即使用一些规则的方法，例如，使用用户上一个产生了行为的兴趣作为下一个兴趣，或者为兴趣的变化建立一套公式等。但这种做法和上面提到的利用公式规则来做排序存在一样的问题，就是只能大概把握住趋势，却无法准确把握住具体的相关性，例如"用户过去一天内点击手机三次，对于他今天对手机的兴趣应该有多大影响"这样的问题，只有用机器学习技术才能准确回答。

3. 候选集召回

候选集召回问题也可以被看作是排序问题，排序范围是库中所有的物品，排序维度可以是某个单一维度，例如文本相关性，或者几个维度组成的组合维度，例如综合考虑文本相关性和销量。从这个角度来看，候选集召回问题与排序问题就是同一类问题了，上面讲述的解决排序问题的机器学习技术的优点也就适用于候选集召回问题了。

可以看到，上面的例子涵盖了推荐流程的几个主要部分，换句话说，机器学习系统可以对推荐系统进行全方位的改造升级。在引入机器学习系统之前，上面几个部分基本都是利用规则或启发式算法来实现的，而在引入机器学习系统之后，不仅它们本身的效果可以得到提升，而且由于它们之间的相互关联和依赖，将其效果合并在一起会产生 1+1>2 的效果，对于推荐系统来说，这也正是机器学习的魅力所在。此外，在其他很多地方也都可以应用机器学习技术，所以不应该静态地看待这种技术，死板地认为它只能应用在什么地方，而应该把它看作一种解决问题的思路，让这种思路根植于自己的脑海中，当遇到任何预测、匹配、推断类型的问题时，都能够想到用机器学习的思路来解决问题，这样才能将这种技术的优势发挥到最大。

除了上面提到的优点，机器学习技术还有一大优点，就是引入了一套可以系统性持续优化的架构。机器学习技术包含多个组成部分，例如样本构建和处理、特征选择和特征工程、模型选择和模型训练等，它们都有着相对完善、成熟的处理和优化方法，并且这些技术还在不断发展。将这套技术引入系统中后，这些组成部分所包含的优化方法和优化路线都可以被用来优化推荐系统的效果，并且这些技术的持续发展也都适用于推荐系统。马克思曾经说过："世界上任何一门学科如果没有发展到能与数学紧密联系在一起的程度，那么就说明该学科还未发展成熟。"借用这句话，我们也可以这样说，现在如果哪个 IT 系统还没有能够与机器学习技术紧密联系在一起，那么说明这个系统的效果就还没有被充分挖掘。一个系统如果能够找到它与机器学习良好的结合点，那么这就是这个系统的幸运，这代表着它踏上了时代的浪潮，可以随着机器学习技术的不断发展而发展自己。而推荐系统正是这样一个幸运儿，它不仅可以与机器学习进行良好的结合，而且从发展趋势来看，它已经逐步成为一个由机器学习技术驱动的系统，所以说机器学习技术在推荐系统中的地位越来越重要。

5.3 机器学习技术的实施方法

在了解了机器学习的解决问题的思路和在推荐系统中的应用场景之后，我们来介绍在实际工作中如何将机器学习技术落地实施，包括在已有的系统上对数据和业务特征的准备、目标的定义和拆解、数据的探索和分析，以及真正建立一个与系统整体相结合的机器学习系统。本章的重点是如何从 0 到 1 构建一个能够解决业务问题的机器学习系统。

5.3.1 老系统与数据准备

在很多场景中，应用机器学习技术不是为了解决一个全新的问题，而是为了对已有的非机器学习的方案进行优化，以期取得更好的效果，例如机器学习排序对规则排序的改进。这时候，我们的做法并不是完全抛弃已有的系统，然后搭建一个全新的系统，而是应该对老系统加以充分分析和利用，为将要搭建的机器学习系统做好准备。具体来讲，至少可以从老系统中得到以下一些重要数据和信息。

1. 收集训练样本

老系统中已有的样本数据可以说是最有价值的数据。我们知道，样本数据是机器学习系统中最为重要的数据，没有数量和质量足够的样本，学习这件事也就无从谈起。具体来讲，如果要训练的是点击率模型，则可以从老系统中收集到曾经的曝光数据和对应的点击数据，形成第一版模型的样本基础。老系统中的样本数据还有一个很大的优点，就是曝光偏差（impression bias）比较小。所谓曝光偏差，指的是系统是否会倾向于曝光某一类型的物品，从而导致其他类型的物品曝光不足，在整体数据上产生曝光偏差的问题。这种问题在已经上线了机器学习模型的系统中会比较常见，因为在这些系统中预测点击率比较高的物品会得到更多的曝光机会，例如一些流行品类下的商品等。此外，如果大量使用了诸如点击率这样的本身就带有曝光偏好的特征，那么这种情况会更加严重。如果不加以干涉，久而久之，曝光偏差就会逐步积累，对整个系统的公平性和长期健康发展都会产生不利影响。

为什么在老系统中曝光偏差会比较小呢？原因就在于老系统中还没有使用机器学习模型来排序，不会将曝光机会显著持续地偏向给某一个小的物品集合，而一些传统的基于规则的方法由于无法学习到很细致的规则，反而会将曝光机会相对更加平均地分配，因此会减轻曝光偏差的问题。

为什么我们会在乎曝光偏差呢？这是因为在机器学习模型训练过程中，曝光的分布均匀程度会影响到最终学习到的模型特征。学习到的模型在应用时需要预测所有可能的物品，所以按照训练和预测同分布的原则，训练样本应该尽量与预测数据保持同分布，否则，分布差异越大，预测效果打折越严重。由于模型学习的样本来自曝光数据，所以可以说模型能够学习到的信息是完全由曝光数据提供的。如果曝光偏差问题严重，也就是说，如果曝光大部分集中在少量物品上，那么模型就只能学习到这少量物品的特征，而没有得到曝光或者曝光很少的物品对应的特征，则得不到充分学习。如果学习到的是这样一个在特征上有偏的模型，那么这个模型在预测时也会倾向于给它学习到的特征更合理的预测结果，而当它看到在样本中出现次数较少的特征时，它给出的结果置信度就会很低，结果也就不那么可信了。如果在训练时使用的是不存在偏差或者偏差较小的样本数据，那么在预测时模型会对更多的物品给出高置信度的合理预测结果，这会让整个系统的预测结果和表现更加稳定，也更加准确。在理想状况下，最好的样本是完全随机展示并收集用户点击得到的数据，但这在任何系统中显然都不可能实现，我们可以追求的是偏差尽量小，而不是完全消失。

2. 收集业务规则

现实中，在很多情况下用来解决问题的模型，都是以逻辑回归和决策树为代表的浅层模型。从某个角度来看，这些浅层模型其实就是大量的被量化的规则，例如，用户每增加一次访问未来的点击率会增加多少，用户月收入在 5000 元以上其信用卡的违约概率会是多少，等等。在这样的场景设定下，可以认为机器学习的本职工作就是规模化地量化规则——量化指的是将之前人工指定的规则，利用数据和算法，针对具体的优化目标进行量化；规模化指的是人工规则最多只能有几十个或者上百个，但是机器学习技术可以用相对自动化的方法让规则的数量增加几个量级。所以说，这一切的基础是我们知道有哪些规则可以用，只有知道了哪些规则可用，才能对它们进行量化和规模化。而在老系统中，存在着大量这样的业务规则，虽然具体量化这些规则可能还不合理，规模也不够，但它们就像是整个特征系统的树根，可以在此基础上不断延伸。有了这些规则，后面的机器学习系统就不算是从零开始，而是已经有了一个不错的开始和基础。

3. 确定系统目标

我们要在老系统的基础上使用机器学习技术进行技术升级和改造，这里的改造涉及的是系统的工作原理、决策方法，但是目标和老系统应该是一致的。例如，老系统的目标是优化点击率，那么在换了机器学习模型之后，不太可能目标就变成停留时长了。一个成熟系统的目标应该是相对稳定的，持续优化的只是实现和优化目标的方法。这里需要指出的是，目标的确定并不像看上去那么简单，不是简单地拍脑袋就能够决定的。例如，在一个资讯阅读推荐系统中，点击率和阅读时长这两个指标，究竟哪个更能反映系统长远的健康性？这需要一定量的实验和分析才能够得出结论，同时这一结论的得出并不依赖系统是否使用了机器学习技术，在老系统中就可以得出这个结论。这个结论对于后面的机器学习系统该优化什么目标起着非常重要的作用，而目标的选择又会决定使用什么样的模型、使用什么样的系统架构等一系列技术决策。所以说，从老系统中提炼出的系统优化目标，也是开发机器学习系统重要的依据之一。

5.3.2　问题分析与目标定义

经过上面的流程，基本上就处理完了与老系统的交接，下面就可以进入使用机器学习技术开发新系统的阶段了。但是系统开发的第一步并不是架构设计或者代码开发，而是要跳出机器学习的盒子，对待解决问题进行细致分析，以及对系统优化目标进行仔细拆解。

对待解决问题进行分析，需要做好问题现状分析、问题归因拆解和设计指标体系这三件事情。

1. 问题现状分析

所谓问题现状分析，就是要搞清楚待优化的系统目前在各个方面是什么状况。这里的"各方面"不仅指背后的算法是什么，还包括算法背后使用的数据是什么样的、算法的运行方式如何、数据与线上如何交互、模块的前端展示方式是什么等问题。之所以要搞清楚这些问题，是因为我们必须意识到一个非常关键的问题——无论用什么技术来优化系统，都需要先搞清楚系统当前最大的瓶颈在哪里，然后从这里入手。对于推荐系统这样一个涉及与多方交互的复杂系统来讲，很多因素都会影响系统的效果表现[1]，机器学习技术只是我们用来优化系统的一种方法，但并不是唯一的方法，甚至在一些情况下，不一定是性价比最高的方法。如果抱着这样的态度和思路，那么最优的策略就是找到当前系统中问题最大的地方，先去优化它，而不管这个问题是不是应该用机器学习技术来解决。如果不问青红皂白直接上机器学习系统，则很可能会事倍功半，甚至会让人质疑工作的效果。典型的例子就是推荐模块UI设计的问题，如果图片不够大、关键信息不够显眼，则会影响用户点击、转化的效率。在这种情况下，优化UI就是首先需要做的ROI（投入产出比）最大的事情，即使这和机器学习基本没什么关系。按照这样的解决问题的思路做下去，先做那些事半功倍的事情，例如优化UI、清洗数据、优化相关性算法、提升响应速度等，不仅从整体上看ROI最大，同时也可以在这个过程中收集更多的数据和业务洞察，这些都可以为后面的机器学习系统服务。

1　关于影响推荐系统效果的因素，可参考文章：《浅谈影响推荐系统效果的一些因素》（链接11）。

上面的做法总结起来，就是先对系统做全面细致的分析，找到影响系统效果的各方面问题，然后根据 ROI 对这些问题进行排序，找到机器学习在这里面的合理位置，按照这个顺序来开展工作，方可收获最高性价比。

2. 问题归因拆解

做完了对系统当前状况的分析之后，下一步是对关键问题的归因拆解。所谓归因拆解，指的是将最终的待达成目标拆解为多个可执行的具体工作，通过完成这些具体工作来达成最终目标。在我们当前讨论的场景下，就是要将效果提升这个目标拆解为多个关键子任务，其中的一个或多个子任务是可以通过机器学习技术来完成的，那么通过构建机器学习系统来完成这些子任务，就可以达成最终的效果提升目标。举例来说，在电商系统中，提升用户在模块上的购买转化率是推荐系统的重要任务之一，为了达成这个目标，我们对问题进行拆解，将"用户看到曝光商品→用户进行购买"的目标拆解为"用户看到曝光商品→用户进行点击"和"用户进行点击→用户进行购买"这两个子任务，而这两个子任务分别可以通过使用机器学习技术构建点击率模型和构建转化率模型的方法来完成。这样我们就将一个最终目标拆解为了两个可以用机器学习技术来完成的子任务，从而就可以通过构建机器学习系统的方法来达成最终目标。

对问题进行归因拆解是一种非常重要的能力，如果说机器学习技术是一把锤子，那么这种能力就决定了你能否找到正确的钉子。如果盲目地拿着锤子乱敲一气，不仅达不到效果优化的目的，反而还会浪费大量的人力和资源。机器学习技术是"大杀器"，但前提是用对了地方；否则，除了说出去好听，并不能起到什么实际作用。往远了说，这种拆解能力不仅适合机器学习技术的应用，也适用于其他一切技术和业务。

3. 设计指标体系

实施机器学习系统需要的指标体系包括两方面，一方面是监控机器学习系统本身效果好坏的指标，例如 AUC 等离线评估指标和点击率等线上监控指标；另一方面是对机器学习系统所服务和影响的大系统的各方面指标，例如在推荐系统中除机器学习以外的一些指标，包括用户平均停留时长、平均跳出率、平均分享率等。第一种类型的指标，其作用是衡量机器学习系统本身的效果好坏，是否符合预期；第二种类型的指标，其作用是衡量机器学习系统上线之后，对系统其他方面的影响，以防某一指标提升之后，导致其他关键指标的下降。

在具体的实践中，建议前期追踪尽量多的指标数据，这样有利于我们对系统整体有一个全局性的了解，也会防止我们的思维局限在个别指标上，而无法从全局的角度考虑问题。在系统开发之前或者初期就设计和实现好监控指标，可以免除后期通过一些杂乱的脚本来统计指标的混乱，这些杂乱的脚本可能会进一步导致系统开发出现一定程度的失控。全面的指标体系还有一个关键作用，就是验证我们做的问题归因拆解是否正确，也就是说，验证我们用机器学习技术优化的指标，是否能够提升系统最终业务目标。此外，一套可以对用户/请求进行分流并对分流结果进行聚合统计的实验平台也是非常重要的，这一点会在后面的章节中进行介绍。

在做任何效果优化工作时，都应该谨记一句话："如果无法衡量，就无法优化"。这句话的意思是说无论优化任何目标，都一定要先有一个明确的可衡量的指标与之对应，才能够对其进行优化。很多时候老板提出的优化目标并不是具体可衡量的，那么在优化目标之前，就一定要先想办法对这个目标进行量化，找到一个或多个可以代表或者近似代表这个目标的指标，然后想办法进行优化。例如，老板说推荐系统现在给头部用户的流量太多了，要把这个比例降下来，让你来解决这个问题。老板之所以提出这个目标，很可能是因为他在使用产品时有这样一个感性的体验，而并不是因为老板设计了一个指标计算一下，然后发现这个指标明显偏高，于是告诉你需要优化。以老板为代表的需求方提出的优化需求常常就是这样的，听着很直观，但是并不具体。这就需要我们先找到一组可以体现这个问题的指标，然后让老板认可这组指标是可以体现他的问题的，接下来就可以想办法优化这组指标了，这就是一个具体可执行的任务。而如果不做这样的拆解，也和老板一样凭着感觉去做，那么结果多半是不会让老板满意的，也无法达到真实的效果。换个角度来看，只有具体可衡量的指标，才是多方沟通的共同基础，才能提高沟通和工作的效率，如果大家都凭着各自的直观感觉来交流沟通，那么效率一定是极低的。

在做了足够的准备和前期工作之后，下一步就是构建一个可用的模型。机器学习模型的构建流程，大体上可分为样本处理、特征处理、模型训练几个部分。这些工作又可分为算法维度和架构维度，算法维度是指对各种数据进行什么样的逻辑处理，架构维度是指在具体实施时通过什么样的架构来实现这些算法逻辑。可以说算法维度是描述系统逻辑的维度，而架构维度是描述具体实施方案的维度。这里主要从算法维度来介绍机器学习系统的开发流程。

5.3.3 样本处理

样本是任何机器学习问题，特别是监督学习问题中最为重要的内容，其重要性甚至要高于特征。样本质量的好坏决定了模型能够学习到的水平上限，对于任何使用机器学习技术进行的建模，无论用什么模型和特征，在效果上只能是尽量逼近样本，而不可能"超过"样本。这是因为模型效果的好坏本身就是用样本来定义的，模型在学习过程中的一个基础假设就是样本是正确的，以此为指导来优化模型。所以，如果样本本身的质量出现问题，那么在此基础上学习出来的模型即使 AUC 等评估指标很好，但用在现实场景中效果也不会好。因此，在样本的收集和处理方面，也要给予足够的重视和投入。

在常用的监督学习中，或者更具体地说，在分类问题的场景中，样本指的是我们要预测其所属分类的数据。例如，将一个物品展现给一个用户，这次展现就是一条样本，我们要预测用户是否会对物品进行点击。在系统中存在两种类型的样本，一种是训练样本，一种是预测样本，训练样本是用来进行学习的，而预测样本是我们真正需要预测的数据。

与样本相关的还有两个概念需要厘清，就是原始样本和带特征样本。所谓原始样本（英文一般为instance），就是我们要预测的信息本身，不带有任何特征，例如"用户ID+曝光物品ID+是否点击"就构成了一条训练用的原始样本；所谓带特征样本（英文一般为example[1]），指的是将原始样本与特征进行拼接之后，可以用于模型训练的样本，例如上面提到的用户ID会被一些用户相关特征所代替，物品ID也一样。原始样本是客观存在不会改变的，而带特征样本会随着特征选择的不同而变化。

在推荐系统中样本数据的来源一般是用户的行为日志，但通常不会在一份日志中，而是分布在多份日志中，我们需要用代码来连接合并得到所需的样本。在典型的点击率模型场景下，一般逻辑上会存在三份日志：请求日志、曝光日志和点击日志。请求日志中记录的是用户对推荐系统的请求，属于最上游的数据；曝光日志中记录的是在请求得到的数据中，哪些被曝光给用户了；点击日志中记录的是在曝光后的数据中，哪些被用户点击了。通常需要曝光和点击两份数据，才能确定点击率模型所需的正负样本。

样本处理一般涉及两项关键工作，第一项是获取到足量、准确的样本数据；第二项是在训练时对样本进行选取，以期得到更好的训练效果。其中第一项工作是整个系统中非常重要的一环，样本的准确性直接关系到模型学习效果的好坏。因此，虽然这一步看起来没有多么复杂，但也要引起足够的重视。具体来说，以下一些工作都是需要重视的。

1. 爬虫、作弊和异常数据的去除

在当今的互联网上爬虫和作弊可以说无处不在，这两类行为都会在日志中留下数据，如果对原始日志不做任何处理就进行连接来得到样本，样本中就会掺杂着这些异常数据，而我们并不希望模型从这些数据中进行学习，因为模型要学习的是真实用户与物品之间的交互关系。对这两类数据的识别，简单的可以通过一些规则进行处理，做到后面也可以使用单独的模型来识别，在系统开发初期，一般利用规则就可以解决大部分问题。这其中对爬虫数据的识别相对简单一些，但是对作弊数据的处理就需要结合具体业务来进行，因为在不同的业务场景下作弊的

1　对于 instance 和 example 的含义区别，在一些场景中也不会严格加以区分，所以读者在看到这两个词的时候，其具体含义还需要根据上下文进行判断。

定义、方法都不相同，不存在特别通用的方法。除了爬虫和作弊这两大类异常数据，还有一些异常数据需要处理，例如找不到对应曝光的点击数据等，这通常是因为在数据传输中出现了数据丢失等问题导致的。

2. 使用统计数据验证样本的准确性

为了验证收集到的样本数据是否足够准确，可以计算一些统计指标，检查这些统计指标是否正常。例如，没有做过反爬虫、反作弊处理的样本数据，由于会收集到大量错误的负样本，会导致样本点击率非常低，明显低于正常值。除了全局的统计指标，还可以计算细分的统计值，例如可以将点击率细分到用户，查看分用户的点击率分布是否符合预期。通过统计指标检验的数据不一定就是准确的，但是通不过的一定是有问题的。

3. 移动端数据收集机制的设计

在 PC 端发送曝光数据是一件简单的事情，只需要把每一条曝光数据都发送到服务器就好了。但在移动端由于数据发送会占用用户的流量，以及移动设备并不是任何时间都有网络连接的，所以不能像 PC 端那样简单粗暴地发送所有数据。而是需要设计一套机制，既能保证数据的准确性和完整性，还能最大程度地节省流量。例如，可以只发送曝光的最后一个物品的信息，然后配合日志来得到其他曝光的物品信息。

4. 尽量多地保留上下文信息

所谓上下文信息，指的是用户与物品交互时的上下文，例如交互发生的时间、当时物品展示的一些标签、当时卖家是否在线等。之所以要尽量多地保留这些信息，是因为有些信息如果不在记录样本时获取，事后就很难回溯获取到准确的值了。例如"当时卖家是否在线"这一信息，可能会作为一个重要特征来使用，但是如果在记录样本时没有获取，事后就获取不到了，即使可以用一些近似方法来模拟，结果的准确性也会受到很大影响。

上面介绍了如何获取准确的原始样本数据，但是在真正训练的时候，并不一定会将所有的样本都放到模型里去训练，而是会对其进行一些处理和选择，只使用处理后的样本。下面介绍一些常用的处理方法。

（1）样本随机打散

在收集和整理样本的过程中可能会经历不可预知的流程，所以得到的样本顺序也是不可预知的。例如，可能前面全是正样本，后面全是负样本，或者前面全是某类用户的样本，后面全是另外一类用户的样本，等等。但是在机器学习模型的训练和评测中都要求样本是随机分布的，这主要有两方面原因：

- 从整体样本中划分出的训练集和测试集要求是同分布的，如果整体样本分布不是随机的，那么据此划分出的训练集和测试集就很有可能不是同分布的，这不仅会对模型效果的验证产生影响，也会由于训练数据与真实数据的分布不一致而影响训练出的模型的准确性。
- 常用的模型优化方法，无论是批量的（batch）还是随机的（stochastic），都会分批取样本来训练模型，如果样本分布不是随机的，那么就可能导致模型训练方向错误。在极端情况下，如果前面全部是负样本，那么可能模型在还没有遇到正样本的时候就已经收敛了，这样得到的结果必然是错误的。

基于以上一些原因，在拿到样本之后，首先对其进行一次随机打散是比较安全的，除非你可以保证样本收集的过程是随机的。当然，也可以使用一些方法来检查样本分布是否随机，例如，在划分训练集和数据集之后，计算两个样本集合中样本比例的分布是否一致等。

（2）正负样本采样

在理想的分类问题中，每个类中的样本数是相对均衡的，但是在以推荐系统为代表的互联网应用场景中，我们处理的问题通常都是正负样本偏差非常严重的，这类问题也被称为罕见事件（rare event）检测或预测问题，在这类问题中正负样本的比例往往是一比几十甚至几百。直接使用这样的数据进行训练可能会出现问题，例如，由于正样本数量过少导致学习不到正样本中的信息，或者负样本数量过大影响训练速度等。基于这样的原因，我们通常会对样本进行采样，常用的方法有正样本升采样和负样本降采样，采样的目的是使进入模型训练的样本比例相对均衡，保证有更好的训练质量。在具体的采样方法上，可以考虑去除冗余样本、边界样本以及噪声样本等，或者直接随机丢弃相应比例的负样本[1]。

但也有观点认为负样本不应该被直接丢弃[2]，而是应该按采样比例设置样本权重。在一些应用中这两种方法的差异并不显著，读者在实践中可以都进行尝试，然后选择效果更好的一种。

（3）负样本划分模型组合

如果样本中正负样本的数量比较悬殊，例如达到了 1：10，则可以使用对负样本进行划分，分别训练再融合的方式来缓解样本比例失调的情况。具体来说，可以先将负样本随机划分为 10 份，每份分别与正样本组成一套正负比例为 1：1 的样本进行模型训练，这样会得到 10 个模型，

1　更多不均衡样本处理的方法，可参考：Haibo He and Edwardo A. Garcia. Learning from Imbalanced Data. IEEE Trans. on Knowl. and Data Eng. 2009, 21, 9 (September 2009), 1263-1284. DOI=10.1109/TKDE.2008.239. 链接 12。

2　参考 *Rules of ML* 第 30 条。

然后使用一些 ensemble 的方法将这些模型融合起来，得到最终的模型。但这种方法由于在预测时计算量比较大，因此更适合离线预测时使用，在实时预测时使用的话，会对系统架构的复杂度和性能提出更高的要求。

（4）样本可信度处理

样本可信度指的是某一条样本究竟是不是正负样本。之所以存在这个问题，是因为我们一般会将点击和曝光未点击的数据作为正负样本，但逻辑上是将用户喜欢的和不喜欢的物品作为样本的。这么做是因为认为用户点击了就代表用户喜欢这个物品，而曝光未点击就代表用户不喜欢这个物品。但在有些情况下并不是这样的，例如，用户操作错误导致误点击，或者点击进来发现是"标题党"，于是立刻离开了页面，等等。在这些情况下都不能算是合理的正样本，如果存在大量这样的样本，那么模型就会学着给"标题党"类物品更高的权重，这显然不是我们希望看到的。另外，用户没有点击物品，并不一定代表用户不喜欢，有可能是用户没有看到，或者其他原因。对于这类问题，将其统称为样本可信度的问题，表示一条样本究竟是不是我们逻辑上认为的正负样本。对不可信的样本做了处理之后，可以得到整体可信度更高的样本，学习出来的模型也就更可信了，能够更加忠实于业务逻辑。

5.3.4　特征处理

行业中有人将算法工程师戏称为特征工程师，意思是算法工程师的工作很大一部分是与特征工程相关的。该说法虽有失偏颇，但也说明了特征处理、特征工程在机器学习系统中的重要性。在介绍具体的特征工程方法之前，我们有必要思考一下为什么特征工程的作用如此重要。

1. 特征工程的重要性

在一个机器学习系统中，抽象地看，有模型、训练、样本和特征几个要素，如果想要取得更好的整体效果，就需要在这几个要素上想办法。在模型和训练这两个方面，一般大家都会选择在行业中已经有过成熟应用的技术和方法，同时根据场景和问题的不同，也都有相对成熟的选择方法；在样本方面也是类似的，也存在着一些相对普适通用的方法，例如上面讨论的内容；而唯独在特征方面，是与业务场景紧密结合的，需要同时掌握理论方法和业务逻辑才能够提取出有效的特征。目前还不存在足够通用的特征提取方法，能够适用于足够广的业务场景。即使在深度学习模型中，特征工程也仍然是非常重要的。

综合来讲，并不是说只有特征是重要的，而是在可控制、可调整的范围内，在特征方面我们拥有最大的自主性和可探索性，再加上在特征工程方面有诸多的方法和技巧，与业务逻辑一经组合，就可以产生非常多的变化和可能性。在众多的可能性中寻找效果、性能和复杂度的平衡点，就成为机器学习系统中最为重要的工作之一。此外，特征工程方面的优化也有一些成熟、可靠的方法和技巧，在使用之后均可以取得相对确定的改进效果，属于投入产出比较高、能力可扩展，也相对有保障的优化思路。

在阐述清楚特征工程的重要性之后，我们来讨论什么样的特征是好的特征。无论使用什么样的模型，特征在模型中的作用，都可以被理解为该特征对最终输出的预测值的指征能力。所谓指征能力，可形象地理解为该特征的大小变化对最终结果的大小变化会在什么方向起到多大的作用。复杂一些的模型会将特征进行交叉联合，目的是得到更强的指征能力。所以我们希望所使用的特征是指征能力强的特征，从而使模型具有更强的预测能力。那么问题就变成了：什么样的特征最具有指征能力？从个性化推荐的视角来看，如果一个用户侧特征具有很强的指征能力，就意味着若知道用户具有这样的特征，那么对于用户是否喜欢当前这个物品就有了很大的把握。例如，如果知道用户对低价物品的喜好度很高，若当前物品是一个低价物品，那么用户会喜欢这个物品的概率就会比较大。

2. 用户 ID 类特征

围绕这一点，可以有多种特征设计方式，其中个性化程度最强的是用户 ID 特征。所谓 ID 特征，是指为每个用户分配一个唯一 ID，将这组唯一 ID 作为一组 One-Hot 特征，也就是每个用户在这组特征中只有一个特征，即对应他自己 ID 的那一个，取值为 1，其他的取值均为 0。将这组特征加入模型中，本质上是想知道这个用户本身，不考虑其任何其他特点，对一个物品的潜在点击率是多少。如果模型中只有这组特征，其学到的本质上是一个用户整体的点击偏好。例如，有的用户喜欢什么都点击一下，那么其对应的 ID 特征参数权重就会比较高；而如果一个用户对东西比较挑剔，只对自己非常满意的东西才会点击，那么他对应的 ID 特征参数权重就会比较低。所以说这类特征承担的是学习全局偏置的功能。

但光学习到偏置是不够的，因为我们无法区分出一个用户对不同物品的点击偏好，这时就需要将 ID 特征与其他特征相交叉，来得到能和具体物品关联上的点击偏好。如果延续 ID 特征的思想，则会想到将用户 ID 与物品 ID 进行交叉组合，形成 user_id × item_id 形式的特征。这样的组合特征个性化程度很强，但只能对用户之前看过的物品起作用。虽然我们也经常采取给用户重复推荐某个物品的方案，但整体来讲，这样的特征功能相对受限，因此还需要其他特征来形成补充，以达到对之前无行为的物品也能形成较高特征覆盖的效果。

要达到这样的效果，需要将用户 ID 与物品侧的非 ID 类特征进行交叉组合，例如，可以与物品的价格、类别、标签等信息进行组合。这样得到的组合特征的含义是：该 ID 对应的用户对不同价格、类别和标签的喜好程度。这样的特征显然就有用多了，其能够捕捉到用户对不同属性的喜好程度，在线上服务时就可以根据待预测物品的不同属性，预测出对应的点击概率。综合起来，user_id + user_id × item_attribute 就是基于用户 ID 的特征构造的一般性方法。

3. 行为 ID 类特征

上面介绍的用户 ID 类特征具有很好的用户兴趣描述能力，但也有着历史记忆性强、未来扩展能力差的局限性。这是因为用户 ID 类特征本质上就是在记忆用户历史上的行为偏好，对于历史上未出现过的行为是不具有识别能力的。具体来讲，如果在预测时遇到一个物品，该物品的某属性在训练数据中没有出现过，那么在特征中也就没有对应的组合特征，因此对这个物品的预测能力就会下降。

要解决这个问题，需要从根本上替换掉用户 ID 这个具有强历史记忆属性的核心元素，将其替换为可以代表一个用户，但同时还具有扩展性的其他信息，也可理解为是一种降维。这里常用的就是使用用户的行为 ID 来替代用户 ID，然后将用户的行为 ID 与物品 ID 交叉，得到交叉特征。首先，使用用户的行为 ID 作为特征，例如用户看过的物品 ID、收藏过的物品 ID 等，其含义是学习出有过这些行为的用户的点击偏好。如果不与物品侧的特征进行交叉，这些信息同样充当的是学习偏置的作用。其次，将行为 ID 与物品 ID 交叉，学习到的信息是有过某个行为的用户对于当前物品的点击概率。为什么这样的特征构造方式具有更好的扩展性？因为这样的特征没有去记忆用户本身，而是记忆了有过某些行为的用户的特点，在线上预测时，对于用户有过行为的物品 history_item 和待预测的物品 current_item，只要 history_item × current_item 这个组合特征在其他用户的历史上出现过，它就会被学习出对应的权重，从而在预测时发挥作用。换个角度来说，因为行为 ID 可跨用户发挥作用，在历史数据上训练后可用于预测数据，从而使得基于行为 ID 的特征具有更好的扩展性，而用户 ID 类特征只能记忆这个用户本身，因此不具有扩展性。

用户 ID 类特征和行为 ID 类特征加起来便是所谓的大规模 ID 类特征。由于 ID 类特征的特点，这类特征可轻松达到上亿的量级，在用户量较大的情况下更可达到上百亿甚至千亿。

4. ID 类特征的降维

上面介绍的 ID 类特征由于选择了非常细粒度的描述方法，因此对于用户和物品之间的喜好关系有着非常强的捕捉能力。但这类特征也并不是万能的"银弹"，在一些方面也有着局限性。

（1）样本量要求大

从经验上看，一般至少需要样本量是特征量的 10 倍才能把模型效果训练得比较好，那么如果是十亿的特征量就需要百亿的样本量。这个量级的样本对于中小型网站来说并不容易拿到，即使积累到了这个量可能也需要很长的时间，这样又失去了样本的新鲜度。所以整体来讲，对样本的要求比较高。

（2）数量庞大，工程实现要求高

大规模 ID 类特征加上逻辑回归曾经代表着点击率预估模型的最高水平，但动辄十亿、百亿的特征量使得无论是模型训练还是在线预测的工程难度都不小，这对于人力和物力都相对受限的中小型互联网公司来说，不一定是合理的选择。

（3）难以应对数据稀疏性问题

ID 类特征只能在对应的具体 ID 出现的样本上得到训练，而交叉后的特征具有极度的稀疏性，对应的样本可能会比较少，导致训练不充分。例如某行为 ID 和某物品 ID 的交叉特征，只能在历史上有过该行为且后来又看到了该物品的样本上训练，ID 类特征的稀疏性会导致对应的样本量不会很大，在一些长尾物品上更为严重。

（4）特征泛化能力差

ID 类特征是在 bias-variance（偏差-方差）的权衡中选择了偏差较低的那一端，使用精确到 ID 的特征来减少训练中的偏差的，但也带来了方差较大、泛化能力较弱的问题。假设模型中存在一个交叉特征$item\_id_1 \times item\_id_2$，但在线上预测时出现一个物品 $item\_id_3$，该物品从 ID 角度看是新的物品，但其在各个特征上都和 $item\_id_2$ 非常相似。按照常理来看，这两个物品如此相似，这个特征是应该能够泛化到这个新物品上发挥作用的，但由于 ID 类特征的特点，ID 之间无任何共享关系，这是无法做到的。

（5）模型信息总结提炼难度大

前面讲过机器学习模型的用法，除了直接预测结果，还可以使用特征等模型信息对系统进行分析决策。但是由于 ID 类特征都是用户 ID 或物品 ID 级别的，解释起来相对较难，需要较多额外的工作才能得到可解释、可供分析的状态。

要解决这些问题，就需要将 ID 类特征进行降维，也就是将用户和物品的 ID 用更低维、更稠密的信息来表示。以用户 ID 类特征为例，可以用用户的一些属性（例如性别、年龄等固有属性）和标签（例如喜好的类别和标签等）等信息来进行降维。这些属性和标签等信息显然更具有普适性，从而具有更好的泛化能力。在物品侧也是如此，同样可以将物品 ID 用物品的属性、标签等信息进行降维，得到物品的更具泛化能力的表示。然后将二者进行交叉组合，即可得到具有更好的泛化能力的特征。

将这样生成的低维特征与上面提到的 ID 类特征的几个问题进行对比，可以发现低维特征对每个问题都给出了答案：

- 样本需求量变小。低维特征的泛化能力好，在样本中出现的频率更高，因此用少量的样本就能够训练出效果好的模型。
- 数量大大减少，工程实现难度降低。
- 能够更好地应对数据稀疏性。降维后的特征能够在更多的样本上出现，稀疏性显著降低，一个特征可以用来训练的样本量也显著增多，可训练出置信度更高的特征参数。对于一些长尾物品的 ID，降维后效果更加显著。
- 特征泛化能力更好。低维特征牺牲了一定的偏差，换来了更低的方差，也就是具有更好的泛化能力。在线上预测时的表现就是一个特征可以命中很多预测样本，为其提供决策支持。
- 特征抽象度高，更易总结提炼。整体来讲，降维后的特征可解释性更强，更适合给非技术人员参考，用来支持其他业务决策。

可以看出，高维特征和低维特征之间存在着权衡取舍，在实际系统应用中通常会将两者进行结合，高维特征用来增强行为丰富的用户的细致体验，低维特征用来覆盖行为不足的用户和物品。例如，Airbnb就在搜索系统的embedding特征设计上同时使用了细粒度的ID级embedding和粗粒度的属性级embedding[1]。当系统资源不足时，也可以使用更多的低维特征来做出合理的取舍，在资源支持跟上之后再逐步使用ID类特征。这种粗细粒度特征的权衡取舍，是在机器学习系统中经常要面对的问题，对应的取舍技巧需要掌握。

5. 交叉特征的优选

在构造交叉特征时，通常有两种做法：一种是笛卡儿积方式；另一种是交集方式。对于一组用户特征 A 和一组物品特征 B，笛卡儿积方式是为 A 中的每个元素 a 和 B 中的每个元素 b 的组合都生成一个特征；而交集方式是只为 a=b 的情况生成一个特征。

笛卡儿积方式生成的特征量大、描述能力强，但在工程方面要求高，压力也较大。而交集

---

1 Mihajlo Grbovic and Haibin Cheng. Real-time Personalization using Embeddings for Search Ranking at Airbnb. In Proceedings of the 24th ACM SIGKDD International Conference on Knowledge Discovery & Data Mining (KDD '18). ACM, New York, NY, USA, 2018: 311-320. 链接 13.

方式生成的特征量虽然通过设置条件大大减少了，但留下的可以认为是笛卡儿积中最有效的一部分，因为用户在看到他之前看到过的特征时总会表现出更强的点击欲望，因此可看作在资源受限的情况下选择了一个性价比更高的子集。根据这两类交叉特征的特点，可以在系统开发时先使用交集方式生成特征，快速拿到结果，构建起系统流程，等到工程能力和资源跟上之后再使用笛卡儿积方式获得更高的效果增益。

图 5-1 展示了上面介绍的几种不同的特征构造方式，以及它们的特点和相关关系。

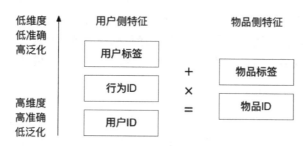

图 5-1　特征构造方式

在图 5-1 中，将特征构造拆分为三个元素：用户侧特征、物品侧特征和特征的使用方法。用户侧特征和物品侧特征的含义如上所述，其中用户标签是一个非常广泛的概念，包括用户的属性类标签，如性别、年龄等，也包括用户的喜好，如喜欢的类别或标签等，还包括对某种标签的点击率特征等。使用方法中的"+"表示特征不做交叉，单独使用；"×"表示笛卡儿积特征交叉，"="表示交集特征交叉。读者可参考此图对上述文字内容进行更深入的理解。

6. 常用的特征工程方法

上面介绍了特征设计的一些整体原则和套路，下面介绍一些常用的特征工程方法和技巧。

（1）快速构建基线版本特征

严格来说，这一条并不算是方法或者技巧，而是指导原则，说的是在构建第一版模型时，先不必纠结于特征是否足够和完备，特征工程是否做得足够好，更重要的是给出一组包含了基本业务信息的特征，在这组特征的基础上进行模型训练、评估和上线。不仅特征是这样的，前面提到的样本处理，还有后面会提到的模型训练都应该遵循该原则，这也可以称作机器学习系统的MVP原则 [1]——首先构建整个系统的所有组件和pipeline，跑通流程，然后在这个pipeline上

1　MVP（Minimal Viable Product），即最小可行产品，指的是可满足某一功能的最简单产品形态。

进行细致的优化。

（2）业务规则特征化

前面讲过，已有的非机器学习系统可以提供给我们很多可用的业务规则，这些业务规则都可以作为模型的特征。其实更进一步地讲，业务规则特征化这件事情，不仅是"可以"做的，而且是"应该"做的，这是一种更提倡的做法。换个角度来讲，系统中存在的、参与到与模型决策相同目标中的业务规则，都应该尽量将其特征化，尤其是一些复杂规则，更应该如此。这样可以使规则的取值更合理，更好地适应变化。从方法上讲，应该使用业务规则提供趋势，然后用模型学习来确定取值。例如，我们知道价格越低的商品越容易被点击，这是趋势，但是具体多少钱的商品会导致多少的点击率变化，这个具体的取值就需要模型来学习了。

（3）数值特征缩放（scaling）

缩放是对数值特征常用的一种处理方法，它所处理的问题是一个模型中不同的数值特征会具有差异较大的取值范围，例如，在商品点击率问题中，一个特征是商品价格（单位是元），另一个特征是历史浏览量，前者的取值多数可能在几百元以内，而后者的取值可能会高到百万级别。缩放指的是将这些特征的取值都映射到同一个范围内，通常是[0,1]或[−1,1]。缩放会带来如下一些好处：

- 提高计算的稳定性。如果不做任何处理，浏览量特征的波动会对预测结果产生很大的影响，而且如果要对两个特征向量计算相似度的话，计算结果也会被取值范围大、波动大的特征所左右。缩放后有利于结果的稳定性。
- 提高收敛速度。在一些基于梯度的优化方法以及 SVM 算法中，特征缩放对模型的收敛速度也会有促进作用。
- 提高模型的可解释性。在线性模型中，缩放后的特征由于在取值范围上趋于一致，因此就可以使用它们的参数大小来评估其重要性。这对于模型的分析和推断都有着重要的作用。

对特征进行缩放的方法有很多，比较常用的是以下几种。

- 单位长度缩放：$x_{scaled} = \frac{x}{||x||_2}$，其中$||x||_2$是特征向量的 L2 Norm，也就是常用的向量长度。这种缩放的效果是整个向量长度为 1，适合特征向量全部或大部分为数值类型的情况。
- 标准化：$x_{scaled} = \frac{x-\bar{x}}{\sigma}$，其中 $\bar{x}$ 是特征的样本均值，σ是特征的样本标准差。这样缩放后的特征值具有 0 的均值和单位方差，对于后续的数值处理更加友好。
- 最小最大缩放：$x_{scaled} = \frac{x-x_{min}}{x_{max}-x_{min}}$ ，其中x_{min}和x_{max}分别是该特征取值的最大值和最小

值。通常会对最大值做上限限制，以防止出现超级大的最大值导致缩放后数据都异常小的问题；最小值同理。这种缩放将原始数值线性映射到了 0~1，同时保持了原始的线性关系。

- 百分位化：$x_{\text{scaled}} = \dfrac{\sum I(x_i < x)}{N}$，其中 N 为样本总量。这种缩放将原始取值变换为该取值在全局取值中的百分位取值，本质上是一种排序信息。就如同中位数比平均值更加稳定一样，这种缩放比前面几种方法更加稳定，不用对异常值做特殊处理。但缺点是只保留了排序关系，去除了具体的数值信息。

（4）特征离散化

对于数值特征来说，除了缩放，在应用于线性模型时，常常还会对其进行离散化。所谓离散化，指的是将一个数值特征根据取值映射到多个离散值上，然后把这些离散值作为真正使用的特征，最常用的就是 One-Hot 编码技术。对数值特征进行离散化的目的，是引入更多的非线性因素，使模型具有更强的拟合能力。例如，我们用一个人的月收入来预测他会不会产生信用卡逾期，如果把收入特征直接放到线性模型中使用，则可以得到一个结果：收入越高，违约概率越低。并且由于使用了线性模型，因此就会得到该特征的权重。但是当一个人的收入高到一定程度之后，收入的继续增加就不会对违约概率造成明显差异了，例如月收入 10 万元和月收入 20 万元的人，在违约概率上基本是相等的。对特征做了离散化之后，会得到特征的分段取值，收入从 10 万元到 20 万元的样本可能会被归为一类，得到一个特征权重，而这个权重与收入从 5000元到 10000 元的特征对应的权重是不一样的，也就是将一个线性特征变成了多个线性特征，引入了非线性更强的拟合能力。

对于 One-Hot 编码的离散化方法，最核心的问题就是如何决定离散化的映射区间，而这又可以拆解为两个问题：一是决定要离散化到多少个区间；二是如何决定区间的分界点。对于第一个问题，在实际中更多的是一些经验值，一般可以尝试 10 或 20 这样的取值。这中间的平衡点是区间数越多，非线性越强，但是区间内数据就会越少，可能会造成训练不足的问题，而区间数越少则反之。所以在实际中可以先从经验值入手，再根据稀疏性和非线性来调节。对于第二个问题，简单、实用的方法包括等宽和等频两种，等宽指的是将区间进行均匀划分，而等频指的是使划分后每个区间内的样本数量相等。还有一种可以一次性解决这两个问题的方法，就是使用决策树来进行区间划分，也就是将这个特征作为决策树的唯一特征进行训练，得到的节点便代表了划分的区间和数量。这种方法还有一个好处，就是它每次划分时都遵循信息增益最大化的原则，所以得到的划分区间会具有更强的区分能力。但这种方法实现起来较为复杂，在大量特征的使用上比较困难，所以可作为低优先级的方法，作为后续的优化策略进行尝试。

（5）组合特征的使用

如前面所介绍的，组合特征指的是将两个或多个原始特征或者单维度特征进行笛卡儿积运算，生成一组组合特征。例如，将性别和职业进行组合可能会得到：男性&程序员、女性&程序员、男性&产品经理、女性&产品经理……这样一组组合特征。组合特征能够引入非组合特征无法描述的信息，在以线性模型为代表的模型中起着非常重要的作用。组合特征的挖掘和优化在特征工程中占了很大的比重，在推荐系统这样的涉及用户和物品两个方面的场景中更是如此，在这种场景中，如果只使用与物品相关的特征，则会推荐出很多热品、爆品，而这些商品其实并不需要利用推荐系统来得到曝光；如果只使用用户特征，那么将得不到用户对于具体物品的偏好信息，只能得到个体的整体偏置信息。而使用了组合特征之后，将更有利于挖掘用户和物品之间的关系，推荐出与用户相关的物品，而不是全局热品，可以有效缓解推荐过多热品、爆品的问题。

在组合特征的使用中，需要注意两个问题：第一，如果要使用 A 和 B 的组合特征，那么 A 和 B 本身也需要包含在模型中；第二，选择用来进行组合的特征组合起来后要具有可解释的意义，否则这些特征不仅会浪费计算资源，还可能会拟合到噪声而不是信号，从而影响模型的效果。

（6）特征稀疏性处理

数据稀疏性是一个有着广泛内涵的概念，在特征处理方面，特指特征对于样本覆盖的稀疏性，也就是某个特征只能覆盖少量样本的情况。原因是：在一部分情况下是由于数据缺失导致的，在其他大部分情况下是由于引入了类别（categorical）特征以及大量是组合特征导致的，尤其是单维度离散化后再次组合的情况。例如，一个特征是用户对某类别商品的历史点击率，另一个特征是某商品的价格。一种常用的特征处理方法是先将这两个特征分别进行离散化，然后将离散化后的特征再进行组合，得到一组组合特征，其中具体某一维的含义可能是"用户对该类别商品的历史点击率在 0.1 和 0.2 之间 & 该商品的价格处于 50 元到 100 元之间"。可以看出，这样的组合特征描述的信息是非常细致的。这样做的好处是可以捕捉到很细致的（specific）信号，对于提升模型的描述能力是有帮助的。其带来的问题是可能会导致某些特征覆盖的样本量非常少，如果只有少部分特征出现这种情况，属于正常情况；但如果大量特征在离散化+组合之后都只能覆盖很少的样本（例如少于 100 条），那么就会对模型训练产生较大的影响，因为模型的学习效果和对应的样本量有着直接的关系，若某个维度上的样本过少，这一维度特征的学习效果就会不好。所以在处理可能出现稀疏性问题的特征时，一定要计算对应的样本覆盖情况，以免出现大量训练不充分的特征。在以 R 为代表的传统统计软件中，在训练出模型时能够同步得到一个特征的显著性和置信区间，这两个信息其实和特征对应的样本量有着直接关系，但是在互联网大数据的场景下，大家对这个属性已经不是非常关心了，常用的软件工具也不会给出对应的结果，所以就需要算法工程师做好这部分工作，以防落入陷阱。

但这并不代表不能使用大量的交叉特征，这里面的关键点在于，好的组合特征具有以下两个特点：

- 每个特征只适用于一小部分数据，但绝对数量也不会特别少。
- 这些特征加起来的整体覆盖率较高，例如超过 90%。

只要满足这两个特点 [1]，就可以大胆地使用交叉特征。

与数据稀疏性相伴而生的是特征的高维度，这会带来两个问题，第一个是对模型效果的影响，也就是上面提到的问题，这个问题也被称作维数灾难（curse of dimensionality）；第二个是对训练性能、预测性能、存储量等的影响。一旦出现了这样的问题，除了借助正则化等训练技术消除一些无用的特征，减少整体特征量，通常还需要对特征做一些处理，这些处理一般被统称为降维处理，其目的就是为了降低特征的维度，以解决上面提到的问题。从思路上讲，可分为基于业务的降维方法和基于算法的降维方法。所谓基于业务的降维方法，就是根据具体业务对特征进行删减或聚合，其中最常用的是聚合类的操作，例如，将商品所属的类别从三级类聚合到二级类，或者将一些细粒度属性变为粗粒度属性，以此来减少特征的数量。这样的做法简单、易行，但也有着明显的缺点：

- 在很多场景下并没有明显可用的用来聚合特征的业务规则，典型的如大量文本标签特征。
- 即使存在可聚合业务特征的情况，业务提供的聚合能力通常也是有限的或不灵活的。例如，在一些垂直领域的电商网站中，即使聚合到类别，也仍然会有很多类别达不到当时场景下的降维需求；而在另外一些电商场景中，一级类可能是 20 个，二级类可能是 300 个，这就意味着根据业务来降维的话就只能选择这两个之一，而不能选择更加灵活的选项。
- 业务规则给出的聚合方法，并不一定能完全捕捉到数据中存在的关系信息。例如政治和历史这两类书籍，虽然分属于不同的类，但是它们之间有着很强的相关性，如果完全按照业务类别来做聚合划分，就会丢失这样的相关性信息。

在面临以上这些问题时，还有一类降维方法可以使用，就是基于算法的降维方法，其中常用的有 PCA、LDA、SVD、embedding 等方法。PCA 的思想是将原本高维的特征组映射到一个

1　参考 *Rules of ML* 第 19 条。

低维的特征空间，要求是在此低维空间中数据的方差得到最大化，而这里的方法就可以被看作原始特征中信息量的一种表示方式；LDA 代表了一类文本主题模型，这类模型将原始的文档到词的关系重构为文档到主题以及主题到词的关系，使得我们可以用文档的低维主题特征来替代词的高维特征；SVD 和 embedding 是两类方法，但都可以被看作针对不同的优化目标找到原始高维特征的低维表示，在模型中用这类低维表示特征来替代高维特征。这些方法的细节不在这里介绍，需要理解的是，这些方法的目的都是为了找到原始高维特征组的一个低维表示，同时对信息量做到尽量保存。这些方法的共同特点是不依赖业务规则，同时具有较好的灵活性。此外，像 LDA 等具有语义特点的特征，还能够捕捉到可解释的主题间关系，用于解决上面提到的分类相关性问题。但使用这些方法显然难度要更大一些，因为涉及一些计算和训练，还有一些参数的调整实验，以及效果的检查确认。

在实际应用中，这两类降维方法一般都会用到，各自发挥自己的长处，联合起来可以捕捉到相对较全面综合的信息，为模型提供综合可用的特征组合。

（7）处理位置偏差

物品在推荐列表中的展现位置与物品的点击、购买等转化情况都有着很强的关系，物品的展现位置越具有优势，例如竖向列表的第一位或横向列表的第一位，在同等条件下就越容易产生点击或购买，这就是所谓的位置偏差（position bias），在特征处理和模型训练、预测中都需要对这种偏差进行处理。在特征处理中，容易受到影响的就是点击率、转化率等特征，因为这些特征与位置有着最紧密的关系。以点击率特征为例，常用的一种做法是计算出每个位置 i 上的平均点击率 ctr_i，然后在统计点击数时，将原本会被计算为 1 的每次点击统计为 $1/ctr_i$，再计算对应的点击率。这样做本质上是对展现位置优越的物品进行惩罚，对位置不好的物品进行补偿，可以在一定程度上剥离掉位置带来的差异，进而对因为位置偏差造成的差异进行补偿。此外，在模型训练维度上，可以将位置本身作为一组特征加入模型中，来学习位置对点击率造成的影响。在后面的模型预测中，将所有待预测样本的位置特征均设置为 0，或者都设置为最好的位置对应的特征，以此来公平对待所有待预测样本的位置信息[1]。

（8）特征效果查看

前面讲的都是在模型训练之前如何处理特征，其实在模型训练完成之后，有必要对训练完成的特征效果进行查看，尤其是当模型效果未达到预期时，这种查看尤为重要。查看特征效果主要有三个目的：第一，查看训练完成后重要性最高的特征是哪些，是否符合预期，是否出现

---

1 参考 *Rules of ML* 第 36 条。

了一些意料之外的重要特征，这些特征的出现能否得到合理解释；第二，根据业务判断的预期重要性高的特征，是否真的得到了高的重要性，如果不是的话，原因是什么；第三，在以推断（inference）而不是预测为主要应用的场景下，哪些特征有效以及这些特征的重要性程度是模型训练的最主要意义和目的。所以，通过对特征效果的查看分析，可以对模型是否正常运行做一定程度的确认，如果发现存在问题，则可以从特征的角度入手来检查特征处理、样本处理等环节是否有问题。

7. 深度学习模型中的特征工程

讲完特征工程的通用方法和思路，再来看一下深度学习系统中的特征工程问题。深度学习在刚刚进入推荐系统领域的时候，有一种观点认为相比于传统的浅层模型，它的优势在于能够自动化地进行特征工程，从而替代大量人工特征工程的工作，尤其是特征交叉的工作。这种观点并不全对。前向神经网络的最典型结构是多层感知机（Multi Layer Perceptron，MLP），这种结构本质上就是多层的逻辑回归叠加起来，在每一层向下一层输出的时候又经过了一层非线性变换，而正是这种非线性变换使得 MLP 模型有了一定的类似于特征工程的特征加工能力，给人一种具有了特征交叉能力的感觉。但如果对 MLP 的具体结构进行分析就会发现，它的这种特征交叉能力只是一种副作用，在推荐场景下，MLP 最重要的意义在于表征学习和特征降维，也就是将千万甚至上亿级别维度的稀疏特征降维到通常是百级别的低维度空间上。这样做有两个好处：一是可以有效提升模型的泛化能力，让模型不再只拥有单纯的记忆能力，而是有了更好的泛化推理能力；二是将维度有效降低可以让学习过程更简单，对样本数据量要求更小，同时也可缓解线上预测时的计算压力。

MLP 为什么可以提升模型的泛化能力呢？所谓泛化能力，通俗地讲，指的是面对训练中没有见过的情况时模型的预测能力。具体来说，MLP 可以解决"传统特征交叉技术无法覆盖预测时未见过的交叉组合"的问题。例如，在训练集样本中，如果只有"男性×程序员"这样的交叉特征，则无法覆盖线上出现的含有"女性×程序员"特征的样本，那么一旦线上出现了这样的样本，模型对这条样本的预测能力就会受影响。MLP 模型，更具体地说是嵌入技术，通过将男性、女性、程序员等这些 ID 类特征从高维稀疏特征变为低维稠密特征，使得即使训练时没有见过"女性×程序员"这样的组合，在线上预测时也仍然可以使用"女性"和"程序员"这两个 ID 特征对应的嵌入表示来进行预测，并且这种低维的嵌入表示仍然能够提供较好的信息量，因此可以提升模型的泛化能力。为了更好地理解这里的泛化能力，可以想象一种场景，在这种场景下，训练集中的交叉特征可以完全覆盖预测集中的交叉特征，且分布大致相同，那么 MLP 对于模型的提升就会小很多，因为此时模型对于泛化的需求很小。但遗憾的是，推荐场景是这种场景的典型反例，因为有大量的 ID 类特征，因此特征组合的可能性太多，无法在训练集中完全覆盖，所以 MLP 才会有比较大的增益。MLP 模型为了完成提升泛化能力这一目标，并不需要具有特征交叉能力，那么根据机器学习的特点，没有引导要求 MLP 自然也就不会去学习对它来说没有用的东西。关于这方面的进一步讨论，可参考"链接 66"中的文章《漫谈表征学习》。

可以看到，MLP 并不是特征工程的"银弹"，它最大的作用是解决特征稀疏这一大类问题，而特征交叉并不在它的能力优势范围之内，因此在应用深度学习模型时，还是需要一定量的特征工程的，典型的如特征交叉的工作还需要单独进行考虑。例如在 Wide&Deep 模型中，Wide 部分就是将 ID 类特征进行交叉得到的，在 DeepFM 模型中也使用了 FM 机制对特征进行交叉。可见，即使在深度学习模型中，特征交叉也仍然是很重要的一个环节。上面讲到的相关技术和思路在这些场景中仍然适用，深入理解这些技术和思路的本质，以及它们在深度学习模型中的作用原理，对于更好地实现和利用深度学习模型也至关重要。

8. 特征工程的实现

上面讲到的所有特征的设计和处理方式，到最后都需要落地到实际系统中，在这个过程中使用什么样的方式关系到最终特征的正确性，进而对模型的效果也有着很大的影响。

首先，需要明确的一点是，特征系统不仅服务于正式生产阶段的线上预测，还服务于研发探索阶段的模型实验。机器学习系统典型的开发流程都是从实验探索开始的，在这个阶段开发的特征极有可能就是最终使用的特征，而这个阶段的开发流程规范相对较弱，工程师写代码又比较随意，这就导致特征真正上线时会遇到很多问题。因为面向实验探索的开发和面向线上生产的开发完全是两种类型的开发流程，前者完全没有考虑到后者的需要，这就导致前者开发出来的特征后者在使用时常常会遇到问题，进而需要重新开发。这不仅会导致工作重复，更重要的是极有可能会引入逻辑不一致问题，即同一个特征探索时的开发逻辑和线上使用时的开发逻辑不完全相同，进而导致模型效果变差。所以，特征系统首先要保证的一点，就是能够同时服务于探索开发、例行训练和线上预测，而不是只能服务于某一个阶段。当然，在刚刚开始做机器学习系统时，由于各种客观原因的存在，可能无法实现这一点，导致工程效率比较低，但一定要知道，这是实现一套优秀的特征系统最关键的一点。表 5-1 中展示了机器学习的不同阶段对特征的不同要求。

表 5-1　机器学习的不同阶段对特征的不同要求

流程阶段	核心要求
探索开发	特征灵活、快速生成
例行训练	特征取值正确
线上预测	特征取值与离线的一致

　　其次，这套特征系统无论服务于哪个阶段，都需要保证的一点，也是特征系统中最容易忽略的一点，就是一定要解决特征和样本的时间对齐问题。所谓时间对齐，指的是假如一条样本产生的时间是 T，那么该条样本上特征的取值需要和在 T 时计算该特征得到的值一样。例如，用户在某日 8:00 产生一条样本，那么该条样本上的某点击率特征，如被点击物品的点击率特征的取值，需要和在 8:00 计算点击率特征得到的值一样。这看起来像一句废话，但在实际系统中如果不加以注意，很多时候是做不到这一点的。

　　机器学习中的特征可粗略分为两大类：一类是长期相对保持固定的特征，例如性别和用户的长期兴趣等；另一类是对时效比较敏感的短期特征，例如短期兴趣和点击率特征等。其中第一类特征的产生比较简单，可以离线定期计算，因为这些信息长期保持不变，对于上面的例子，即使在 10:00 甚至更晚的时间进行计算，得到的结果和在 8:00 计算得到的结果也是一样的，或者说几乎一样。但是第二类特征就不是这样了。例如，我们在当天晚上统一收集样本，然后对这批样本统一计算特征，如在 23:00 启动作业计算特征。这时候问题就来了，这条样本对应的是 8:00 产生的行为，在 23:00 计算点击率时，和在 8:00 计算点击率的结果肯定是不一样的，因为 23:00 的计算同时包含了 8:00—23:00 产生的行为。再看一个更极端明显的例子，在二手交易中有一个特征是卖家当前是否在线，对于这个特征如果使用同样的方式离线统一计算，是很难得到卖家当时的准确在线情况的。这就是样本和特征时间没有对齐的问题，这种不对齐会向模型传递错误的信息，导致训练结果出现偏差，进而影响线上预测效果。具体如何影响模型效果留给读者自己去思考，思考清楚这个问题对于更深刻地理解机器学习很有帮助。

　　充分理解特征时间对齐的问题之后，很容易想到一种直观的解决方法，就是在样本产生的时候立刻计算时效性特征并记录到日志中，这样得到的特征最准确。像上面提到的卖家当前是否在线特征就可以通过这样的方式记录下来。但更多的实时特征，例如大量的统计类特征，是无法在一瞬间计算完成的，这就需要使用实时数据流的方法来持续累积相关统计量，这样在样本产生时就可以直接获取并记录了，比如可以使用 Spark 或 Flink 等实时计算框架来进行计算。

　　这种使用实时数据流作业记录特征的方法，可以解决数据准确性的问题，但也不是完美的方案，它带来的最主要问题是任何新特征在使用之前都需要在线上先进行收集记录，然后才能使用。这必然会导致实验探索的迭代效率的下降，同时可能还需要额外的开发才能将这个新特征记录下来，而此时我们还不知道这个新特征究竟是否有用，如果事后证明没有用，那么这部分的开发工作就白做了。此外，即使上线了这个记录新特征的服务，也可能会记录下比实际所需更多的样本，因此在探索训练时要对样本进行选择。

　　有一种折中的方式，可以同时确保特征时间的对齐和迭代效率的提升，那就是构造一组服务，例如用户的浏览历史服务、购买历史服务等，这些服务可以是离线的也可以是在线的，在构造特征时请求服务得到特征，然后将时间 T 之后的行为进行过滤，计算得到满足时间对齐要求的特征。但这种方式无法解决上面提到的"卖家当前是否在线"这样的问题，因为这类信息只有当时请求能得到当时的结果，无法提供时间回溯功能。所以，如果要使用这种方式，需要与实时请求记录日志的方式相结合，共同形成对所有特征的覆盖。

上面的方法已经可以解决时间对齐的问题，并支持一定程度的离线迭代。而离线迭代还有提升的空间——主要在生成历史特征的部分。在上面的方法中，历史特征需要离线或在线全量处理历史数据从头加工，这显然计算量很大，遵循计算机中最本质的"空间换时间"的原理，我们可以用更大的存储空间来换取更快的处理速度。具体来说，可以周期性地对特征做镜像保存，例如，以天为单位进行保存，这样在回溯历史特征时，就不需要完全从基础数据开始加工了，而是可以利用最近的镜像数据，在镜像数据的基础上进行增量加工即可，这极大地提高了迭代时特征回溯的效率。

上面介绍的特征系统的架构简图如图 5-2 所示。

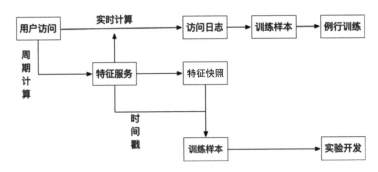

图 5-2　特征系统的架构简图

图 5-2 所示的架构简图主要突出了以下几个重点概念。

- 在例行训练流程中，应尽量实时记录特征，包括统计类特征和状态类特征，以此来解决特征时间对齐的问题，得到最准确的特征取值，进而得到最好的模型训练效果。尤其是状态类特征，只有通过实时获取才能记录下准确的取值。
- 在实验开发流程中，可以通过定期保存特征的快照（snapshot）来得到最高的迭代效率，以及迭代效率和数据准确性之间的平衡。
- 在实验开发和例行训练流程中，使用同一套特征服务，或者叫特征生成器，以此达到线上线下特征统一的目的。

然而，这一套做法并不是特征系统的终点，Netflix在此思想的基础上构建了一套特征系统的"时间机器"[1]。在这套系统中主要包括四大部分：

- 定期运行作业生成特征快照。
- 通过快照系统按需生成特征的 DeLorean 模块。
- 使用 DeLorean 模块进行实验开发。
- 使用 DeLorean 模块结合实时特征记录的方法进行模型部署和线上调用。

首先来看基础的快照生成模块，也是时间机器的基础组件，其架构图如图 5-3 所示。

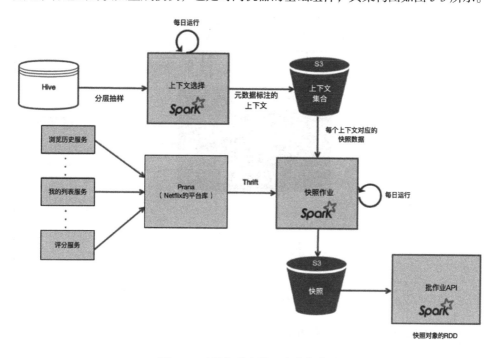

图 5-3　时间机器之快照生成架构图

整个架构分为两部分：上面的部分负责样本生成，下面的部分负责特征生成。样本是通过指定上下文（context）来生成的，生成的关键点在于使用分层抽样（stratified sampling）来保证样本具有足够的代表性。在特征生成部分只是将特征获取服务汇总到了一个叫作 Prana 的库中。这个流程每天运行一次，生成天级别的样本+特征快照信息。

生成了特征快照之后，下一步是根据快照构造出所需要的特征，在 Netflix 系统中生成特征

1　参见：链接 14。

的模块叫作 DeLorean,其架构图如图 5-4 所示。

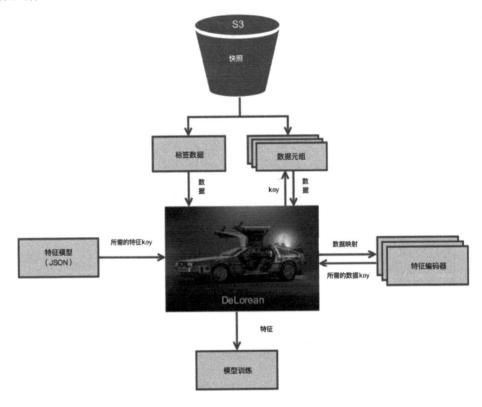

图 5-4　时间机器之 DeLorean 模块架构图

DeLorean 模块的核心功能是根据配置信息为研发人员自动生成所需要的特征,研发人员只需要提供:

- 生成样本对应的上下文。
- 包含特征编码器的特征模型。
- 库中未包含的新特征的生成方式。

DeLorean 模块会根据研发人员输入的上下文来生成原始样本,然后通过指定的特征编码器来得到对应的特征,在这些特征中如果有库中已实现的,就可以直接获取;如果有未实现的,则根据输入的新特征的生成方式来生成。最终得到带有全部特征的样本供模型训练使用。

有了生成快照的模块,以及基于快照快速生成特征的 DeLorean 模块之后,就可以基于这些快速地进行实验探索开发了,其流程图如图 5-5 所示。

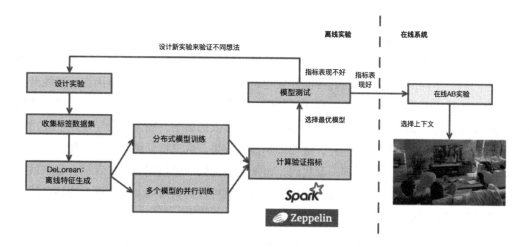

图 5-5　时间机器之实验探索开发流程图

实验探索开发的核心点在于将 DeLorean 模块集成到了高效的交互式开发环境中，由于特征的加工是线下实验开发中最耗时，也最容易出错的地方，所以 DeLorean 模块的加入可以大幅度提高整个研发迭代的速度。

最后一个重要部分是基于 DeLorean 模块和共享的特征生成器来实现模型的线上部署和调用，如图 5-6 所示。

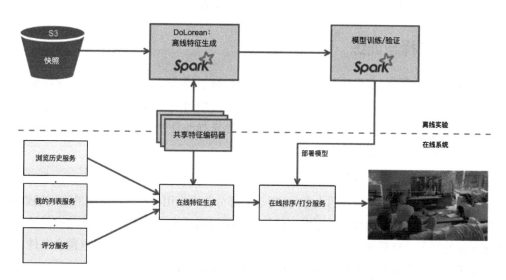

图 5-6　时间机器之模型部署和调用示意图

图 5-6 中的大部分内容在之前的几个模块中都出现过，无须多说，其中最需要关注的是"共享特征编码器"部分。共享特征编码器中的"共享"指的是该编码器在离线开发（包括例行作业和探索开发）和在线预测中共享，这样做的好处是保证了一个特征在不同阶段生成时使用的逻辑是相同的。不同阶段使用不同的特征开发逻辑是很普遍的现象，主要原因在于离线开发模型的工程师和线上开发预测服务的工程师不是同一批人，使用的语言工具不一样，甚至使用的原始数据也不一样，而这种不一致会给模型效果带来很大的影响，因为这会导致线上使用的特征与模型训练时使用的特征产生差异，进而影响预测效果。共享特征编码器的出现，使得离线特性和在线特征生成时使用的是同一套代码，再加上使用同一个数据源，二者结合起来就可以保证线上线下特征的一致性。有了这一层保证，我们就可以确认离线开发的模型能够在线上发挥百分之百的效果而不打折扣。

这一节主要介绍了特征系统的基础架构，然后以 Netflix 的时间机器系统为例，介绍了一个更为完善、合理的特征系统的架构。需要指出的一点是，要做出像时间机器一样完整的系统是需要大量经验和工程能力积累的，在系统建立初期可不必过分追求。线上线下特征不一致，或者特征时间不对齐，虽然会对效果产生影响，但也不是完全不可接受的。机器学习模型本身是具有一定的容错能力的，特征值即使不是百分之百正确，也能够发挥出相当一部分能力，对于业务也是有价值的。系统是逐渐演化的，重要的是知道好的系统是什么样子，如何从当前系统逐步升级过渡到好的系统，不可抛开业务需求，过分执着于技术本身。如果过分执着于技术本身，而忽视了业务发展的需要，就是买椟还珠，本末倒置。

5.3.5　模型选择与训练

搭建机器学习系统的工程师会面临一个非常难以抗拒的诱惑，即复杂模型、深度模型的诱惑，这个诱惑会让工程师希望能在自己搭建的系统中使用到一些高级的模型。有这种想法的工程师一定是追求进步的工程师，但具体系统中的模型选择涉及很多方面，因此不能全凭理想和情怀来进行选择，需要综合考虑多方面因素。

第一，最重要的是搞清楚在整个系统中当前投入产出比最高的事情是什么，这个问题的答案在很大程度上决定了模型选择的大方向。对于大部分首次应用机器学习系统的应用场景来说，第一版系统的意义主要是用机器学习模型替代已有的规则系统，验证这种做法的有效性，找到或验证关键特征等。概括起来，其核心就是快速且有效，如果不能同时满足这两个条件，系统的后续推进将会受到很多方面的阻力，其中最可怕的可能就是来自老板的质疑。反之，如果第一版系统能够快速有效地构建并验证想法，后面就可以有较为宽松的环境来继续优化系统了。

第二，需要考虑系统的预期承载压力和性能要求。所谓预期承载压力，指的是系统上线后在单位时间内需要处理的请求数。如果系统是以离线方式上线的，也就是预测需求是定时批量处理的，那么这个问题就相对简单些；但如果像推荐系统一样以实时处理请求的方式上线的话，那么就需要认真考虑这个问题，同时需要考虑实时处理的性能要求。对于一个典型的推荐系统来讲，实时处理的性能要求通常都在 100ms 以下，也就是说，留给处理一个推荐请求的时间是小于 100ms 的，而这其中包括了候选集召回、结果排序、物品信息获取等环节，真正留给机器学习系统用来做模型预测的时间会更少，例如可能只有 30ms 左右。在这种比较严苛的性能要求下，必须重视模型的预测性能。具体来讲，在模型结构上越是简单的模型，实现预测时所需的操作越少，拆解为工程问题后实现难度越小，也就越容易应对严苛的性能要求。比如逻辑回归模型，作为一个简单的线性模型，其预测过程就是取到一条样本的 N 个特征，以及对应的 N 个权重，接着做一个简单的数学运算就可以得到预测结果。从程序设计的角度来看，就是 $O(N)$ 级别的查表操作，再加上一个数学运算操作，可以说是非常简单了。再比如以决策树为代表的树模型，其预测过程是不断地在分裂节点上做条件判断，这个过程可以很直观地被变换为一组 if else 操作，其实现效率也非常高。虽然这背后还有很多实现细节，但是预测操作的主线逻辑是非常简单、清晰的。上面两个例子的共同特点是将模型的预测操作转换为"大量重复的简单操作"，例如，在逻辑回归模型中是大量的简单查表操作，而在树模型中是大量的简单 if else 操作。而对于更复杂一些的模型，例如基于深度神经网络的模型，其预测操作的工程化更为复杂，无法拆解为上面两个例子中的"大量重复的简单操作"，需要做更多的设计和优化才能够满足性能要求。所以说，在团队整体人力，尤其是工程方面人力不足的情况下，在选择模型时要将工程化难度纳入重点考虑范围内。

第三，需要评估模型可解释性的重要性。模型的可解释性指的是预测过程和原理是否可以用相对简单明了的通俗语言向非专业人士进行解释，例如某个特征值大于多少时预测概率会倾向于更大之类的解释。在不同的应用场景下，模型可解释性的重要性不尽相同。在推荐系统这种相对更加追求效果的场景下，对可解释性的要求并不是很高，换句话说，模型可以相对更加"黑盒"一些；而在以金融系统为代表的场景下，不仅需要知道是什么，对于为什么的问题也同样需要关注，这样模型的可解释性就更加重要了。抛开业务需求来讲，一个可以解释的模型对于我们理解业务、优化模型都是很重要的。通常来讲，树模型的可解释性是最强的，因为它本质上就是一组 if else 条件，带有很强的自解释性。线性模型也相对可解释，但是由于可能存在共线性的问题，特征之间的关系并不完全独立，因此单个特征的可解释性并不够强。而深度学习模型由于加入了很多深度抽象的特征，可解释性就变得更加困难。虽然现在学术界也有一些方法和工作可对应用更加广泛的模型做出解释，例如LIME[1]和谷歌一篇文章中提到的方法[2]，但从实用性和可持续性的角度来看，还是建议从模型层面对可解释性进行综合考虑。

第四，需要评估可用的训练数据量和可承载的特征量。如果说模型是房子，那么数据就是砖，有多少砖决定了能盖多大、多复杂的房子。如果数据量比较少的话，不仅支撑不起复杂模型，可能连复杂特征都无法支撑。在这种情况下，只能先使用简单模型和简单特征，然后随着数据的积累再对模型和特征进行不断丰富及强化。

上面讲的是在模型层面选择时需要考虑的一些因素，在决定了使用何种模型之后，还面临一个问题，就是对具体训练工具的选择。现在互联网上可供选择的工具非常多，这些工具可分为两大类：一类是单机工具，如 liblinear、XGBoost 等；一类是分布式工具，如 Spark MLlib、分布式 XGBoost 和一些 Parameter Server 的实现等。此外，TensorFlow 等开源工具也越来越成熟。在这方面经常会遇到的一个问题就是，要不要使用分布式训练工具和平台？在单机工具和分布式工具之间做选择时，一方面需要考虑单机工具的数据承载能力，另一方面需要考虑对分布式工具和平台的掌控能力。以训练线性模型最常用的 liblinear 为例，其单机可以承载千万级的样本量，这个量级对于大部分中小企业的业务来讲都是够用的，而且它还能提供非常好的训练精度。而 XGBoost 在单机上可以进行多核并行训练，其可承载的数据量也是非常可观的。此外，从易用性上讲，单机工具一般也会比分布式工具更好用、更好调试。这一点不仅适用于训练工具，几乎任何分布式系统的使用难度都会高于单机系统。所以，如果数据量不是非常大的话，还是建议从单机工具入手，在团队人力不是很充足的情况下，尤其是在单机系统可以满足需求的情况下，不建议轻易使用分布式工具和平台。除了对单机工具和分布式工具的考虑，选择工具的主要关注点还包括训练精度、训练速度、可否保存训练进度、模型输出格式等。

随着深度学习技术在推荐系统中应用的不断推广，以及 TensorFlow 等开发和服务工具的不断成熟，逐渐出现了一种"不需要关注实现细节，只需要调用工具"的"拿来主义"形式。诚然，好用的工具确实给工程师带来了很大的便利，但目前机器学习整个行业的发展水平仍然处于初级阶段，大概相当于软件工程 20 年前的水平，大部分东西还不能做到完全的"只管用不管修"。即使使用开源工具，也要对其实现原理有一个大致的了解，以此来确保对工具的熟练运用，尤其是当出现问题或者需要调优时能够知道如何下手。此外，大部分工具本身只能提供模型训练和预测这两个特定的任务，而对于与特征和样本相关的大量工作，以及周边的调试、测试等

1　Marco Tulio Ribeiro, Sameer Singh, and Carlos Guestrin. "Why Should I Trust You?": Explaining the Predictions of Any Classifier. In Proceedings of the 22nd ACM SIGKDD International Conference on Knowledge Discovery and Data Mining (KDD '16). ACM, New York, NY, USA, 2016: 1135-1144. 链接 15.

2　参见：链接 16。

工作，是覆盖比较少的，与这部分工作相对应的工程仍然需要比较仔细的设计和实现。

5.3.6　模型效果评估

在开发完模型之后，还需要对模型进行效果评估。这里的评估包括两个方面：一是对模型本身的评估；二是对模型对系统所产生的影响的评估。所谓对模型本身的评估，指的是从分类预测模型的角度来看，训练出的模型在各指标下表现如何，常用的指标有准确率（precision）、召回率（recall）、F 值、AUC、NE（Normalized Entropy）、校准度（Calibration）等。下面对这些指标进行简单介绍。

准确率和召回率是信息检索领域两个最常用的评估指标，传统上用来评估检索出的文档与应该检索到的文档的匹配关系，其中准确率指的是在召回的文档中应该召回的文档占到的比例，召回率指的是召回的相关文档占全部相关文档的比例。可以看出，要使用这两个指标必须有真实的相关性标签，在推荐系统中通常就是用户的行为标签，例如真实点击或购买数据。F 值是这两个指标的一个权衡融合，可以用一个数字来综合衡量系统在准确率和召回率方面的表现，并且可以根据业务需求来调整这两个指标的重要程度。

但这几个指标在推荐系统中使用得越来越少。首先，与搜索不同，推荐本身是一个泛需求，很难定义什么是真正的准确。严格来说，凡是召回的东西都是有一定相关性的，但如果这么算的话准确率就成了 100%，显然不合理。在信息检索中准确召回通常是针对一组查询来评估的，每个查询对应的正确答案在一定程度上是可以确定的。而推荐中是不存在显性查询的，如果说存在，那么查询就是带有所有上下文信息的用户本身，这时就变成了对每个用户的每次访问评估准确率和召回率。但问题在于，对于每个具体用户，什么是相关的、什么不是相关的，除了用户自己其他人是很难讲清楚的，甚至用户自己也说不清楚。在这种情况下，准确率和召回率的评估也就难以进行。此外，推荐的核心目标是对结果进行排序，而不仅仅是检索出相关的物品，所以在这种情况下，准确率和召回率已经不能很好地反映模型效果的好坏了。

AUC（Area Under Curve）即 ROC 曲线下面积，是在排序问题中更常用的一个指标，这个值越大，代表模型的效果越好，更适用于推荐排序这样的问题。这个指标的好处是不需要指定分类阈值，因为它是对所有分类阈值对应的真阳性率和假阳性率进行积分得到的结果。具体来说，AUC 的积分形式定义为

$$AUC = \int_0^1 P\left(f(x^+) > c\right) dP\left(f(x^-) > c\right)$$

其中，$f(x)$ 是预测函数对于样本 x 计算出的它属于正样本的预测值，x^+ 和 x^- 分别代表正样

本和负样本，c 代表分类阈值。

从积分定义中可以很直观地理解 AUC 的含义，即对每一个假阳性率（图 5-7 中的横轴）对应的真阳性率（图 5-7 中的纵轴）进行积分，得到的就是 AUC，而每一个假阳性率又是由阈值 c 决定的。

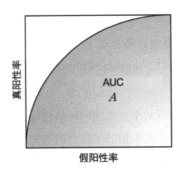

图 5-7　AUC 指标的数值含义示意图

AUC 的原始积分定义看起来比较复杂，计算也比较复杂，但 AUC 还有一个离散角度的解释，更加好理解，也更加好计算。即：它表示我们给正样本打分高于给负样本打分的概率，其概率形式可表示为 $P(f(x^+) > f(x^-))$。

其具体计算公式为

$$AUC = \frac{\sum\limits_{x_i \in \{x^+\}} rank_{x_i} - \frac{M \times (M+1)}{2}}{M \times N}$$

其中，M 和 N 分别代表正样本和负样本的数量，$rank_{x_i}$ 代表将所有样本按照预测值从大到小排序后 x_i 的排序位置。

如果这个值越接近 1，说明越能够对正负样本进行区分，也就说明模型的排序效果越好。基于这些原因，AUC 更适合用来衡量模型排序的效果。需要注意的是，衡量AUC的高低也要结合业务所在的领域来判断，例如，电商推荐的AUC可做到 0.7 到 0.8 的水平，而一些外卖或团购类的业务，由于用户兴趣更加明确，AUC可做到 0.9 以上。行业之间的差异主要和用户做选择时的不确定性有关，决策时面临的不确定性越低，数据中的信息量越大，随机性越小，AUC也就可以做到越高。而一般AUC多高才算高则难有定论，与数据中本身的信息和噪声密切相关[1]。

1　参考文章：《多高的 AUC 才算高？》（链接 17）。

AUC 是从模型预测结果的排序能力对模型进行评估的，而 NE（Normalized Entropy）则是从损失函数优化本身对模型进行评估的。NE 的计算方式是先计算模型计算出的每个曝光的平均 log loss，然后计算如果用平均 CTR 来预测所有样本得到的每个曝光的平均 log loss，最后将二者相除，其具体公式为

$$NE = \frac{-\frac{1}{N}\sum_{i=1}^{N}(y_i \times \log(p_i) + (1 - y_i) \times \log(1 - p_i))}{-(p \times \log(p) + (1 - p) \times \log(1 - p))}$$

所谓的 Normalized 指的就是使用分母上的数值对分子上的数值进行归一化，这样做的意义在于可以去除数据集中本身的噪声对 log loss 的影响。具体来说，如果数据中的平均 CTR（或 CVR）比较接近 1 或者 0，那么同样的优化算法就更有可能得到更好的 log loss。归一化之后就消除了这种影响，同时使得 NE 的数值规模规范到了 0 和 1 之间，越小越好，从而更有利于评估。

最后再介绍一个不同维度的评估指标，即校准度。它所衡量的是模型预测值与真实值之间在整体数值规模上的差异。以 CTR 预估问题为例，其计算方法是样本中的预测平均 CTR 除以样本中的实际平均 CTR，公式如下：

$$Calibration = \frac{\frac{1}{N} \times \sum p(x_i)}{SampleCTR}$$

前面讲过推荐主要是排序问题，更关注以 AUC 为衡量标准的排序结果，那为什么还要关注校准度这个指标呢？从校准度的定义可以看出，它关注的是模型预测结果的数值规模是否与真实一致，而不只是排序位置对不对，这在需要将多个模型结果进行融合的时候尤为重要。如果排序结果只以一个模型的结果为准，那么校准与否的重要性并不高，但如果最终排序结果是由多个模型的预测结果融合得到的，例如，在电商推荐中可能会用预估的 CTR 乘以预估的 CVR 作为排序标准，那么每个模型预测的结果就要尽量保证数值层面的准确性，否则相乘之后含义就发生了改变，在这个时候校准度就非常重要了。同样的道理，在计算广告的场景下，由于最终要根据预估的 CTR 乘以出价来排序，预估的 CTR 的校准度就非常重要。

上面介绍的指标和方法，是用来在模型上线之前对模型本身进行评估的方法。在使用这些方法对模型进行评估后，如果认为达到了上线标准，就需要使用一些线上方法来进行评估，这一轮评估的重点就不仅仅是模型本身了，而是将模型融合到整个系统中之后，系统整体的效果变化。最常用的两种方法是 AB 实验和交叉实验，这两种方法不仅可用于模型效果的线上评估，对系统中任何改动带来的变化都可以进行评估，因此我们将这部分内容放到后面的章节中专门进行介绍。

5.3.7　预测阶段效果监控

上面介绍的是在模型开发阶段使用的评估指标和方法。当模型完成离线评估之后，就可以发布进入预测服务阶段了。预测服务的提供方式可大体分为两类：离线预测和在线预测。离线预测指的是对一批数据离线进行批量预测打分，而在线预测通常指的是以 Web 服务的形式提供服务，实时接收客户端的预测请求，实时给出计算结果并返回。无论使用哪种方式，为了保证预测阶段模型效果的稳定性和一致性，在预测阶段也需要做好相应的监控。

预测阶段的监控可包含以下一些内容。

1. 监控点击率的稳定性

由于机器学习系统的主要应用之一就是点击率预测，因此对点击率的监控是必不可少的。我们关注的核心是点击率的稳定性。这里的稳定性包括如下几个方面：

- 真实点击率的稳定性。这一指标用来发现真实点击率的异常，例如点击率忽然上升或下降。在具体监控中，可监控点击率均值和方差的变化，以及每个区间内点击率的稳定性，例如点击率位于 0.1 到 0.2 区间、0.2 到 0.3 区间的占比等，以便在出现问题时能够快速定位出问题的区间。更进一步地，也可以计算相邻两个区间内点击率分布的 PSI（Population Stability Index，群体稳定性指标）。该指标由 KL 散度衍生而来，是对称平滑版本的 KL 散度，适合衡量两个概率分布的差异。一般来说，PSI 小于 0.1 可认为数据相对稳定。

- 预测点击率的稳定性。这一指标用来发现预测服务结果的稳定性。上面提到的真实点击率发生波动的原因有很多，例如内部的系统错误、外部的 UI 变化等，但是预测点击率发生变化则有很大的概率是因为系统本身和用户发生变化，而如果用户没有发生大的变化，那么有很大的概率是因为系统本身出现问题，例如关键特征的波动等。对这个指标的监控更有助于我们发现问题。

- 预测点击率与真实点击率差异的稳定性。由于使用的模型复杂度不同、训练方法不同、使用的数据不同等原因，预测点击率和真实点击率并不总是非常接近的，但我们希望它们的差异是稳定的，因为稳定意味着模型还在按照训练时的预期发挥着作用。当二者的差异趋于不稳定，差异越来越大时，通常意味着二者的数据分布发生了较大的变化，可能需要重新设计或训练模型来矫正这一差异。在具体比较时可采用 PSI 以及均值、方差等指标。

2. 监控预测 AUC 的稳定性

如上所述，AUC是衡量模型排序能力的主要指标之一，但训练时的模型到了预测时，由于展现偏差[1]的存在，在预测结果上AUC并不一定总是和训练时一致，而且也可能随着时间的推移，线上数据和训练数据差异增大，导致预测AUC逐步变差。因此，对该指标的监控不仅可以用来衡量训练和预测之间的差异，还能够及时发现预测时模型效果的衰减，提示研发人员及时干预，通过重新训练或重新设计模型等方法补偿衰减的AUC。

3. 监控特征覆盖的稳定性

上面介绍的点击率和 AUC 稳定性监控，只能够帮助我们发现模型效果变差这一事实，但并不能告诉我们为什么发生问题，要想知道为什么发生问题，还需要监控上游的核心环节和数据，特征覆盖的稳定性就是其中之一。特征覆盖的稳定性有两个维度的含义：第一个维度指的是衡量一条样本取值不为零的特征的平均数量；第二个维度指的是对于一个特征或一组特征能够覆盖的样本数量，在具体计算时可以监控平均值或者数据分布变化。这两个维度就像从横向和纵向去看同一件事情，反映的是不同角度的结果。这个指标的有用之处在于，机器学习系统中的特征通常来自各个数据源，但并不是每个数据源都稳定可靠，也不是每个数据源都在我们的掌控之中，数据源出问题的最直接表现就是数据覆盖量下降，体现在机器学习系统中就是某些特征覆盖量下降，也就是特征覆盖的稳定性发生变化。

和特征覆盖稳定性相关的是特征取值稳定性。上面讲到特征的数据源可能会发生变化和不稳定，具体表现是除了数据的缺失，还有取值的变化，例如某个表示时间的数据源取值单位从小时变成了分钟。这种取值的变化也会对已训练好的模型产生较大的影响，因此需要监控。具体方法可考虑采用 PSI 以及均值、方差等指标。

除了上面提到的几个指标，还有其他监控指标和方法，它们的共同点是从结果到过程逐步细化，最终通过保障过程中的关键节点来保障最终结果。

5.3.8　模型训练系统架构设计

上面介绍了模型构建中一些关键环节的处理方法，着重介绍了这些处理方法的逻辑方案，但是要想让这些方法生效，还需要一套合理有效的架构将其组合进行落地，本节我们就从架构

1　展现偏差指的是模型收集到的样本中展现的物品，即模型上线前展现的物品和模型上线后用户看到的展现物品。这是因为模型上线后改变了物品展现的逻辑，导致出现了这种展现偏差。

设计的角度来简要介绍模型训练的流程。

如图 5-8 所示的是机器学习模型训练系统的架构简图，图中包含了从原始数据到最终模型涉及的关键步骤，并给出了它们之间的架构关系。可以看出，这个架构简图是从数据流的角度来描述整个流程的，即图中的节点代表的全部是数据，节点间的箭头代表的是从输入数据到输出数据的转换生成逻辑。为了让架构图更加清晰，也更能够传达出数据优先的原则，我们在图中省去了转换逻辑，而重点突出了数据本身。

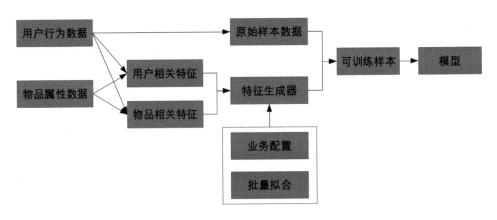

图 5-8　机器学习模型训练系统的架构简图

在架构简图中，最左边是整个流程依赖的原始数据，主要包括两个部分：一部分是以曝光、点击、购买、阅读等为代表的用户行为数据；另一部分是与业务相关的物品属性数据，例如物品的类别、价格、描述等。此外，这部分还包括从原始属性数据加工得到的复杂属性数据，例如文本描述的主题聚类数据等。这两部分数据会用来直接生成两大类数据，一类是原始样本，一类是原始特征。所谓原始样本，指的是不带有特征，只标识正负的样本数据。这类样本数据一般只包含正负标签，以及用来唯一标识样本的一组 key，通常包括用户的 key 和物品的 key，再加上时间戳，这组 key 除了用来唯一标识样本，还会用来生成对应的特征。所谓原始特征，指的是未经特征工程处理，或者只做过最必要的特征工程处理（例如分词、主题聚类等）的特征，例如商品的价格、分词后的文本等。

从用户行为数据生成原始样本数据的流程，在同一个业务中，经过一定的尝试和调整会相对固定下来，而且在各种处理流程中，由于不涉及像特征一样的高维处理，通常相对较为简单，因此在图中用一个箭头来代表该流程。而特征的生成逻辑就复杂得多，这里面有几方面的原因：一是因为特征的种类特别多，并且常常会引入高维复杂特征；二是因为调优和实验特征会经常发生变化，无法像样本处理流程那样相对固定下来；三是因为需要在离线训练[1]和在线预测两种场景下生成同一套特征，处理不当会引入不同程度的特征不一致问题，对效果产生严重影响。

基于以上这些考虑，比较推荐的做法是引入特征生成器的概念。所谓特征生成器，顾名思义，其作用是为样本生成要用到的特征。特征生成器包括生成和使用两部分，我们首先来介绍使用部分。特征生成器的本质可理解为一组配置规则，指定了要使用哪些原始特征，以及要对这些原始特征做什么样的特征工程处理，例如指定要使用商品价格特征，具体使用方式是对其进行等频离散化。特征生成器就像是医生开出的处方，而原始特征就像是药房，我们根据处方到药房去抓药，然后按照处方上的使用方式使用药品。具体来说，特征生成器由一组配置数据和一组解析程序组成，配置数据像处方一样描述了要使用哪些特征以及具体的使用方式，解析程序就像药剂师一样，根据配置数据生成一套具体的特征生成逻辑[2]，这套代码对于每条样本都会生成对应的特征。典型地，它会根据样本中用户的key和物品的key到原始特征库中去获取所需要的原始特征，然后将这些特征按照配置要求进行处理，得到最终可用的特征。

所以说特征生成器的生成主要包括两部分，即配置数据的生成和解析程序的生成。配置数据主要包括两类：一类是通过规则指定的，例如使用物品的价格特征；另一类由于维度过高且需要逻辑计算而无法手工指定，所以需要通过代码来计算拟合，典型的如连续特征离散化涉及的分段点。这一类配置数据的生成过程，可以用 Spark MLlib 中的估算器（estimator）概念来类比理解。一个估算器通过在指定数据上调用 fit 方法，生成一个转换器（transformer），这个转换器就是对特征的具体处理方法。例如，我们可以定义一个连续特征离散化的估算器，这个估算器指定了要离散化的分段数量，但没有指定具体的分段区间，那么具体的分段区间就需要在一份样本数据上调用 fit 方法来生成，调用 fit 后生成的转换器就可以接收一个原始连续特征作为输入，并生成对应的离散特征作为输出。TensorFlow 中的特征列（feature column）也是类似的概念。读者可以认真学习 Spark MLlib、TensorFlow 来理解和体会这种做法，其技术细节就不在这里展开介绍了。

在理解了配置数据的生成方法之后，对解析程序的生成也就自然明了了。还是用Spark MLlib中的概念来讲，所谓的解析程序本质上其实就是一组转换器，或者称之为"算子"。在具体的开发中，可以直接使用Spark MLlib中的算子，如果所提供的算子不够用，还可以通过实现

---

[1] 引入在线训练后该问题会得到缓解，但是在大部分场景下，都需要从离线训练做起，包括在线训练所依赖的初始离线版本。

[2] 严格来讲，解析程序不会对每组配置生成不同的代码，而是在同一套代码应用上使用不同的配置。这样做是为了突出每组配置对应着不同的执行逻辑。

指定的接口来实现自己的算子 [1]。

在了解了特征生成器的使用和生成逻辑之后，可以看出这种做法至少带来以下一些好处：

- 可以在后面的预测流程中使用同一套特征生成器，最大程度地保证训练阶段特征和预测阶段特征的一致性，尤其是在引入复杂的特征工程逻辑，以及特征工程逻辑频繁改变的情况下，这种优势会显得更加突出。机器学习系统中的很多 bug 和效果不好都来源于训练时特征和预测时特征的不一致，如果能够使用同一套逻辑，则会显著降低这方面的风险。
- 只依赖原始特征，将复杂的特征工程处理封装在逻辑中，典型的如一些离散化逻辑和特征交叉逻辑，使得新特征的生成和已有的特征工程逻辑的改变无须生成新的数据，只需要改变特征生成器的逻辑即可，有利于数据的整洁性、稳定性和准确性。
- 基于"算子复用+配置开发"的特征开发方式，极大地减少了新特征和特征工程的开发成本，由新增或修改代码变为新增或修改配置，大大减小了引入各种 bug 的概率。

可以看出，在这套架构中，除了特征生成逻辑，最重要的就是原始数据以及原始特征的建设了，这部分设计的易用性、可维护性、可扩展性都会直接影响到整个系统的性能和效率。由于篇幅的限制，这部分数据仓库的建设不在这里展开介绍，但给出的建议是：在做这部分的设计时可以邀请数据仓库团队一起讨论，将这套数据的设计与公司其他数据仓库的建设统一规划，加强整体性，遵循统一规范，尽量复用数据和逻辑，尽量避免完全独自闭门造车地设计和开发。

5.3.9 模型预测系统架构设计

上面介绍了机器学习模型训练的流程架构，如果在预测时采用该架构中的拆分特征生成器的设计，那么预测流程和训练流程在架构上是非常类似的。

如图 5-9 所示的是机器学习模型预测系统的架构简图。将预测流程的架构与训练流程的架构进行对比可以看出，在生成样本的依赖方面，预测服务将原来依赖的"原始样本数据"替换成了"排序候选物品"，此外还增加了一个"参数查找器"的依赖。第一个变化很好理解，因为在训练时我们需要的是历史样本，而在预测时我们需要的是新的要预测的数据，所以发生了这个变化。而第二个变化，参数查找器的引入，其目的是为待预测数据的特征查找对应的参数。有了特征的取值和对应的参数值，就形成了一条完整的待预测样本，进而得到预测得分。

---

1 在大多数情况下，建议优先尝试通过组合已有的算子来实现复杂算子的功能，如果这样还是无法实现需求的话，再考虑实现新的算子。

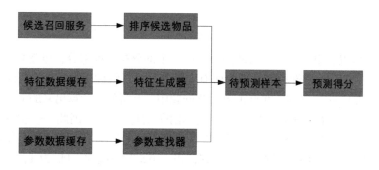

图 5-9　机器学习模型预测系统的架构简图

其实这里面还有一个变化，就是特征生成器由训练时的批量工作模式变成了预测时的实时工作模式，这使得它背后依赖的数据也发生了变化。在训练架构中原始特征数据是批量存储的，例如存储在 Hive 或 HDFS 中，但实时预测时则需要存储在 Redis、Elasticsearch 等支持实时查询的平台上。这部分实时数据，连同需要实时读取的参数数据，都需要从离线数据同步到在线平台。限于篇幅，这部分的细节就不展开介绍了，大家可以根据自己公司内部的技术选型和业务特点来进行具体设计。

5.4　常用模型介绍

前面的章节介绍了在选择模型时需要考虑哪些维度，本节将对常用的模型及其特点进行介绍。鉴于篇幅和定位的原因，这里不会对模型的原理细节进行推导，这方面的公开资料比较多，读者可以自行查阅学习。这里将更多的注意力放在模型的特点、优势以及相互之间的对比等更偏实践理解的部分，希望能对读者的理论知识进行有效补充。

5.4.1　逻辑回归模型

逻辑回归（Logistic Regression，LR）模型不仅是推荐系统，也是几乎所有机器学习应用领域最常用的模型。LR 模型逻辑示意图如图 5-10 所示。

其算法形式非常简单，用公式表示如下：

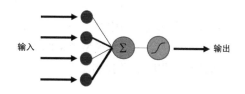

图 5-10　LR 模型逻辑示意图

$$y = f(x) = \frac{1}{1 + e^{-z}}, z = \sum_i (w_i * x_i)$$

结合图 5-10 可以看出，模型分为两部分，第一个部分是线性部分，也就是 z 的部分。这部分决定了 LR 模型是一个线性模型，因为所有变量都是通过线性带权相加进行组合计算的。第二个部分是前面的 logistic 部分。在点击率预测问题中，上面公式计算出来的 y 的含义是一个物品被用户点击的概率。由于该问题是点击或不点击的二分类问题，因此 $1-y$ 得到的就是用户不点击该物品的概率。用点击的概率除以不点击的概率得到的比例值，在统计上称为 odds，其含义是一件事情发生与不发生的比例。可以看到，当 y=0.5 时对应的 odds 为 1，即代表发生与不发生的概率相同。对 odds 取对数得到的值称为 log-odds，用公式表示为

$$\log \frac{y}{1-y} = \log \frac{1}{e^{-z}} = \log e^z = z$$

通过上面的推导可以看到，LR 模型将 log-odds 这一统计量建模为线性问题。从数学和实用等角度来看，LR 模型具有一些显著的优点：

- logistic 函数与交叉熵损失函数相搭配使用，在使用基于梯度的方法时梯度消失的概率较小，有利于将模型优化到一个比较好的效果[1]。
- 变量之间的线性组合具有较好的可解释性，对于重解释的场景这一点非常重要。
- 将变量全部转为离散化的 0-1 变量后，预测阶段的工程实现变得较为简单，这对于工程效率和服务效率来说都是很大的利好。
- logistic 函数是输出 0 到 1 的光滑函数，天然符合概率密度函数的定义，结合交叉熵损失函数，使得 LR 模型的结果是高度校准的，即校准度指标是高度接近 1 的。这对于在模型输出的后面还要接入其他流程的场景非常有利，例如，当将模型输出的 CTR 和后面一个 CVR 模型输出的 CVR 相乘得到最终转化率时，就需要 CTR 和 CVR 模型的结果分别是校准的，才能得到正确的 CTR*CVR 的值，而不只是要求两个模型能够分别给出好的排序结果。

但 LR 模型也有着明显的局限性，包括：

- 所有特征之间均为线性关系，但模型本身不具有非线性能力，需要通过加入非线性特征的方式来实现非线性的描述能力。但这种手工加入非线性特征的方式上限是比较低的，例如，在深度学习中基于 embedding 这样细粒度的非线性特征就难以加入 LR 模型中。
- 由于上面一点，使得模型效果的提升大量依赖特征工程，而特征工程的工作量较大，较多依赖工程师的经验和能力，无法更多地通过算法这种自动化方式来实现效果的提升。

---

1   Ian Goodfellow, Yoshua Bengio and Aaron Courville, Deep Learning, Section 6.2.2.2.

在很多情况下，LR 模型都应该是首先尝试使用的模型，尤其是在没有任何机器学习应用经验的时候更是如此，它可以帮你用 20% 的投入得到大约 80% 的产出，而后面的其他复杂模型，都是在做将 80% 提升到 90% 或者更高的工作。更为重要的是，在使用 LR 模型的过程中，会对特征、样本等数据有更好的理解，这对于更复杂模型的应用也是很有意义的。

5.4.2　GBDT 模型

GBDT（Gradient Boosting Decision Tree，梯度提升树）模型是梯度方法（gradient）、boosting 和决策树（decision tree）这三种技术的合体。这三种技术分别承担不同的功能：

- 决策树是模型的核心，通过一组 if else 条件实现特征的非线性组合，相比线性模型提升了区分能力。
- 一棵决策树的分类能力有限，使用 boosting 的方法可以实现多棵树"前赴后继"地不断修正前面做得不好的地方，以达到减少模型的偏差、提升精度的效果。与此相对的，随机森林是通过 bagging 的方法实现树的组合的，其目的是减小模型的方差，提升模型的稳定性。
- 相比更古老的 Adaboost 算法，基于梯度的 boosting 算法使用梯度作为损失函数，可以适用于更广泛的场景。

GBDT 模型原理示意图如图 5-11 所示。

既然 GBDT 模型的核心是决策树，而决策树的本质又是用 if else 条件判断在划分一个高维空间，那么就可以把 GDBT 模型想象成一个对空间有着强大持续划分能力的"非线性条件判断机"。与 LR 模型相比，GBDT 模型有如下优点：

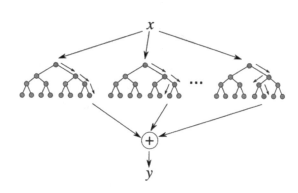

图 5-11　GBDT 模型原理示意图

- 自动特征组合，引入了非线性能力，省去了 LR 模型中特征组合的工作。
- 对数据容纳性好。对数值特征不需要做分桶离散化处理，因为 if else 本质上就是在分桶。对数值特征的异常值，例如超大值和超小值，也无须做特殊处理，因为对于 $x>10$ 这个判断条件，100 和 100 万的效果是一样的。同样，对于离散型变量也可以自然处理。

GBDT 模型也有如下缺点：

- 自动组合出来的特征的含义不够明确，可解释性较差。
- 特征的重要性无法直接度量。LR 模型中的特征权重可以较为直接地说明特征的重要性，但 GBDT 模型无法做到这一点。虽然可以通过特征在分类节点中出现的次数等方法近似代表重要性，但相比 LR 模型中的直接度量的重要性，相对还是差一些。
- boosting 的组合方法特点决定了需要等上一棵树训练完了才能在此基础上训练下一棵树，所以树和树之间只能串行训练，无法并行训练，限制了模型训练的并行度。

5.4.3　LR+GDBT 模型

2014 年 Facebook 提出了一种结合 LR 模型和 GBDT 模型的方法[1]，其模型结构示意图如图 5-12 所示。

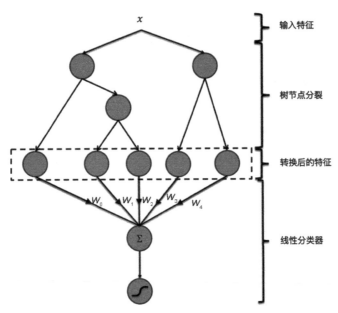

图 5-12　LR+GBDT 模型结构示意图

1　Xinran He, Junfeng Pan, Ou Jin, Tianbing Xu, Bo Liu, Tao Xu, Yanxin Shi, Antoine Atallah, Ralf Herbrich, Stuart Bowers, and Joaquin Quiñonero Candela. Practical Lessons from Predicting Clicks on Ads at Facebook. In Proceedings of the Eighth International Workshop on Data Mining for Online Advertising (ADKDD'14). ACM, New York, NY, USA, Article 5, 9 pages, 2014. 链接 18.

该模型的整体架构还是 LR 模型，创新之处在于使用 GBDT 模型生成了一组非线性特征，将这组特征加入正常的 LR 模型特征中一起训练。这样做的意义在于为线性模型系统性地批量加入非线性特征，相比传统的手工进行特征组合，显然更有效率，生成的组合特征效果也更好。

具体的特征生成方法很直观，如下所示：

- 将训练数据划分为 A、B 两组。
- 用 A 组数据训练 GBDT 模型。
- 对于 B 组训练数据，将 B 中每条样本走一遍训练好的 GBDT 模型，在每棵树中走到的叶子节点作为一个 ID 类特征。
- 将 B 组数据中的 LR 模型特征和上一步生成的叶子节点特征合并，训练最终的 LR 模型。

之所以要把训练数据分为 A、B 两组，是不希望参与树模型训练的数据再参与 LR 模型的训练，以此来减少过拟合现象。

这种方法最值得思考和学习的是对决策树的使用技巧。我们前面介绍过使用决策树生成离散化区间的方法，其做法与这里生成特征的方法异曲同工，本质上都是利用了决策树对空间的划分能力。特征离散化本质上是对一维空间的划分，用 GBDT 生成特征的方法是对高维空间的划分。所以，当你遇到其他需要划分高维空间的需求时，都可以考虑使用决策树及其扩展方法，例如 GBDT 或随机森林。

5.4.4　因子分解机模型

因子分解机（Factorization Machine，FM）模型是另一种常用的非线性模型，其模型公式表示如下：

$$y = f(x) = w_0 + \sum_{i=1}^{n} w_i x_i + \sum_{i=1}^{n} \sum_{j=i+1}^{n} <v_i, v_j> x_i x_j$$

这个公式的形式有点奇特，它由三个部分组成：

- w_0 为偏差部分。
- $\sum_{i=1}^{n} w_i x_i$ 为线性部分，与 LR 模型中 z 的计算方式相同。
- $\sum_{i=1}^{n} \sum_{j=i+1}^{n} <v_i, v_j> x_i x_j$ 为非线性部分，增加了模型的描述能力。

如果模型只包含前两部分的话，那么这就是一个简单的线性模型，而真正有趣的是第三部分，也就是非线性部分。可以看到，非线性部分将所有的特征 x 都两两组合，形成组合特征，然后用$<v_i, v_j>$，也就是两个向量的内积结果作为这个组合特征的权重。前面讲过，LR 模型可以通过增加组合特征来提高非线性能力，从这个角度来看，FM 模型是把所有的特征都两两进行了组合，而不是像在 LR 模型中一样通过人工指定规则进行组合的。但 FM 模型中的特征组合还有一大不同点，就是组合特征的参数表达。

LR 模型中的每个组合特征都会有一个参数 w，也就是说，组合特征对应的参数数量和组合特征数量是一样多的。如果FM模型也采用这种做法，那么就会有 $n(n+1)/2$ 个特征，即 $O(n^2)$ 级别的数量。但是在 FM 模型中，每个组合特征的参数是由两个 k 维向量 v 计算内积得到的，也就是说，n 个 x 的 v 向量组成了全部的组合特征的参数，数量是 nk 个，即 $O(nk)$ 量级。最重要的是 $k \ll n$，所以 FM 模型中组合特征的参数数量远远小于传统做法（一个组合特征一个参数）中的数量。参数少意味着什么呢？在等量的样本下，参数少意味着每个参数都可以得到更充分的训练，得到置信度更高的结果，可以有效缓解特征稀疏性带来的问题。

具体来说，对于传统做法，也就是每个组合特征$x_i x_j$都有一个参数的做法，这个参数只有在具有这个具体的组合特征的样本中才能够得到训练，但由于组合特征天生的稀疏性，符合条件的样本数量会比较少。而在 FM 模型的做法中，对于每个v_i中的每个具体参数v_{ik}，都可以在所有的$x_i x_j$上得到训练，符合该条件的样本是所有包含x_i的样本，其数量显然比包含具体的$x_i x_j$的样本数量多很多。假设每个$x_i x_j$都覆盖等量的样本，那么 FM 模型中每个参数可以使用的样本量都是传统做法中的 N 倍，N 为组合前特征 x 的数量。

到这里，就可以更好地理解 FM 中的 factorization，也就是"分解"这个词的含义了。因为 FM 模型把所有组合特征的参数组成的矩阵，看作一个矩阵和它自己的转置矩阵相乘的结果，换句话说，就是对这个参数矩阵进行了分解。用矩阵表示即为：

$$M = VV^T$$

$M_{i,j}$为特征$x_i x_j$对应的参数，V_i为 FM 模型中的向量参数v_i。可以看到，这是机器学习中典型的降维方法，通过矩阵分解把$O(n^2)$级别的参数降到了$O(nk)$级别，其中 $k \ll n$，仔细品味，其数学思想与 LSA 和 LDA 等实属异曲同工，用法非常巧妙。

总结起来，FM 模型有两大优势：

- 自动构造全量组合特征，节省了人工工作量，实现了全量的线性+非线性+向量粒度的特征表达，表达能力比 LR 模型和 GBDT 模型都要强。
- 通过引入矩阵分解将参数量降维，增加了组合特征参数的训练样本量，降低了训练难度，增加了训练可靠性，提升了训练效果。

5.4.5　Wide & Deep 模型

Wide & Deep[1]模型是深度学习在推荐系统中出现得较早，也是使用较广泛的模型之一。这个模型在高层思想上与FM模型有些类似，它们都将特征拆解为线性特征和非线性特征两大部分，同时也使用了自动化方法来构造非线性特征。但二者的区别在于，Wide & Deep模型使用了深度神经网络来构造非线性特征。

如图 5-13 所示的是该模型的整体架构示意图。可以看到，模型架构横向分为两部分：左侧的 Wide 部分和右侧的 Deep 部分。Wide 部分的特征构造方式本质上还是 LR 模型中的那一套，这部分特征负责记忆，记忆用户的历史偏好以及物品的历史偏好，就像上面介绍过的行为 ID 类特征一样。只使用这部分特征最大的问题在于，一个用户不可能对所有的物品或标签都有过历史行为，也就是上面讲过的特征数据稀疏性问题。这就导致一些用户和标签的关系在历史上没出现过，但是在预测物品中出现时，模型就无法很好地识别用户和这个标签之间的相关性了，进而损失了一部分用来判断用户和物品相关性的信息。Wide 部分就是用来解决这个问题的，它将用户和物品的特征输入到一个神经网络中，学习出这些特征的向量化表示。离散特征的向量化表示，本质上是一种降维，将所有的离散特征降到了固定长度的维度，解决了数据稀疏性问题，让降维后的每一维特征都可以得到充分训练，使得在训练样本中没有出现过的特征组合也可以参与预测。

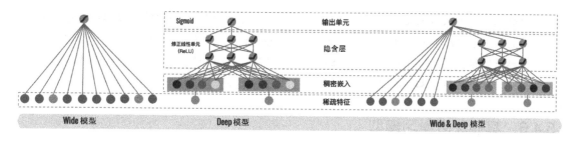

图 5-13　Wide & Deep 模型的整体架构示意图

如图 5-14 所示的是 Deep 部分的特征结构示例。可以看到，图中重点是离散特征，也就是类别特征的处理方法——将类别特征进行一层 embedding 编码，然后输入到后面的神经网络中。

---

1 Heng-Tze Cheng, Levent Koc, Jeremiah Harmsen, Tal Shaked, Tushar Chandra, Hrishi Aradhye, Glen Anderson, Greg Corrado, Wei Chai, Mustafa Ispir, Rohan Anil, Zakaria Haque, Lichan Hong, Vihan Jain, Xiaobing Liu, and Hemal Shah. Wide & Deep Learning for Recommender Systems. In Proceedings of the 1st Workshop on Deep Learning for Recommender Systems (DLRS 2016). ACM, New York, NY, USA, 2016: 7-10. 链接 19.

这样就把原本处于高维空间的离散特征压缩到了 embedding 向量长度的低维空间，让模型有了更好的泛化能力。从图中还可以看到，模型的 Wide 部分的主要来源就是离散特征的组合，也就是图中的"特征交叉转换"。这样就可以更好地理解这个模型的中心思想——把同一批离散特征分别用作线性特征和深度特征，同时实现记忆和泛化的功能。

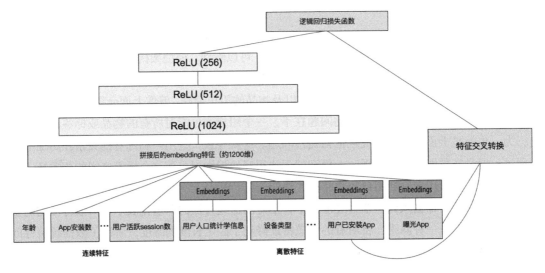

图 5-14 Deep 部分的特征结构示例

总结起来，Wide & Deep 模型的 Wide 部分，也就是线性部分，负责线性模型最擅长的记忆功能，也就是记忆样本中出现过的显性模式；而 Deep 部分，也就是神经网络部分，负责通过降维实现高维特征的泛化能力增强，使得模型可以处理在训练数据中没有出现过的模式，也就是隐性模式。线性和神经网络相结合，实现了显性模式和隐性模式共同学习的效果。

5.4.6 其他深度学习模型

从上面介绍的模型中可以看到，推荐系统中模型的发展路线主要是围绕非线性特征展开的——从 GBDT 模型的空间划分非线性，到 FM 模型的全量组合特征加矩阵分解降维，再到 Wide & Deep 模型的用神经网络表示和处理非线性特征。

沿着这个思路，陆续衍生出了很多模型，如 DIN、DCN、PNN、DeepFM 等，读者可以查阅资料去延伸学习。在学习的过程中，建议大家不仅要知其然，也要知其所以然，知道提出这些模型的原因，以及与其他模型的关系，方能做到融会贯通。

5.5　机器学习实践常见问题

上面介绍了一整套搭建机器学习系统的方法，但在具体实践中仍然难免会遇到一些问题。这些问题并不是理论高深的算法问题，而更多的是一些工程实践的实际问题，在这里以"反模式"的形式列出其中较有代表性的一些，供读者参考借鉴。

5.5.1　反模式 1：只见模型，不见系统

机器学习系统的核心是各种机器学习模型，但并不能说模型是系统的全部，甚至不一定是系统中最重要的部分。如果把一个完整的机器学习系统比作一辆汽车，那么模型可以算作汽车的引擎，但是我们知道，除了引擎，影响汽车最终性能的因素还有很多，从国外进口一台高级引擎并不代表就能造出世界一流的汽车来。

在机器学习系统中也是一样的，要想使模型充分发挥作用，就需要在系统构建时具有大局观意识，把模型当作系统的一部分来看待。在这里我们强调其中一点，就是在优化模型时，更要注意模型效果的提升是否会使系统整体的最终效果得到提升，如果不会，那么就要从系统中模型以外的部分找问题。

下面举一个例子来说明问题。我们知道，推荐系统的决策过程可以简单分为候选集召回和排序两个部分，而在一些推荐系统中机器学习只被用来做排序部分的工作。但是最终的推荐效果不仅和排序模型的质量有关，还和召回质量有很大的关系，如果召回的相关性不够好，那么无论怎么排序，最终效果都不会好。这个时候，如果眼睛只看到模型这一层的效果，那么是很难找到真正问题所在的。

所以在开发系统的过程中，不能只关注模型本身的好坏，例如只关注 AUC 之类的评估指标，更要关注模型对系统的最终影响，以调优系统为目标，而不是以调优模型为目标。如果只看到模型而看不到系统，那么很有可能会做出指标漂亮但是没有实效的"花瓶系统"来。

5.5.2　反模式 2：忽视模型过程和细节

很多人觉得机器学习模型是一个神奇的"黑盒子"，只需要把样本和特征装进去，就会有好用的模型参数生产出来，就像马三立相声中的牛肉罐头机器一样。这种"黑盒子"思维会让人习惯性地忽略模型的细节，例如，某个参数为何取这个值，这个取值是否合理，这个取值对应的样本数据是什么样子的，等等，而是把精力都花在调整一些外部参数之类的工作上。

这样做的后果是，如果模型效果不好，不一定能够通过调整外部参数来达到调优效果。例如，在样本收集处理过程中，掺入了一些噪声数据没有去除，那么这些噪声数据会影响最终的模型参数，进而影响模型效果。这种问题通过调整一些诸如正则化参数之类的参数是无法解决的，真正有效的解决方法是深入到具体参数中，找到表现异常的参数，然后再深入到该参数对应的正负样本及其特征中……这样逐层渗透地查找问题。典型的 LR 模型作为当今最流行的模型之一，很多人只看到了训练速度和扩展性这些优点，而没有充分利用模型的简洁性这一特点。LR 模型的简洁的参数形式非常适合使用上面描述的问题查找方法来定位问题。

当然，上面这个颇为复杂的查找流程，如果没有称手的工具帮助，是很难通畅执行的，所以需要构建一套自动化、可视化的工具来辅助这个过程。具体地说，以 LR 模型为例，这套系统能够支持：对于每个预测的样本，能看到起作用的参数及其取值，能看到参与训练这些参数的样本以及特征细节，等等。有了这样一套系统，可能只需要点几下鼠标就能够定位到问题，降低了查找问题的难度，提高了使用的积极性，从而有利于系统效果的持续提升。

所以，对于机器学习模型，要敢于破除"黑盒迷信"，对其进行"解剖"，有针对性地优化和查找问题，通过把控训练过程细节来把控最终模型。

5.5.3 反模式 3：不注重样本精细化处理

大家都知道，样本是机器学习模型的"食物"，直接关系到模型效果的好坏。但是在很多情况下，我们对待样本的态度并没有足够认真，没有像在乎特征那样在乎样本的质量。以二分类问题为例，具体来讲，有两种情况会比较常见。

第一种情况，对负样本的界定不够细致。负样本一般是指曝光但未点击的样本。"曝光"是一件需要仔细琢磨的事情。最粗暴的方式是用服务器请求日志中的数据作为曝光数据，但是这样做会带来一个明显的问题，就是请求日志中的物品不一定全部真正"曝光"，也就是不一定真的被用户看到了。更好的方式是通过页面埋点来记录真正曝光的东西，但是这种方法也会有问题，就是即使在页面上曝光了，用户也不一定真正看到了，或者说用户的眼睛不一定扫到了曝光的区域，毕竟页面那么大，用户的注意力不一定在哪里。针对这种情况，一种解决方法是把最后一个被点击的物品以上的东西作为"真正曝光"的东西，因为用户既然点击了这个物品，那么可以认为这个物品以上的东西用户都是看到了的。

第二种情况，也是更底层的一个问题，就是对"样本"这个概念的理解不到位。统计机器学习的根本思路是根据历史行为学习模式，从而预测未来。所以"样本代表历史"是很容易被接受的定义，但是在实际工作中，更好的样本代表的应该是"我们希望模型去学习的历史"，而不一定是"真实的历史"。那么这两者之间的差异在哪里呢？

举一个电商系统的例子。在电商系统的访问记录中，有三种类型的数据：

- 有明确购买意图的用户的数据。
- 随便逛逛用户的数据。
- 各种作弊用户或爬虫的数据。

这三种用户的行为模式是不一样的，第一种目标明确，浏览的商品关联性强；第二种目标不明确，看的东西相对发散；第三种在规律上明显与正常人不同。这三种类型的数据夹杂在一起，格式完全相同，不做专门的分析是无法区分开的。三种数据混在一起进入模型中训练，当然也会得出一个模型，这个根据"真实数据"训练出来的模型，其中的参数都在尽量拟合这三种数据的混合体。现在让我们停下来想一想，将模型训练出来，希望真正服务的用户是哪种用户？第三种肯定不是，第二种可能是，第一种一定是。如果希望真正服务的用户只是第一种用户，但是训练数据中包含了另外两种用户的数据，那么第一种用户的体验一定会受到影响。而如果只用第一种用户的数据将模型训练出来，那么这种"量身定做"的模型对目标用户的效果一定是最好的。实践经验证明，无论是 AUC 指标还是上线效果，都有了明显提升。

举这个例子，目的是提醒大家，除了特征工程，样本工程也同样重要，在某些情况下甚至会更重要。所以在进行训练之前，以及在模型调优的过程中，都要仔细思考样本是否真正反映了需求，必要时要对样本进行有针对性的选择。

5.5.4　反模式 4：过于依赖算法

机器学习系统的核心是模型和算法，基于模型和算法的可扩展性也是机器学习系统的核心竞争力之一。但是这并不代表系统中的每个环节都一定要用算法来处理，完全摒弃非算法的甚至手工的方法。很多机器学习系统中都会有一些核心的基础数据，这些数据的数据量谈不上海量，但是纯手工处理也是有一定工作量的。这个时候，我们第一想到的往往是用算法来处理这些数据，但是有的时候简单粗暴的方法才是真正有效的方法。

本书作者在之前的工作中构建过一套图书的机器学习系统，在构建过程中需要对图书文本做一个主题模型聚类，在此之前需要得到一份"干净"的原始文本数据。所谓"干净"的数据指的是去除了诸如 SEO 词、商家胡乱填写的内容等之后的类似词表的数据。为了达到去除噪声词的目的，我们尝试过很多方法，简单的、高级的都试过，都有效果，但都达不到想要的效果。经过 ROI 衡量，我们决定人工处理这些数据，大概三个人用了一周左右的时间，人工处理之后，效果确实非常好。

这个例子并不是在宣传反算法，而是说要根据具体的问题选择合适的方法。这个问题为什么可以用人工方法来解决呢？原因有很多，其中之一就是这些数据的变化幅度非常小，人工处理一遍之后可以用很久，如果是一份每天都在变的数据显然就不适合人工来做了。这个问题或许有更高级的算法可以解决，但是考虑到数据的不变性以及整体的 ROI，从工程角度来讲还是人工处理比较合算。

所以说，即使是在像机器学习系统这种整体比较"高大上"的系统中，也要具体问题具体分析，需要撸起袖子"搬砖"的时候，该搬就得搬。

5.5.5 反模式 5：核心数据缺乏控制

从数据流的角度来看，机器学习系统中的数据要经过样本收集、特征生成、模型训练、数据评测等流程，在这样一个比较长的流程中，不一定每个环节都是自己可控的，那么在那些不可控的环节中就可能有风险，而更可怕的是数据被控制在别人手里，出现了问题自己还不知道。

以样本收集为例，在大公司中，这样的工作很可能是由统一负责日志收集的平台部门来做的，而算法团队只要拿来用就可以了。这种做法是一把双刃剑，好处很明显，就是减轻了算法团队的负担；但是也会带来隐患，就是你拿到的数据不一定真的是你想要的数据。

正确的数据只有一种，但是错误的数据却有很多种错误方法。在样本收集方面，前端发送过来的曝光数据也存在着多种可能性，例如可能是缓存的数据，也可能是用来做 SEO 的数据，等等。这些数据在发送方看来，都是合理的数据；但在算法模型看来，都不是用户真正看到的数据，而用户真正看到的数据才是我们真正想要的数据。那么作为这份数据的使用方，算法模型很有可能就会受到这种错误数据的影响。最可怕的是，这种错误并不是那种能让程序崩溃的错误，让我们能在第一时间发现，而是它完全隐藏在正常数据中，只有当你栽了跟头返回来找问题时或许才能发现。

出现这种错误数据的原因是什么呢？并不是日志收集团队不负责任，关键在于收集日志的团队不使用日志，或者说生成数据的人不用数据，那么就很难要求他们来保证数据的质量了。这种分离的状态对于模型算法这种高度依赖数据的应用是有风险的，所以最好能够加强对这部分数据的控制能力。如果不能完全由自己来做，那么就要有对应的监控机制，做到有问题能及时发现、及时处理，而不是完全交给别人，自己只管拿来用。

5.5.6　反模式 6：团队不够"全栈"

"全栈工程师"是近年来很火爆的一个概念，在复杂的机器学习系统中，每个人都做到全栈未必现实，但是有一条基本要求就是应该努力做到团队级别的全栈。

机器学习系统的团队一般主要由算法工程师和系统工程师组成，往往会忽略其他角色，比如掌握前端技能的工程师。前端技能在机器学习系统中有着很重要的作用，例如效果评测时的可视化展示，更重要的是能够在一定程度上加强对数据流程的控制能力。例如，在上面那个"坑"的例子中，讲到前端收集曝光数据的问题，如果团队中没有熟悉前端技术的人，就很难找到这种涉及数据发送的隐藏问题。

当然，技术全栈只是解决问题的手段，更重要的是能关注整个系统的全局性思维。

5.5.7　反模式 7：系统边界模糊导致出现"巨型系统"

与其他软件系统相比，机器学习系统有一个显著的特点，就是它是建立在实验性、探索性开发的基础上的。尤其是在初次搭建系统的时候，很难做到在完整的设计指导下开发，而大多是一边探索尝试一边开发，到最后达到上线要求时，系统也就随之成型了。

但是这样构建出的系统有一个很大的问题，就是很容易变成一个边界模糊、模块耦合、结构复杂的"巨型系统"。这种系统的典型特征包括：

- 模块间不可拆分，样本、特征、训练等步骤都耦合在一起。
- 很多实验性、探索性代码遍布其中，搞不清楚哪些在用，哪些已失效。
- 模型整体流程（pipeline）特别长，其中包括一些可能已经无用的流程。

为什么会出现这样的系统呢？重要原因之一就是前面提到过的，机器学习系统的探索式本质。在刚开始做系统的时候，可能样本处理、特征处理等都比较简单，可能也是一个人做的，所以就都写在了一起。随着各个流程处理的精细化、复杂化，每个步骤都在变得复杂，对工作也进行了分工与分配，但是由于这种变化是慢慢发生的，很容易形成"温水煮青蛙"的效应，导致系统慢慢变得不可控。从技术债的角度来讲，系统就是在慢慢地、不知不觉地欠债，而且是利息很高的债。

这样的系统必然是难以维护、难以优化的，解决方法就是逐步重构，或者借鉴一些成熟的系统架构，然后做适合自己的本地化。但这其中最关键的还是要有一颗架构师的心，能够时刻审视自己的系统，评估其健康状况，并适时做出改变。关于机器学习系统技术债的更多详细的讨论，可参见谷歌的关于机器学习系统技术债的两篇文章[1,2]。

5.5.8　反模式 8：不重视基础数据架构建设

数据是机器学习系统的"血液"，这里面包含各种样本数据、原始特征数据、处理后的特征数据、支撑数据等，那么提供这些数据的系统和架构就好比循环系统，循环系统的循环、代谢能力直接决定了这个系统的健康程度。

在机器学习系统构建初期，我们认为各种数据只是为模型服务的"燃料"，而没有把它们本身作为子系统来严肃对待，所以这些数据的架构往往缺乏设计，大多比较随意，可能会有很多难以复用的"一次性"代码。这在构建初期希望快速拿到模型效果的时候似乎是没有问题的，但是等系统构建起来之后，需要频繁地对各种数据进行调整、尝试的时候，如果没有经过精心设计的数据架构支持，每次数据调整都会非常耗费精力，工作量可能不亚于重新生成数据。尤其是在系统上线之后，修改数据不能那么随意了，问题就更加严重了。

这是一个严肃而复杂的问题，不是用一两种简单的方法就可以解决的，而是需要从数据源开始进行仔细的设计，在设计时充分考虑数据可能的用法，并留有一定的扩展性，保证数据的可用性和可探索性。具体实践起来可以考虑微服务的架构设计，微服务是个性化推荐领先的Netflix公司最早提出并实践的概念，他们实践的场景也是围绕个性化推荐展开的。其中一个比较有趣的例子是他们构建了一套"特征时光机"系统[3]，以微服务的形式把不同时间维度的数据呈现给算法和研究人员，就好像拥有时光机一样，能够在不同的时间中穿梭，获取数据。此外，在通用的基础数据架构方面，可以参考Stitchfix的做法 [4]，其核心是根据职责对数据流程进行划分，以求达到最高的团队协作效率。

现在很多开源工具中都融入了一些基础架构和流程的先进理念与最佳实践，例如上面介绍过的 Spark 中的 MLlib 和 TensorFlow 中的特征列等，在开发新系统时建议优先使用这些工具——不只是为了使用这些工具提供的模型训练功能，同时也是对开发流程的一种更好管理。

机器学习系统的"坑"远不止这些，但是希望通过这几个有代表性的"坑"，能够让大家意识到，从课本上的模型到实践中的系统，中间有非常多的工作需要做。做出一个成功的机器学

1　参见：链接 20。

2　参见：链接 21。

3　参见：链接 22。

4　参见：链接 23。

习系统，也不仅仅是调调模型、跑跑算法这么简单，而是一个系统化全局性的工作，在重视算法工作的同时，对系统、数据、评测等环节也要有足够的重视。关于机器学习更多的最佳实践内容和常见误区，可参考谷歌出品的机器学习通用指导手册[1]。

5.6　总结

本章介绍了在推荐系统中实施机器学习技术的整体方法和一些关键环节的技术要点，对训练模型和预测模型的流程架构也做了简要介绍。此外，还介绍了在实践中可能遇到的一些问题和解决方法。由于机器学习技术和系统开发本身也是一个复杂而内涵丰富的主题，因此在本章中无法对所有的相关细节一一展开介绍，但是有一定开发经验的工程师根据本章的内容，再结合合适的开源工具，应该可以搭建出一个可用的系统来。

1　参见：链接 24。

第 6 章
用户画像系统

随着整个社会互联网化进程的深入，人们的各种信息越来越多地以不同形式在互联网上留下了痕迹，而另一方面，企业和组织也希望利用越来越多的信息更好地服务用户，创造价值。正是由于人们对用户信息重要性认识的不断提高，我们现在会看到很多产品都会用个性化来作为卖点，即使这些产品中并没有一个典型的推荐系统。在这些产品中实现个性化，所需要的核心技术就是所谓的用户画像。

6.1　用户画像的概念和作用

我们可以把上面提到的这种用于实现广义的产品个性化的用户画像系统称为广义的用户画像系统，因为它不与任何具体的系统或应用场景绑定，任何具体的应用场景或系统中的用户画像系统，都可被看作此广义的用户画像系统概念的一个具体实例。从字面上看，用户画像的核心作用是对系统中的用户进行多维度的信息刻画，其深层次含义是通过对用户多维度的刻画，将不同的用户映射到产品所提供的不同服务上，或者映射到同一服务的不同具体形态上。例如，在电商推荐系统中，会根据用户对不同类别商品的喜好，推荐不同类别的商品；在招聘推荐系统中，会根据用户的工作经验和技能特点，推荐不同的候选职位；在用户运营场景下，会根据用户在平台上的行为特点，推送不同的活动给用户；在广告投放场景下，会根据用户在平台外的不同行为历史和信息，投放不同的广告素材，如不同的图片和文字。这样的例子还有很多，其共同特点是以用户画像为媒介，将不同用户和不同服务或者服务的不同形态连接起来。换句话说，凡是希望根据用户特点提供不同个性化产品或服务的问题，都可以使用用户画像的思路来解决。如图 6-1 所示的是一个包含了较多应用场景的通用用户画像示例[1]。

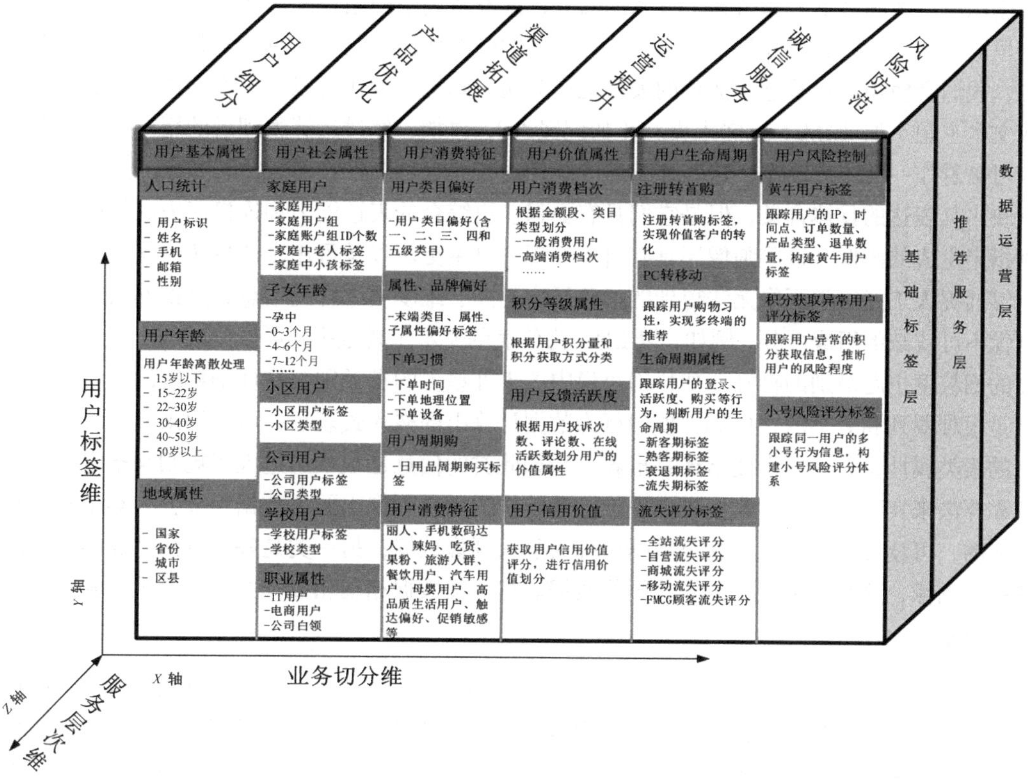

图 6-1　通用用户画像示例

推荐系统中的用户画像，作为通用用户画像的一类最重要的具体实现，既有对通用用户画像的继承，也有其独特的方面。以上面的"通用用户画像示例"为例，用多个维度切分出了若干用户画像的格子，每个格子代表了对用户某个具体维度的刻画。对于一个推荐系统来讲，在这众多的格子中，只有少部分是有效的，就是那些可以将用户和系统中物品连接起来的部分。例如"用户类目偏好"和"用户消费档次"等，这些画像有用，是因为我们可以通过这些画像将用户和不同类别的物品连接起来，进而将这些物品推荐给用户。但其他一些画像，例如"职业属性"或"积分等级属性"等，它们对推荐系统的作用就相对较小，因为在实践中很难定义什么样的物品适合什么样的职业，或者适合什么积分等级的用户。

1　图片来自网络。

上面讲到的通用用户画像在推荐系统中使用的部分，可以看作是推荐系统中的用户画像对通用用户画像的继承，那么除了继承的部分，推荐系统中的用户画像还有自己独特的一部分，这里面最突出的就是各种基于算法二次加工后的画像数据。例如，对于含有文本信息的推荐系统，我们会使用用户看过的文章的关键词作为用户画像，但还可以对关键词进行再次加工，生成文本主题（如 LDA）或嵌入表示（如词嵌入）；再如，经过运算整理后的用户行为历史记录也可被看作一类用户画像。这些加工后的画像的特点是可读性相对较差，并不一定能够很好地反映出其表达的具体含义，但是它们具有更强、更综合的表达能力和连接能力。相比由人工规则指定生成的画像，这些画像还具有自主发现、自主更新以及可用算法持续优化等优点，并且能够捕捉人工指定类画像无法得到的抽象层次更高、维度更综合的信息，是推荐系统中的用户画像不可或缺的组成部分。例如，以 LDA 为代表的文本主题数据，可以刻画一个用户在阅读方面的细粒度主题级别的喜好，如科幻小说中关于外星人的子类别，这样细粒度的信息靠人工规则是很难罗列和穷举的；再如，使用行为数据计算出的嵌入式表示，可以用来表示用户在行为上的聚类属性，如偏向于搜索还是推荐。诸如此类的信息是很难通过人工规则来指定的，只能依靠算法来实现。所以，我们可以说推荐系统中的用户画像由两类数据组成：一类是基于规则生成的，可读性好的画像，这类数据可称为显式画像数据；另一类是基于算法生成的，可读性较差的画像，这类数据可称为隐式画像数据。这两类数据相辅相成，共同组成了一套完整的用户画像系统。

在构建起用户画像系统之后，在推荐系统中要如何使用呢？一般来说，常用的方法有两种：召回和排序。召回的概念在前面的章节中做过介绍，其目的是生成一批用户可能感兴趣的物品集合，而各种维度的用户画像就是用来进行召回的主要数据。除了召回，用户画像数据还被普遍用在排序模型中，作为一类重要特征参与模型的训练和预测。虽然召回和排序是推荐流程中两个相对独立的子过程，但其实召回也可被看作一种排序，有时也被称为"粗排"，是指将所有物品按照是否相关排序为前后两组物品的过程。所以从这个角度来看，在从全部物品到最终结果呈现的整个排序过程中，用户画像都在起着重要的作用。

6.2　用户画像的价值准则

构建用户画像系统，很容易陷入一个误区，就是只注重数量，而忽视了实用性。带着这种思路，就会追求大而全的用户画像系统，希望刻画用户的方方面面，却没有考虑清楚这些画像是否能够在系统中发挥作用。这个误区的产生，可能源于对推荐系统的经验不足，也可能源于不那么懂技术的老板的压力，但无论什么原因，盲目构建大而全的用户画像系统对于人力和物力都是一种浪费。所以需要一套用来判断用户画像是否有价值以及有多大价值的准则，帮助我们做出判断——判断某个画像标签要不要做、做成什么样子，以及以什么优先级来做。

第一个准则是用户画像数据需要能够建立起用户和物品之间的有效连接。大部分无用的用户画像数据都违背了这个准则，因为这些数据只和用户或物品相关，因此无法构成两者之间的有效连接。例如，在电商推荐系统中，用户的籍贯或职业这样的信息就不能建立起有效连接，因为这些信息只和用户相关，和物品无关，或者说相关性非常低。有的数据不仅无法建立起有效连接，而且还很难挖掘，需要耗费大量的资源去尝试，这样的工作是最危险的，因为它会吞噬相当多的人力和其他资源，而结果大概率是没有用的。这个准则是针对推荐系统中的用户画像系统来讲的，但是对于其他应用系统中的用户画像系统，也存在着可以类比的准则，我们将其称为有效的第一准则。这个准则说的是用户画像数据要在这个应用系统中发挥作用，成为有效的数据，需要满足的第一个准则是什么，这个准则在构建系统之前是需要搞清楚的。

第二个准则是细致刻画。用户画像本质上是对用户和物品的某个维度的刻画，这个准则说的是某个维度的画像刻画用户或物品的细致程度。如果说上面的有效连接准则是用来决定一份画像数据是否有用的，那么这个准则就是用来决定一份画像数据的有效程度的。用户画像的细致程度决定着后面应用可以提供的个性化程度，尤其是在推荐系统中，有多细致的用户画像数据就可以做到多细致的个性化程度。例如商品类别这个画像，如果只能识别到电脑这个级别，那么对苹果电脑和联想电脑就无法区分，进而在推荐时就无法区分用户感兴趣的是哪种电脑。那么该如何判断一份画像数据的细致程度呢？一种简单而好用的方法是根据画像数据中每个取值平均能够覆盖的用户或物品的多少来判断，平均覆盖的用户或物品越少，说明画像刻画得越细致。对这种方法稍做升级，可以把一份画像数据看作一个单变量离散概率分布，里面的每个取值就是分布中的一个取值，然后计算这个分布的信息熵。信息熵越大，对应着上面平均覆盖的用户或物品越少，也就是用户画像越细致。粗刻画粒度的画像数据的典型代表就是性别，该数据只有两个取值，每个取值覆盖大约一半的用户，这样的数据能够提供的价值就会比较有限，如果基于这份数据来做个性化，那么就只能提供性别级别的个性化。而像物品文本标签这样的数据，如果做得比较好的话，则可以做到比较细致的刻画程度，每个标签只覆盖一小部分物品，基于这样的数据就可以做到比较细致的个性化。细心的读者可以发现，这里的准则和前面介绍的机器学习模型中的特征构造原则有相通之处。

但遵循细致刻画准则并不代表我们要追求最细致的刻画，因为极端细致的刻画也会带来问题。最极端的刻画方式，就是根据一份画像数据可以识别出每个用户或物品，或者说每个取值只对应一个用户或物品，显然这样的画像数据已经失去了意义，因为它违背了有效连接准则，每个取值只能连接一个用户或物品就不能称作有效连接了。这个问题从机器学习理论的角度来看，其实就是特征的泛化能力问题，我们既要要求特征具有区分性，又要避免极端情况下的过拟合。在机器学习场景中，我们通常使用正则化方法来缓解这个问题，用测试集评测结果来衡量缓解的效果。而在用户画像系统中，我们可以使用类似的思路，正则化方法对应着上面提到的平均覆盖或信息熵，而测试集评测结果则对应着应用系统中的最终效果。

第三个准则是覆盖率。覆盖率指的是一份画像数据能够覆盖到多大比例的用户或物品。在理想状况下显然是覆盖率越高越好，覆盖率越高代表着这份数据可以对越多的用户或物品产生效果。需要注意的是，虽然我们希望覆盖率越高越好，但在有些情况下覆盖率低并不代表效果不好。例如，一些算法是专为某种特定物品或某类特定人群设计的，所以只能覆盖这种物品或这类人群，那么覆盖率相对来说不会很高，但只要刻画得准确、细致，就是优质的画像数据。用户画像的典型做法之一就是使用多份数据来共同组成一套数据体系，这些数据的准确性较高，覆盖率可能不高，但是综合之后能够产生比较高的整体覆盖率。

第四个准则是差异化能力。用户画像的最终诉求还是通过各种画像将用户的需求区分开来，从而实现个性化，所以需要衡量一种画像是否真的能够造成差异。所谓差异，具体指两个方面：一方面是能否标识出不同的用户；另一方面是能否映射到不同的物品上。举个例子，如果在用户侧能够识别出这个用户喜欢的是单反相机，另一个用户喜欢的是微单相机，但在商品端无法区分这两种商品，那么这种画像也是没有差异化能力的。差异化能力也可以被看作是上面三个准则共同作用的结果，或者说上面三个准则的推论。

上面几个准则可作为开始工作前的一套判断准则，用来判断一份用户画像数据的价值。此外，在具体展开工作时，还需要考虑性价比和优先级的安排。用户画像系统的建设也应该跟着推荐系统建设的节奏走，不能太落后，但也不宜领先太多，尤其是在人力和其他资源整体受限的情况下，找到当前性价比最高的事情，无疑才是最重要的。而在考虑性价比的时候，需要综合考虑开发难度、覆盖率以及连接、差异化等能力。从这个角度来看，初期最有效的画像就是那些开发难度最低、覆盖率最高，同时连接能力最强的画像，例如用户的喜好类别、文本标签等；在同样的逻辑下，初期性价比最低的画像是那些开发难度高、覆盖率低，同时连接能力差的画像，例如用户的职业、是否是家庭用户等。

6.3 用户画像的构成要素

上面提到用户画像的核心是对用户和推荐物品的连接，所以用户画像系统的组成部分也是围绕这一点展开的。从逻辑上讲，可划分为以下几个部分。

- 物品侧画像：对物品的多维度刻画，找到能够代表该物品主要属性和特点的维度，在保证连接有效性的前提下尽量丰富。

- 用户侧画像：刻画用户的客观属性，或者通过分析计算用户对物品所产生的行为，得到基于物品维度的用户维度画像。
- 画像扩展：通过不同的逻辑和算法将用户侧画像进行有效扩展，增加在应用场景中的覆盖率，提升用户体验。

这三个部分可理解为是循序渐进的，先构造出物品侧画像，这是计算用户侧画像的基础；然后通过物品侧画像计算出用户侧画像，这部分是和用户关系最紧密的画像标签；最后对用户画像进行扩展，得到关系不那么紧密，但能够有效提升覆盖率和扩展兴趣的画像标签。

6.3.1 物品侧画像

物品侧画像可粗分为两种类型：一种是对物品基础属性的客观描述；另一种是基于基础属性进行进一步计算得到的深层次特征。对于第一种客观描述类型的画像，在大多数情况下是比较容易得到的，因为物品的发布者通常会以高度格式化的形式提供这些信息。例如，在电商平台上，商品的发布者会提供商品的价格、类别、款式等基础属性。但是在一些情况下也会有例外，例如，在一些以二手交易为代表的 C2C 平台上，物品的基础信息并没有被完整地提供出来，或者虽然提供了，但是格式化程度很低，仍然需要使用一些规则或算法进行抽取。比如用户会将商品的所有信息写在一起进行发布，这样一来，即使是简单的题目、类别、基础属性这些信息，也需要用算法进行抽取。

1. 文本数据的结构化信息抽取

上面的问题可以抽象为"文本数据的结构化信息抽取"的问题，这是一个内涵丰富的复杂问题，涉及分词、词性标注、实体识别、知识图谱以及实体链接等多个子问题，想要达到通用领域的高精度是一件有难度的事情。但好在推荐系统一般总是有一个具体领域的，例如电商、资讯或招聘等，而且在具体领域之下还有自己的业务特点，在这样特定领域、特定业务的场景下，问题就变得简单很多。以电商为例，通常在分词和词性标注之后，构造一套针对自己领域和业务的知识图谱以及配套的抽取解析算法，就可以得到一个可用的结果，之后再根据效果反馈不断调优。

下面给出可行的结构化信息抽取流程。

（1）知识图谱构建：知识图谱指的是我们要抽取的结构化信息对应的元信息及其结构关系。例如，在电商场景下，可能就是指类别的树形结构以及属性结构。知识图谱构建是指通过各种方式建立知识库的过程，数据可能是从外部获取的，也可能是从内部业务获取的。需要指出的是，无论是以何种方法获取的知识图谱数据，尤其是从外部获取的数据，一般都需要根据具体的业务需求进行人工修正，才能达到可用的状态。

（2）文本预处理：对原始文本进行分词、去噪、归一化等基本操作，得到相对干净、易于后面流程处理的数据，这样可以极大减轻后面解析处理流程的负担。

（3）结构数据解析：这一步可细分为两个步骤。

- 映射：根据单个分词结果来分析这个词可能对应的是知识库中的哪个节点。
- 合并：将上一步映射后得到的多个零散节点信息合并成一个整体节点信息，从而得到物品的整体结构，也就是最终的结构化信息。

下面我们通过电商场景下的一个简单例子来解释上面的流程。

这个例子的结构化信息抽取流程图如图 6-2 所示。在知识库构建中，在电商的具体场景下，需要的主要就是一套类目体系以及体系中各节点之间的关系。需要指出的是，这里提到的类目体系，和用户在电商网站上看到的类目体系不完全是一回事。用户在网站上看到的类目体系，可称之为面向营销的类目体系，这套体系的目的是更好地销售商品，所以除会按照商品本身所属的类别进行分类以外，还会有类似于"开学必备""新春热卖"等这样的品类目录。但这些营销类的类目或标签有着时效性短、变化快、规律性不强，以及与类目结构中其他节点关系不明确等特点，不适合用来作为构建知识图谱的主要信息。相反，知识图谱的主要组成部分应该是相对稳定的、有规律的并且能够互相连接形成明确层次关系的信息，例如商品的客观所属类别等。所以，为了得到一套满足上述条件的知识图谱结构，我们可能需要对系统内已有的类目体系进行适当修正，以符合自己的要求。上面营销类的类目信息可作为标签类信息附属在知识图谱系统中。

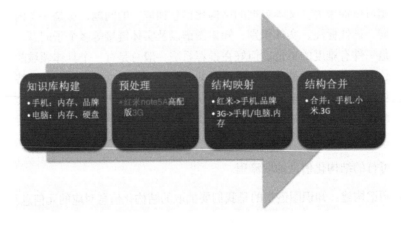

图 6-2　结构化信息抽取流程图

在图 6-2 所示的简单例子中，我们借助内部或外部的数据源，并且做了必要的数据清洗和修正，构建出一套只与物品客观属性相关，而不与营销等其他非客观属性相关的知识库。在这个例子中，我们关注的是"手机"和"电脑"这两个类别，它们除了包括类别信息本身，还包括类别下的属性信息，比如在"手机"类别下会有"内存"和"品牌"这两个属性，在电脑类别下会有"内存"和"硬盘"这两个属性。在知识库构建完成后，就要进行结构化数据的抽取了，在最开始我们需要对待抽取的无结构物品信息做一些必要的预处理工作，包括分词、领域停用词去除、同义词/近义词归一化等。接下来就是最为关键的结构映射和结构合并的步骤。在结构映射这一步中，核心任务是将分词后的每个词（token）映射到知识库中可能对应的节点上。比如在这个例子中，原始文本中的"红米"会被映射到"手机.品牌"这个节点上，而"3G"会被映射到"手机.内存"和"电脑.内存"这两个节点上。在结构合并这一步中，核心任务是将结构映射步骤中得到的多个可能的节点进行合并和挑选，目的是得到一组在逻辑结构上融洽无冲突的节点以及它们之间的关系，进而得到节点对应的结构化信息，作为该物品最终可用的结构化信息。在这个例子中，"3G"被同时映射到了电脑的内存和手机的内存两个可能的节点上，而"红米"只被映射到了手机的品牌这一个节点上，因此综合考虑之后，整个商品应该被映射到与手机相关的节点上，从而将电脑类的节点舍去。

上面描述的是一个高度抽象后的流程，只介绍了几个核心的步骤及其含义，其中每个步骤都需要根据具体业务进行细化落地，尤其是最后的映射和合并部分，需要通过对大量领域和业务内具体实践的归纳总结来进行提炼修正，不断提高抽取的准确性和覆盖率。这部分工作在一定程度上属于脏活、累活，没有那么炫酷、高端，但却是后面流程效果的基础保障，决定了给后面算法输入的是信息还是噪声。

2. 非结构化物品标签

对文本数据进行分析，除了可以得到结构化信息，还可以抽取出很多有用的非结构化信息，也就是标签数据。物品标签是常见的并且利用价值很高的一类画像数据，也是概念比较宽泛的一种数据，任何描述物品的无结构化、离散取值的信息都可被看作是一种标签。

标签可以被定义为对物品描述起到概括总结作用的若干个关键词，来源包括文本分析、行为分析、业务规则等。典型的如对衣服风格的描述：豹纹、七分裤等，或者在业务中指定的"爆款""本月重点商品"等。文本类标签数据的来源就是物品的原始描述，但是要经过若干个步骤才能得到。典型的步骤包括：分词、清洗、词性标注、重要性计算、排序、筛选等。其中最重要的是"重要性计算"这一步，这一步决定了在那么多的描述性词语中，哪些才是真正重要的，哪些是辅助性质的，哪些是完全没有意义的。在简单的方法中，会考虑到词语在该物品中出现的频次、在所有物品中出现的频次、在句子中的位置等，可根据这些因素制定一些策略来进行抽取。典型的代表是向量空间模型中的 TF-IDF 及其变种，或者先简单制定一些规则也可以，例如，通过文本中的"男"或"女"来判断物品的适用性别等，抽取出来之后再结合具体业务进行调整修改。复杂一点的方法要借助 LDA 等一些对词语进行深层次计算的 NLP 方法，这方面内容在后面的章节中有专门介绍。

行为分析可能包括对爆款的计算、类别热卖排行榜的计算等，计算出来都可以算是一类标签。而业务规则就需要 PM 或者业务人员根据业务情况来制定了，无法给出通用准则，但这类标签的数量一般不会太多，不会给系统带来太大的复杂性。

3. 复合类型的物品画像

除了上面介绍的物品客观属性，还有一类物品画像是对物品的深层次描述，相对物品的客观属性来讲，可将其称为复合类型的物品画像，本节我们就对这类画像进行介绍。

所谓"深层次描述"，指的是对物品的表象客观属性以外的描述，该描述无法从客观属性中直接得到，而是需要基于客观属性以及行为数据，通过算法进行深层次加工计算才能得到。这类数据的加工方式复杂，但能够包含更丰富的信息，引入更多的维度，挖掘出用户和物品之间更深层次的匹配关系，是推荐系统中不可缺少的一部分。下面介绍最常用的一类技术：物品聚类和向量化表示。

从应用层面来看，物品聚类和向量化表示是两件事情，它们分别有着很广泛的和重要的应用。为什么把它们放在一起讨论呢？这是因为在很多时候，当你有了一个物品聚类方法时，你就可以得到一个对应的向量化表示物品的方法；而当你有了一个向量化表示物品的方法时，你同时也就有了一个物品聚类方法。二者可被看作同一件事情的两个侧面。下面我们以最常用的一种聚类方法 LDA 和最常用的一种向量化表示方法 word2vec 来说明这一点。关于这两种方法的技术细节在后面的章节中有详细介绍，在网络上也可以找到很多资料，这里我们主要关注这些技术在推荐物品画像方面的应用。此外，当掌握了这种思路之后，自然也可以将其推广到其他聚类方法和向量化表示方法上。

LDA 是文本主题聚类中的一个代表性方法，其提出时解决的目标问题是通过将一篇文档用若干个主题来表示，得到文档的一种低维度表示方法。对一组文档应用 LDA 模型之后，会得到每篇文档下每个主题的分布概率，以及每个主题下每个词的分布概率。由于 LDA 生成了中间的主题，所以自然以主题为中心形成了聚类。而对于文档下主题的分布概率，换个角度看，就是文档的向量化表示，向量的维度大小是主题数量，每个维度上的取值是该维度对应的主题在该文档下的概率。这个主题向量就可以作为这个物品的一组标签，或者也可以取向量中概率较大的几个主题作为标签。有了这种向量化表示之后，还可以使用一些向量相似度度量的方法，计算出和每个物品最相近的一些物品，得到另一种方式的聚类。所以说 LDA 是从主题出发得到聚类的，同时从主题出发也得到了向量化表示。

而对于 word2vec 这样的模型，其直接目的就是要计算出物品的向量化表示，这一向量化表示本身（也被称作嵌入式表示）在排序模型中常作为重要的特征输入。但如果作为画像本身，则由于缺乏含义无法在模型以外的场合中直接使用，所以一种比较好的方式是根据向量化表示来计算聚类关系，例如一些密度聚类、层次聚类的方法都可以使用。在得到聚类结果之后，可以将聚类编号作为一个标签来使用，例如，可以使用标签索引来快速检索同属一个聚类的物品。也可以不直接做聚类，在需要的时候计算出某个物品向量的最近邻，具体使用上面哪种方法可根据需求来选择。

6.3.2　用户侧画像

有了物品侧画像之后，我们需要一套规则或算法将物品侧画像与用户进行匹配，得到用户侧画像。具体来说，大部分用户侧画像都是通过用户与物品之间的行为计算出来的 [1]，这个过程可被理解为一个函数计算的过程，该函数将用户的历史行为作为输入，经过计算之后，输出用户的画像信息。

在介绍具体的函数实现方式之前，需要先定义清楚函数的输入和输出，这样函数和外部就有了清晰的边界，函数内部逻辑的改动对外部不会造成影响，有利于系统的快速迭代开发 [2]。

对于输入来讲，主要是两类数据：一类是用户行为序列，包括具体的物品 ID、行为类型（点击或购买等）以及行为的产生时间等；另一类就是物品的多维度画像，在逻辑上可认为每个物品的画像都是一个 map 结构，key 和 value 分别对应着画像的维度和取值。

对于输出来讲，由于用户画像的来源是物品画像，一种很自然的做法就是把输出的用户画像的数据结构建立在物品画像的基础上。如上面的介绍，物品画像可认为是一个由 key-value 组成的 map 结构。对应地，一个用户可能在某个维度上有多个喜好，例如一个物品只有一个类别，但是用户可能会同时对多个类别感兴趣，所以用户画像相当于在物品画像上面又加了一层，逻辑结构仍然是 map，key 仍然对应着画像的维度，但 value 对应的变成了一个画像取值的 list。

1　严格来讲，还包括性别、年龄等人口统计学画像，但占比较高的还是基于行为的画像数据，这里对基于行为以外的画像暂不考虑。

2　不仅是用户画像系统，算法系统中的每个重要部分也都应该从软件工程的角度来进行认真设计。

也就是说，无论原来画像的取值是什么结构，这时都变成了原始结构的一个 list，list 中的每个元素都是画像的原始取值，可能还会有一个附加的分数代表着用户对画像的兴趣程度。所以，现在读者的脑海中应该建立起一个函数签名，那就是：

- 函数输入：（用户对物品的历史行为记录，物品的多维度画像数据）。

  [(item1, action_type, time), ...]

  {dim1: value1, ...}

- 函数输出：用户对每个维度画像的兴趣 map。

  {dim1: [(value1, score1), ...], ...}

将函数的输入和输出确定好之后，用户画像系统和上下游系统就有了明确的交互方式和边界。而函数的具体实现方式，就是用户画像的计算方式，下面介绍一些常用的用户画像的计算方式。

1. 时间衰减法

在介绍时间衰减法之前，先介绍一种最简单但非常实用的方法，就是只保留最近几次行为对应的画像数据，其余的全部舍弃。这种方法可谓简单、粗暴，但应用之后就会发现效果还不错。原因在于：这种方法虽然简单，但是却抓住了用户画像的一个核心要素，就是最近产生的行为对用户的兴趣影响是最大的，越早的行为影响越小。这种方法只保留了最近几次行为，也就对应着只保留了对兴趣影响最大的几次行为，把后面影响较小的行为直接舍弃，不去考虑它们的贡献，可以说是抓住了这个问题的主要矛盾，解决了 80% 的问题。后面介绍的复杂的方法，以及本书未涵盖的更复杂的方法，本质上是在解决剩余的 20% 的问题，也就是靠后的行为和靠前的行为之间究竟应该是怎样的关系。在复杂的推荐系统中，我们鼓励大家凡事先考虑解决 80% 的问题，之后再考虑解决剩余的 20% 的问题，这样无论是从投入产出比还是迭代效率上讲，都是更合理的做法。

时间衰减法的核心思想是用户对某个维度的兴趣在行为刚产生时是最大的，之后随着时间在不断衰减，直到衰减到可忽略不计为止。所以，在这个方法里我们需要两个东西：一个是兴趣的初始最大值，一个是衰减方式。在实践中，我们通常会使用指数衰减的方式来定义衰减函数，公式如下：

$$w_t = w_0 \times e^{-\alpha \times \delta_t}$$

其中，w_t 为时刻 t 对应的兴趣权重，w_0 为初始兴趣权重，δ_t 为时刻 t 相比初始时刻过去的时间。

选择是指数函数这种形式的函数，背后的原因主要有以下两点 [1]。

- 根据指数函数的性质和函数图像可以看出，指数函数具有初始衰减快、后期衰减慢的特点。也就是说，对于一个固定的时间段 dt，在行为刚产生后的 dt 时间内，兴趣会相对快速地衰减，而到了比较靠后的 dt 时间内，兴趣的衰减变化就不会很大了。这一特点符合用户兴趣的变化，即用户在行为刚产生的当时、当天、第二天等近期的兴趣变化会比较大，而一旦到了一两周或更久以后，兴趣的变化就已经趋于平缓，差异不大了。

- 根据指数函数的性质，在两个时间点 t_1 和 t_2 下兴趣值的关系为 $w_{t_2} = w_{t_1} \times e^{-\alpha \times \delta t_2 - t_1}$。也就是说，要想知道新时刻的兴趣值，只需要知道之前任意时刻的兴趣值和这两个时刻的时间差即可。这个性质对于需要根据时间不断变化的兴趣值来说，计算起来会非常方便，因为这意味着只需要存储用户对一个兴趣维度在任意时刻的兴趣值和时间戳，就可以完成后面任意时刻兴趣值的计算。

在确定了函数之后，下一步就需要确定公式中的两个参数，即 w_0 和 α。w_0 的设置主要反映了我们对两个因素的重要性考虑，其中一个是画像的类型，例如，我们可能会认为在同等条件下关键词画像的重要性要高于类别画像，因为关键词更加具体；另一个是行为的类型，例如，我们通常会认为购买行为带来的兴趣度要大于浏览行为和搜索行为。所以，我们需要为每种画像的每种行为设置一个 w_0，以表示对它们之间的区分。当然，如果认为每种画像的重要性是相同的，那么就只需要为不同的行为类型设置初值就可以了。在 w_0 的具体设置方面，由于这个方法整体是一个基于规则的方法，所以初期根据业务经验来调整，只要能够反映出不同的画像类型和行为类型在业务中的差异即可。

接下来需要设置的是 α，也就是兴趣的衰减速度。通常的做法是先设置函数的"半衰期"，也就是兴趣值衰减到初值的一半时所需要的时间 δ_0，然后根据方程式 $0.5 \times x = x \times e^{-\alpha \times \delta_0}$ 解出 α。

总结起来，使用时间衰减法的流程大体如下：

（1）为不同类型的画像和行为设置不同的初值 w_0。

（2）当用户对物品产生行为时：

- 取出该物品所有可用维度的画像。
- 根据画像类型和行为类型设置兴趣度初值 w_0，也就是将兴趣度重置为最大值。

1　该衰减函数也和著名的"牛顿冷却定律"有关，有兴趣的读者可以查阅相关资料了解细节。

- 将各维度画像按照兴趣度排序存储在兴趣列表中。

（3）每次更新用户的画像兴趣度时，对所有画像维度的兴趣度都进行衰减更新，更新后低于所设置的阈值的就从存储列表中删除，并将剩余结果进行排序，以减少后期的读/写压力。

（4）在使用用户画像时，首先从存储列表中读取对应维度的画像，并使用时间差进行时间衰减更新，然后在下游流程中使用。

这种方法使用起来非常简单，在实际应用中也能够满足 80%的需求。这种方法具有以下几个特点：

- 抓住了"最新产生的行为影响最大""不同类型的行为影响不同"等用户画像最核心的因素。
- 在衰减趋势方面符合"先快后慢"的客观规律。
- 实现简单，资源占用少，易于调试。无论是从衰减速度还是初值的设置上，都可以很容易看到效果的好坏，从而进行不断调优。

可见，时间衰减法是一种非常适合在系统初期甚至中期使用的用户画像方法。

2. 分类模型预测法

上面介绍的时间衰减法可以在很长一段时间内满足系统的需求，但是也存在着一些明显的缺点：

- **个性化程度不足。**一旦设置了初值 w_0 和衰减速度 α，对该画像类型和行为类型下的所有画像的取值就都必须遵循同样的衰减速度，但不同用户对不同维度画像的兴趣是可能存在较大差异的。
- **难以实现兴趣度加强。**假设用户在第一天查看了品牌 A，在第二天查看了品牌 A 和品牌 B，显然从行为上看用户对品牌 A 具有更大的兴趣。但是在时间衰减法中，我们只能在第二天给 A 赋予和 B 一样的最大兴趣度，无法体现对 A 的兴趣大于对 B 的兴趣这一事实。
- **无法体现不同画像维度之间的相互影响。**在实际应用中，用户对不同特征的兴趣是会相互影响的。例如，某用户先看了手机品牌 A，然后又看了手机品牌 B，发现 B 更符合自己的需求，那么对 A 的兴趣就会发生大幅度下降，在这种情况下 A 的衰减速度就会快于正常速度。但这样的逻辑在时间衰减法中是很难自然表达出来的。

由于时间衰减法存在以上一些缺点，因此我们需要一种具有更大灵活性、能够描述更复杂的兴趣变化逻辑的模型和方法，而接下来要介绍的"分类模型预测法"就是这样一种方法。概括地讲，分类模型预测法是指将用户对某个维度画像的兴趣投射到具体的行为上，然后把这个行为产生与否建模成一个二分类问题，再使用合适的机器学习模型和方法来解决这个二分类问题。

我们计算用户对某个维度画像当前的兴趣度，这个兴趣度是一个相对抽象的概念，对它的具体解读可以是用户当前会对具有这个画像属性的物品产生某些行为的可能性有多大。例如，我们计算出用户对手机品牌 A 的兴趣度为 0.8，其含义为用户今天会点击或购买品牌 A 的手机的概率为 0.8。这样做的好处在于对兴趣度有了切实可衡量的标准和方法，并且可以根据需求设定不同的目标行为。在实际应用中，我们经常使用点击行为作为目标行为，因为点击行为通常数据量较大，更利于模型训练，同时在大多数情况下点击可以反映用户对物品的兴趣。基于这样的思路,兴趣预测问题很自然就变成了二分类预测问题:用户今天是否会点击品牌 A 的手机？点击概率有多大？在转成二分类问题之后，基于机器学习的一系列方法就都可以用来解决这个二分类问题了。

为了取得良好的预测效果，核心就是选择合理的模型和特征。在模型方面，可以选择常用的逻辑回归模型、决策树模型等，或者选择一些深度学习模型。而在特征方面，则可以针对上面提到的时间衰减法的不足，设计一套具有足够灵活性和表达能力的特征体系。为了让模型给出足够个性化的结果，我们需要给模型输入足够多的特征，这时用户对画像维度的各种细粒度行为就可以特征化进入模型，例如不同的行为类型、不同的行为强度、不同的行为次数、不同的行为周期，以及上述这些特征的交叉特征等。兴趣的重复叠加，则可以体现在特征的强弱上，最终会对预测的行为概率产生影响。而不同画像维度之间的交叉特征，就体现了不同画像维度之间的相互影响和作用。

使用分类模型对画像的行为概率进行预测之后，就可以得到用户对不同画像在未来的行为概率，这个概率可以作为兴趣度的得分来使用，并且是一个有明确含义的得分，相比时间衰减法得到的含义不明确的得分这也是一个优势。在后面流程中的物品召回以及结果排序中，有明确含义的得分是有好处的，它会让各种计算更加有据可依，得到的结果也会更好。

所以，这是一个典型的可用机器学习思路进行优化的场景，利用模型化、特征化的思路对规则系统进行改造和升级，从而得到更合理、更灵活的结果。机器学习技术的具体实施在其他章节中已有介绍，在这里应用时思路和方案都是类似的，因此不再重复介绍。

3. 向量表示类画像方法

上面介绍的方法适合的是诸如类别、标签、文本等这样的所谓离散类型的画像，这类画像的特点是每个取值都是一个离散值，可以用一个唯一 ID 来表示。前面还介绍过一类画像，就是向量表示类画像[1]，这类数据无法使用上面介绍的方法进行用户画像计算，需要根据数据特点设计单独的计算方法。

这类数据的典型特点是，其组成结构是一个 N 维的稠密连续向量。稠密指的是几乎向量的每一个维度上都有非零值，连续指的是每一个维度上的取值不是 0 或 1 这样的离散值，而是一个浮点数值。这个向量是一个不可拆分的整体，也就是说，我们无法选出其中某几个维度来使用而抛弃其他维度[2]，因此在处理这类数据时需要将这个向量作为整体来对待。所以，我们需要这样一个函数：函数的输入是代表用户对画像历史行为的若干个向量表示的画像数据，输出是一个或多个代表用户当前兴趣的向量。

实现这样一个函数最简单的方法，就是对历史行为对应的向量取一个平均向量来代表当前的兴趣向量。在二维平面中，我们知道两个向量相加的含义是两个向量的效果之和，如果这两个向量代表的是力，那么相加后向量指向的就是合力的方向，多个向量相加的含义类似。而向量平均和向量相加指向的方向是一致的，只是缩放了规模，确保对后面的点积运算无影响。这种方法背后的思想是，在过去一段时间内的行为对当前兴趣的贡献度是相等的，对它们取平均值就相当于把它们等比例进行融合，得到它们形成合力的方向。这种方法虽然很简单，但是物理含义明确，在实际应用中效果是非常好的，并不亚于一些更复杂的方法，如果再考虑到投入产出比就更好了。这种方法对应的就是上面在介绍时间衰减法之前所讲的取最近几个画像的方法，只是数据由离散型数据变成了稠密连续向量，因此对该方法做了相应的改变。

对近期所有的行为给予相同的权重显然是一个简化的逻辑，因为用户在面对不同选择时过去的不同行为起到的作用是不同的。例如，用户在浏览泳衣时，过去浏览过泳镜对其显然是有影响的，但是过去看过书就没有什么影响了。所以，对简单平均的一个自然延伸就是带权平均，给予不同行为不同的权重。那么该如何确定不同行为的权重呢？这时我们就需要继续借助机器学习的思路，想办法学出合理的权重来。注意力机制[3]是解决这个问题的一种有效方法。注意力机制最早源自自然语言处理（NLP）领域，被用来解决机器翻译中的对齐问题[4]。我们知道，世界上没有两种语言之间的翻译可以通过简单地逐个翻译词来做到。以英译中为例，可能英语中多个词的组合翻译为中文是一个词，也有可能一个英文词翻译为多个中文词。所以传统的机器

1　向量表示类的画像、特征也常被称为嵌入表示类数据。
2　像 LDA 这样的文本主题表示的向量可以选择重要维度来使用，但这样生成的向量并不是稠密的，可以在选择之后使用文中提到的几种方法来处理。当然，也可以尝试当作稠密特征使用这里的方法来计算。
3　Ashish Vaswani, Noam Shazeer, Niki Parmar, Jakob Uszkoreit, Llion Jones, Aidan N Gomez, Łukasz Kaiser, and Illia Polosukhin. Attention is all you need. In Proc. NIPS, 2017.
4　Dzmitry Bahdanau, Kyunghyun Cho, Yoshua Bengio. Neural Machine Translation by Jointly Learning to Align and Translate. ICLR 2015.

翻译方法是先对齐，再翻译，而所谓对齐就是找到源语言中的哪几个词应该翻译为目标语言中的哪几个词。注意力机制的精髓在于使用一套算法来同时对齐和翻译。这套算法现在被广泛应用在其他序列类型的数据处理上，利用的就是该套算法可以判定序列中的每个元素和当前要预测的元素的关系强弱，同时使用这些元素来决定当前元素应该是什么。对应着机器翻译问题来看，这其实就是在同时学习对齐和翻译。

如图 6-3 所示的是一个应用注意力机制翻译简单句子的例子 [1]。源句子中的每个词对目标句子中的每个词都有不同的贡献度和影响力，这一机制就是通过注意力来实现的。

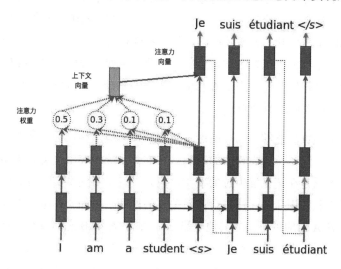

图 6-3　机器翻译中的注意力机制应用示例

阿里巴巴提出的深度兴趣网络[2]就是在推荐系统中应用了类似于注意力机制的思想，学习到用户的历史的行为或兴趣点对当前的兴趣点会有什么影响。这样更加细粒度的信息显然比取平均值更加合理。

6.3.3　用户画像扩展

上面介绍了如何基于用户的历史行为计算出用户当前的兴趣画像，但上面介绍的方法有一

1　参见：链接 5。

2　Guorui Zhou, Xiaoqiang Zhu, Chenru Song, Ying Fan, Han Zhu, Xiao Ma, Yanghui Yan, Junqi Jin, Han Li, and Kun Gai. Deep Interest Network for Click-Through Rate Prediction. In Proceedings of the 24th ACM SIGKDD International Conference on Knowledge Discovery & Data Mining (KDD '18). ACM, New York, NY, USA, 2018: 1059-1068. 链接 26。

个共同特点，就是计算出的当前兴趣都在历史兴趣的范围内[1]，并不能给出用户未曾有过行为的兴趣维度。这样的兴趣模型有着明显的局限性，这意味着所推荐的内容是局限在用户的历史兴趣中的，并且范围可能会越来越窄，进而陷入所谓的"信息茧房"。所以，除了能够基于历史兴趣给出当前兴趣，还需要一些方法对用户兴趣进行发散扩展，保证推荐具有一定的新鲜度和惊喜度，从而确保持续的高质量用户体验。

其中一类方法是基于行为的画像关联挖掘。前面介绍的用户画像匹配算法，使用的是每个用户自己的行为历史来计算自己的兴趣变化。而这里需要使用多数用户的集体行为来计算用户画像之间的关联。具体来说，给定一个兴趣特征，需要计算出有哪些兴趣与这个特征具有较强的相关性。这个问题本质上其实就是我们已经很熟悉的相关性计算问题，在前面的基础推荐算法中介绍过的计算方法都可以用来尝试解决这个问题。例如，我们可以直接使用协同过滤算法来得到兴趣之间的一跳相似度[2]；此外，在相似度矩阵的基础上，可以进一步应用随机游走算法来得到两跳及以上层次关联的兴趣点。

基于行为的相关性算法能够得到准确性较高的结果，但是存在稀疏性严重、覆盖率低、对冷启动不友好等问题。除了行为类算法的通病，在推荐系统中应用这类方法还有一个问题，就是由于这类方法的本质是在记忆发生过的事实，但并没有学习到事实背后的根本原因，所以无法有效加入业务的先验知识，也无法进行逻辑关系的推理。例如，在电影推荐中，我们希望给出"用户观看过电影 A 对应的导演的其他电影 B"，如果 A 和 B 之间没有足够的行为数据，它们之间就无法建立关系，即使建立起来，也是一种机械记忆，并不知道其中的具体含义。以电影推荐为例，类似于同导演、同演员、同题材、合作演员等这样的业务知识和关系是广泛存在的，并且对推荐效果有着很强的影响，同时还能够给出较好的推荐解释。为了解决这个问题，我们需要引入知识图谱以及基于知识图谱的相关性计算和推理计算方法。

在构建出物品的知识图谱之后，典型的画像扩展方法就是基于路径的方法。路径的起点是用户已有的画像信息，终点是与之相关的其他画像信息，连接两端的路径就是起点和终点之间的关系。例如，上面电影例子中的关系可表达为"电影→导演→电影"这样一条路径。利用这样的基于路径的方法，我们可以充分将领域知识和各种先验知识应用到用户画像的扩展中。使用知识图谱的方法，可以从精准性、多样性、可解释性等多个维度来增强推荐系统的效果。

1　如果是向量类兴趣，那么当前兴趣是历史兴趣的线性组合，也可以粗略理解为当前兴趣仍然处在历史兴趣的范围内。
2　如果有大量用户同时访问了两个物品，那么基于这样的数据计算出来的两者之间的相似度可称为一跳相似度，代表着它们之间存在着较强的直接相关关系。

- **精准性**：在图 6-4 所示的例子中[1]，用户观看过《霸王别姬》并喜欢这部电影，并且知道这部电影的主演，那么就可以用类似于"相同主演"这样的规则，得到《阿飞正传》这部电影，并推荐给用户。与协同过滤这种只关注相关性、基于数据统计的算法不同，这样的推荐逻辑非常精准，带有一定的因果关系，用户对推荐的电影感兴趣的概率也会大大增加。

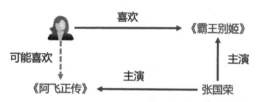

图 6-4　基于知识图谱扩展兴趣的精准性

- **多样性**：如图 6-5 所示，类似于"相同主演"这样的关系，我们还可以使用"相同题材""相同导演"这些规则从知识图谱上抽取出《末代皇帝》和《搜索》这样的电影，大大增加了推荐的多样性。这是基于行为的算法做不到的。在基于行为的算法中，我们无法指定相似度的维度，只能被动地接受用户行为中体现出来的结果。虽然在用户行为中可能也会包含不同维度的结果，但我们是无法主动控制和掌握的，处于一种被动接受的状态。

图 6-5　基于知识图谱扩展兴趣的多样性

- **可解释性**：基于上面这些规则得到的结果，自身就携带着比较明确的可解释性。如图 6-6 所示，具有相同的主演、相同的题材或相同的导演这样含义明确的解释就可以被抽取出来。这些解释不仅清晰明确，还具有较好的多样性，毕竟在行为相似度的结果中，我们能用的只有"看了还看""买了还买"这样笼统的、表面相关性的解释方法。

1　参见：链接 27。

图 6-6 基于知识图谱扩展兴趣的可解释性

6.3.4 用户画像和排序特征的关系

前面讲到用户画像被用来从不同的维度刻画用户，从而达到全面认识用户的目的。通常用户画像也被用来作为典型的排序特征，所以用户画像的维度和排序模型的特征之间有着密切的关系，这一关系使得我们在考虑用户画像设计时有了更多的参考。

抽象地说，所有用户画像的维度都可以用作排序特征，同样地，所有的排序特征也都可以用作用户画像。其本质都是区分识别用户和物品的关系，只是在这两个阶段有着不同的表达方式，以及承担的职责有所不同——在召回阶段看重的是召回的量和基础相关性；在排序阶段重视的是精准的相关性。此外，在排序阶段的特征工程过程中还会将用户侧画像和物品侧画像进行联合交叉，从而起到强化区分度的效果。但这只是特征构造层面的技巧，其核心信息来源仍然是画像数据本身。从这个角度出发去思考，如果一个维度在排序时不能起到强化区分度的效果，那么它作为画像大概率是用处不大的。

这二者也是有区别的，最大的区别在于用户画像通常会更看重可解释性，而作为排序特征对可解释性的重视程度则没有那么高。例如，在模型排序阶段，为了降低特征的维度，可能会对原始特征用 PCA 等方法进行降维，但降维之后可解释性就大打折扣了，因此，在用户画像中通常不会使用这样的降维方法，而是会尽量保留原始的描述方式。

用户画像和排序特征就像是一枚硬币的两面，有很多刻意琢磨的地方，大家在自己的系统中构造用户画像维度和模型特征的时候，可以从上面的点出发进行更多的思考，这样不仅有利于构造出更多、更好的特征，也有利于抽象共同点，达到更好的工程实现。

6.4　用户画像系统的架构演进

上面介绍了用户画像的基础概念、组成类型、生成方法和扩展方法，这些是用户画像系统的组件，但要构建一个包含多维度、可扩展、可复用的用户画像系统，还需要一套方法和架构将这些组件整合起来。换个角度讲，上面介绍的属于用户画像的相关算法，但这些算法需要生存在合理的工程架构下，才能够发挥最大的作用。本节我们介绍一个用户画像系统架构的典型演进过程。

6.4.1　用户画像系统的组成部分

在讨论用户画像系统的架构之前，我们需要先搞清楚系统中有哪些核心的组成部分，厘清它们之间的关系。

前面提到用户画像系统可以被拆解为两部分：一部分是物品画像；另一部分是在物品画像的基础上，使用各种连接算法生成的用户画像。对于这两部分数据，从最高的抽象维度来看，都可以划分为生产模块和输出模块。生产模块指的是负责使用具体算法生产出具体的画像数据的模块，上面讲到的内容基本都属于生产模块的范畴；而输出模块指的是负责这些数据对外调用或提供服务的模块。举个简单的例子，在一个只有用户性别的用户画像系统中，生产模块可能是根据用户行为计算用户性别的模块，而输出模块可能是一个 RESTful API，调用方输入用户的 ID，得到用户性别作为输出。

之所以要对系统做这样的拆解，是因为这两部分本质上是可独立、可分离的，对它们的核心要求也各不相同。所谓可独立、可分离，指的是数据生产出来的时间、格式、存储等方面和使用它们时的并不一定一样。例如，生成时格式可能是文本数据，而使用时则可能要求是 JSON 格式，诸如此类。所谓核心要求不同，指的是对于生产模块，核心要求可能包括计算准确、实时、覆盖率高等；而对于输出模块，核心要求可能是可用性高、响应速度快、计算速度快等。此外，为了衔接生产模块和输出模块，还需要一个传输模块，用来对接两个模块之间的数据和流程。

因此，用户画像系统的设计问题首先被拆解为三个子系统的设计问题。在生产子系统的设计中，我们关注的是用户画像数据生产的效率、覆盖率和可扩展性等；在输出子系统的设计中，我们更多的是站在调用方或使用方的角度，关注系统的可用性、数据的新鲜度、调用的灵活性等；而传输子系统，作为用户画像系统的内部系统，起到衔接其他两个子系统的作用，这里我们关注的是衔接是否自然流畅，以及能否更好地封装屏蔽另外两个子系统中与业务无关的部分，让另外两个业务模块更加专注、高效。

6.4.2　野蛮生长期

用户画像系统的发展，往往是伴随着它的应用系统的发展同步发展的，在这里，这个应用系统就是指推荐系统。在用户画像系统刚开始构建时期，我们最关注的其实并不是它的架构，而是它的内容，也就是它能够产出多少数据、覆盖多少用户，进而最终能提升多少效果。从人员分工上讲，这个时期不一定会有专人负责所有的用户画像数据，更有可能的一种做法是当需要某个维度的画像数据时，当前工作相对较少或技能较匹配的人员会被分配去负责这个任务，在人力分配方面也极有可能不会十分统一。数据使用方对数据的使用方式可能也处在探索和尝试时期，无法给出统一的调用方式。

以上这些原因以及其他一些原因，共同导致一个结果，那就是在这个时期，用户画像系统并没有一个经过充分设计的架构，从整体目标上讲是一种更注重内容和效率的思路。具体来说，这个时期整体的关注点是能够尽量多地产出用户画像数据，这里的"多"包括维度的丰富性和覆盖用户的数量。这个时期用户画像的生成通常都是分别展开的，由不同的人来负责，通常每个人都会负责生成、存储、提供调用以及维护等数据的全生命周期。这个时期不做过多的架构设计，还有一个重要原因，就是还没有积累足够多的业务经验来支撑架构的设计。所以，这时即使做了架构设计，也很难保证能够适合后面的业务发展。而反过来，在当前的野蛮生长期可以充分积累不同数据之间的共性和差异、调用方式的共性和差异等，后面再以这些为基础进行架构设计和演进，是一种更合理、更高效的做法。

但这种各自为政的做法显然存在很多问题，这些问题的共同点就是各种不统一，典型的包括：

- **生效时间不统一**。数据的生效时间是推荐系统中最为隐蔽的影响效果的因素之一。一天24小时，同样一份数据，凌晨生成完毕和中午生成完毕，它们可发挥作用的时间显然相差很多，进而会对这一天的整体推荐效果产生影响。如果多份数据都按照各自不同的方式生成，那么生效时间也极有可能是不一致的，甚至负责某些数据生成的开发人员可能根本没有意识到生效时间的重要性，因此系统的整体效果会受到这些数据生效时间的影响而产生波动。此外，有的数据是实时生成的，有的数据是离线生成的，这样的差异造成的影响会更大。

- **使用方式不统一**。分开生成的数据，在使用时可能有的放到了 Redis 这样的缓存中，有的放到了 Elasticsearch 这样的搜索系统中，还可能有的直接作为文件载入了服务程序中，具体取决于负责数据生成的开发人员当时所处的场景和做出的决定。但是这给数据的推广使用带来了很大的困难，如果某使用方需要对接多份数据，则很可能需要开发多种使用方式，造成整个系统的混乱。

- **管理升级不统一**。用户画像系统作为一个复杂的系统，涉及管理升级的地方有很多，这里举一个例子来说明。用户画像系统的调用方，即推荐系统，由于某种原因需要做一次重大升级，升级涉及对用户画像数据调用方式的统一改变。在上面的做法下，这次升级需要对每份数据单独进行修改，协调新的调用方式，这里面不仅涉及大量的编码工作，还涉及更多的开发人员，增加了协作的复杂度，同时还难以保证没有遗漏。

此外，还产生了大量诸如存储调用等类似逻辑的重复、冗余。因此，这种各自为政的开发方式不可持续太久，否则会引入大量的技术债，极大地影响正常的开发进度。为了解决这些问题，我们需要有针对性地分析这些痛点，结合上面介绍的对用户画像系统的拆解，设计一套更为合理的工程架构。

6.4.3　统一用户画像系统架构

首先介绍物品画像系统的架构。综合上面的讨论，以及软件系统设计的一般性原则，可以知道对这套架构的主要诉求包括：

- 数据生产和数据服务功能分离。
- 抽象通用逻辑，减少冗余，提高复用性。
- 对新的画像标签数据做到兼容性强、可扩展。
- 提高数据时效性，尽量实时生成并提供数据。
- 提供不同种类的数据服务。

以电商系统为例，满足这些诉求的物品画像系统的逻辑架构示意图如图 6-7 所示。

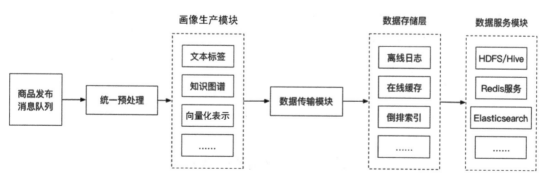

图 6-7　物品画像系统的逻辑架构示意图

由于是逻辑架构示意图，所以并没有给出所使用的具体技术和方案，而是将重点放在了模块功能和模块间的关联上。上面提到的画像生产模块、数据传输模块以及数据服务模块的位置和角色在图中都有体现。

在架构流程的最左端是商品的发布系统，负责商品信息的发布，以及发布后对下游系统的通知。当系统接收到新发布商品的消息之后，需要做一层统一的预处理。所谓统一的预处理，指的是后续所有用户画像生成逻辑都需要用到的一些预处理逻辑，典型的如文本的分词以及数据格式的统一准备等。这一步的目的是为后面的正式计算流程准备好数据的内容以及格式，如果后期涉及类似于通用逻辑的改动，那么只需要修改这里就可以了，而不用修改流程后面的具体生成逻辑。接下来是画像生产模块，它是系统的主要模块之一，从逻辑架构示意图上可以看出，这里把所有维度的画像数据都放到了一个虚线框里面，这代表着需要尽量为所有的数据提供统一的生成接口。也就是说，这些画像生成逻辑都接收同样格式的输入，给出同样格式的输出。再细致、具体一点，可以理解为这些不同画像数据的生成代码需要实现一个统一的接口，在这个接口中规定了生成函数的函数签名。在这些画像生成逻辑的外面有一个调度模块，负责在接收到做了预处理的商品发布信息之后，对这些生成逻辑进行统一调用，生成所需要的数据。上面统一实现的接口使这种操作成为可能。生成的数据进入数据传输模块，传输模块负责根据需求将数据存储到诸如日志、缓存、索引等不同的存储系统中，这些在图中被表示为"数据存储层"。数据经过传输模块进入存储层之后，其存储格式和数据表示都遵循同样的格式与语义，在这个基础上就可以提供统一的服务接口，例如缓存 key-value 查询或基于 Elasticsearch 的搜索查询。

这一套架构设计的核心在于将通用的、与具体数据特点无关的逻辑进行了充分抽象和复用，同时对不同数据的生成接口也进行了最大程度的统一。这对原来存在于多套系统中的逻辑进行了最大程度的规约，从而以最小的系统复杂度满足我们对数据的多方面要求。

秉承同样的设计理念，图 6-8 展示了对应的用户画像生成系统的逻辑架构示意图，该架构主要强调基于上面的物品画像数据和不同的连接算法来生成用户画像数据。

图 6-8 用户画像生成系统的逻辑架构示意图

这套架构的数据输入包括两部分：一部分是上面的物品画像系统架构中的输出，即物品画像数据服务；另一部分是用户行为的历史数据。第二个环节中的"画像连接算法"指的就是上面介绍过的包括时间衰减法和分类模型预测法等方法在内的用户画像生成算法。这些算法由于内部逻辑复杂，因此没有在图中展开。例如，如果使用分类模型预测法，则需要实施前面章节中介绍过的机器学习技术的方案。值得注意的是，这套架构强调的概念仍然是抽象和复用，在理想状态下，画像连接算法对于处理的是何种画像数据应该是无感知的，在使用同一套连接算法的情况下，不同数据之间的差异应该可以通过配置信息来体现，而不是通过复制代码来实现。与物品画像数据类似，经过连接算法生成的用户画像数据需要通过数据服务模块来对外提供服务。这一层服务是必要的，尤其是在使用像时间衰减法这样的方法时，由于写入的数据需要在读取时再做一遍时间衰减，也就是说，写入的数据并不是可直接使用的数据，因此需要一层服务来封装这样的逻辑。

6.5　总结

本章中对推荐系统的重要组成部分用户画像进行了系统性介绍，包括基本概念、价值准则、组成要素、生成算法以及架构演进等方面。需要指出的是，用户画像虽然存在着诸多通用可行的方法，但仍然是一个和具体业务高度相关的领域，大家在具体实施时要充分考虑业务的特点，切忌生搬硬套。

第 7 章
系统效果评测与监控

现代管理学大师彼得·德鲁克说过一句著名的话："If you can't measure it, you can't improve it."，其含义是：如果你不能衡量它，那么你就不能改进它。这句话还有另外一个版本："You can't manage what you can't measure."，意思是你无法管理你不能衡量的事物。无论如何表述，这个起源于管理学的理念，在推荐系统这样复杂的系统中也是非常适用的。对推荐系统的衡量主要包括两大类工作：一类是关注效果的评测类工作；另一类是关注稳定性的监控类工作。

7.1 评测与监控的概念和意义

推荐系统是一个典型的算法驱动的应用系统，这类系统有一个显著的特点，就是系统的好坏不能通过功能测试来判断，而是需要根据各种维度的效果来判断。例如，交易系统就是一个典型的非算法系统，这个系统的好坏是可以通过严格的功能测试和压力测试来判断的，只要通过了相关测试，我们就可以说这是一个合格的系统。但对于推荐系统来说，通过基础的功能测试和压力测试，并不能说明系统是合格的。我们要通过所谓的推荐效果来判断推荐系统的好坏，但是效果本身并不是一个具体可执行的概念，而是由多个具体概念组合而成的一个抽象概念，每个具体概念都被用来判断系统的某个维度的好坏，它们组合起来用来判断系统的综合效果。所以，为了判断一个推荐系统所谓效果的好坏，我们就需要有一套具体可执行的方案。

上面讲到的是需要对推荐系统进行评测的一方面原因，此外，还有其他一些原因使得评测非常重要。

（1）为了不断全面提升推荐系统的效果。在推荐系统中可以使用的算法是非常多的，但每个算法可能都会在改善某一方面的同时损害另一方面，也就是俗话说的"按下葫芦浮起瓢"。因此，要想全面、合理地评估某次改动对系统的整体影响，就需要把可能受到影响的方方面面量化用一些评测指标表示出来，在改动前后分别进行全面评测，从而确定这次改动造成的整体收益是否大于整体损失，最终决定这次改动是否会上线。

（2）说起来比较复杂，因为涉及看待推荐系统的"价值观"问题。在推荐系统中使用的算法具有两大特点：一是普遍基于大数据；二是普遍是概率算法。这两个特点造成的结果就是，由于算法和数据固有的不确定性，虽然在大部分情况下好的算法可以给出比较好的推荐结果，但总是免不了出现一些所谓的bad case，也就是表现和预期不符的样例。这些bad case不同于其他功能性系统中的bug，它们只是某一算法在某一数据下的正常表现，是符合预期的表现。就像统计学家George Box说过的："所有模型都是错的，只是有一些是可用的"[1]。可以说所有算法都有bad case，只是有的算法在某个业务场景下bad case比较少。所以说能够用概率的、不确定的思维来看待推荐系统，才是正确的"推荐系统价值观"。但遗憾的是，并不是每个人都拥有这样正确的价值观。推荐系统像是一个人人都可以评价的街头表演艺术家，每个人都可以对它做出评价，但问题在于，有些人的评价往往是基于自己看到的数据做出的，而对自己身上出现的bad case尤其敏感；再加上这些人往往不具有上面提到的正确的价值观，因此推荐系统很容易遭到吐槽。而当这些吐槽来自像老板这样的不可抗力的时候，如果不能做出合理的解释，将会非常被动。在这样的大背景下，一套全面、合理的评测体系在一定程度上可以保护推荐系统——只要系统在大家认同的指标上的表现是合格的，那么就可以说系统整体是合格的，就不能因为个别情况对系统做出不合理的改动，否则会导致重要指标的下降。

（3）可以用来评估业务需求的合理性。虽然推荐系统的核心是算法，但通常也会有大量业务规则类的逻辑存在。推荐作为重要的流量分发渠道，在对效果负责的同时也会承载很多业务需求，例如，在电商系统中可能希望在某段时间对某个品类的商品进行重点推荐等。在面对业务方提出的需求时，我们该如何评估需求的合理性和影响呢？这时就需要一套全面的评测体系来作为衡量标准，例如上面提到的需求在增加某一品类销量的同时，可能会造成整体点击率的下降以及多样性的下降，我们综合收益和损失来决定要不要实现这样的需求。如果没有评测体系，完全按照业务需求本身的价值来评估需求，就会对推荐系统造成意想不到的影响，而这种影响常常是后置的，也就是在影响发生之后才能发现，到那个时候影响已经造成，就很难补救了。

1　参见：链接28。

（4）评测体系本质上代表的是开发者看待推荐系统的方式，这也是最重要的一点。你使用哪些指标就代表了你从哪些方面看待这个系统，也就是看待推荐系统的价值观。很多时候价值观无所谓正确与否，对于不同的业务、不同的阶段都可能会有不同的价值观，但是有没有价值观却是一件很重要的事情，因为这意味着你是否清楚系统的走向，能否做出正确的判断。

上面讲的是效果评测的概念和意义，下面讲讲系统监控的概念和意义。效果评测就好像是舞蹈房里的大镜子，帮助系统不断提升自己，达到越来越好的效果。但是当系统打造完成上线后，并不意味着工作就结束了。我们介绍过推荐系统是一个有着众多子模块和众多依赖的复杂系统，在这个复杂系统中任意一个环节的变动都可能会对最终的效果造成影响，例如某个数据停止更新或者某个服务响应变慢等。那么该如何保证辛辛苦苦优化好的系统上线后能够稳定输出优质结果呢？这就是系统监控的意义所在。概括来说，系统监控通过对系统中多维度细节的监控，通过对大系统中小系统的监控，做到对整个系统的监控。换个角度来看，通过保证流程中每个环节的正确性，来保证最终结果的正确性。推荐系统在这方面面对的挑战与功能性系统也是有所区别的，对于功能性系统来说，线上出错的情况相对容易确定，常见的包括响应变慢、不出数据、数据错位等，但推荐系统如果线上出错，则不仅仅是这几种错，更多的可能是效果忽然变差或者慢慢变差，而作为数据服务的功能本身还是正常的。这类错误如果在出现之后反向排查，往往会耗费大量精力，而较长的排查周期也会导致更大的损失。因此，我们需要在平时就做好正向的监控链条，做到链条上的关键环节出了问题都能够主动发现，而不是等效果变差之后再被动反向排查。

7.2 推荐系统的评测指标系统

推荐系统中的评测，说到底就是用量化的指标来衡量系统，而评测体系就是用多维度的量化指标来衡量系统。这里面体现的一个核心思想是，当你想要评测某个方面时，先找到一个可以表达你的想法的可量化指标，如果无法量化计算你要评测的东西，那么说明你还没有真正想明白自己想评测的是什么 [1]。常见的无法量化的评测目标就是"推荐系统的调性"，也是老板们最喜欢提到的东西。本书作者直接或间接听到过不止一位老板抱怨自己产品中的推荐系统"缺乏调性"，大意是说推出来的东西和老板自己心中对网站的格调、定位等不一致，但是他们也无法说出究竟该如何量化"调性"这个目标。如果将资源盲目投入到这样无法量化的评测目标中，

---

[1] 这种思想不仅适用于推荐系统，也适用于其他任何系统。

得到的结果必然是资源的浪费和项目进度的停滞。所以，下面介绍的评测方法，都是基于具体可计算的量化指标的。如果这些指标不能满足特定业务的需要，那么在进行特定业务的评测之前，一定要记得先对评测目标进行量化定义。

7.3　常用指标

上面讲到评测体系是由关注不同维度的多个评测指标组成的，那么我们经常关注的有哪些维度呢？要回答这个问题，需要从推荐的业务高度逐步向下看。推荐系统的业务目标其实很简单，就是能够最大化地引导平台上的用户消费平台上的内容，这里的内容可能是电商平台上的商品、资讯平台上的文章等。所以，在评测体系的根节点上，一定存在一个最直接、终极的指标，用来衡量推荐系统最终的价值，例如，在电商中可能就是推荐的订单贡献金额或订单量。这个指标的最大关注者往往是各级别的业务老板。但仅仅关注这一个指标是不够的，因为这个最终业务指标具有两方面的局限性：

- **这个指标反映的是结果，无法指导过程。**我们讲过，指标体系需要能够指导系统的效果提升和迭代，但这个最终的业务指标显然做不到。业务指标是指标链条上的最后一个环节，是解答题的最终结果，但无法反映过程。
- **这个指标反映的是当下，不是未来。**这个业务指标能够告诉我们当前系统的表现，但不能告诉我们未来系统能否一直保持这样的表现。比如下个月的订单量是涨还是跌，我们无从得知。

所以，从业务指标这个根节点出发，我们需要找到一批中间指标，这些指标要么是可以反映过程的，要么是可以映射未来的。

1. 点击率

点击率可以说是与业务指标最相关的指标，在任何业务中几乎都是这样的，也是我们日常最关注的中间指标。点击率反映的是推荐产品漏斗第一个环节的匹配效率，是对个性化匹配程度最直接的衡量。类似地，从展现到最终消费中间可能还有多个类似的环节，因此就会产生多个类似的指标，典型的如加入购物车率和转化率等。

关于点击率指标需要特别指出的一点是，其计算公式虽然简单，但在计算时分母上一定是真正曝光的物品数量，而不能用推荐服务返回的物品数量。这两者之间的差异在于，推荐服务返回的物品不一定都会被曝光、被用户看到。一种典型的情况是，用户每次访问都会触发一次推荐请求，反馈多条数据，但用户会看到几条数据则取决于其浏览行为，可能用户看到第一个物品就点了进去，之后就没有再回到推荐列表中，导致后面的物品都没有被曝光。所以用这两种不同口径计算出来的点击率差异会非常大。

2. 覆盖率

覆盖率有两个维度，一个是对用户的覆盖，一个是对物品的覆盖。用户覆盖率指的是有多少用户能够计算出有效的推荐结果，其计算方法是$\text{cov}_{\text{user}} = N_{\text{rec}}/N_{\text{total}}$，分子上是得到有效推荐覆盖的用户数，分母上是所有的用户数。这个指标体现的是推荐系统可以服务、影响多少用户，是对推荐系统影响力的最直接体现。推荐系统的整体效果可以粗略地使用"准确率×覆盖率"来衡量，可见，无论推荐得多准，都需要有足够的覆盖才能够对整个系统产生足够大的影响。

这个指标在计算时有几个维度的变化。第一个维度是用户和流量，也就是我们常说的 UV 和 PV 维度。对于用户级别来讲，分子和分母上的 N 都是用户数；对于流量级别来讲，分子和分母上的 N 都是请求数。这里面的差异在于，推荐系统中的用户也可能存在着典型的"二八原则"，即 20%的用户贡献了 80%的流量和消费，在这种情况下，我们能够服务好这 20%的用户就能够带来 80%的整体收益。所以，从比较功利的角度来看，流量级别的覆盖率更值得关注。但这并不等于说剩余的 80%用户就不重要了，因为能否服务好这些长尾用户决定着系统能否得到长期的健康发展。所以说，在实际应用中，用户和流量级别的覆盖率都需要关注。

第二个维度是如何定义有效推荐，也就是如何计算分子上的N_{rec}。最直接的方法是只要能给出推荐结果，就算是有效推荐。但前面也提到过，推荐系统的结果是由多种策略组合而成的，在绝大多数情况下都会有托底策略保证结果不会为空，那么在这种场景下覆盖率就会一直是或者接近100%了。所以，为了更精细地衡量覆盖效果，应该细化对有效推荐的定义。常见的定义方法有两种，其中一种是要求推荐结果不能来自托底策略，或者指定其来自某几种策略；另一种是要求推荐结果必须至少有 k 个。满足这两个约束条件的推荐结果，通常是更有质量的，更满足我们对有效推荐的定义。

第三个维度是如何定义全部用户，也就是如何计算分母上的N_{total}。最简单的方法是将平台上的所有用户都计算进来，但是这样带来的问题是，有的用户可能早已不再活跃，而推荐系统又是极度依赖用户行为的，这部分用户如果量大的话对覆盖率的影响也是很大的。所以，在具体计算时，可以根据自己的业务圈定认为有必要服务到或者说应该服务到的用户，将他们的集合作为全部用户的集合。

用户覆盖率不仅可以在最终推荐结果上计算，还可以分推荐策略计算，来衡量每种策略的覆盖率，包括上面提到的点击率其实也是一样的，也可以扩展到分策略计算。下面提到的指标很多都可以分策略计算，就不再一一赘述了。

用户覆盖率是一个用单一值来衡量覆盖情况的指标，简单、明了，但却失去了一些信息，一种更全面的方法是使用离散变量的分布来体现覆盖情况的细节。我们定义一个离散变量，其含义是一个用户得到的有效推荐结果的数量，那么有的用户会得到一个结果，有的用户会得到两个结果……这样就可以使用概率的方法来看待用户覆盖这件事情了。最直接的做法是统计覆盖的均值，也就是平均每个用户会得到多少个有效推荐结果。更进一步地，将取值划分区间，在此基础上画出直方图，可以得到用户覆盖的更细致的数据。例如，可能发现推荐结果为 1~10 个的占了 20%，为 11~20 个的占了 30% 等。基于直方图，可以对系统做出更多细致的分析。如果你对概率统计比较熟悉，还可以计算分布的标准差、偏度、峭度等统计量，或者用箱线图等更多可视化的方法来展示探索数据。这种将单值指标扩展为概率分布，并使用概率的方法进行分析的思路，具有很强的扩展性，不仅适用于覆盖率，对于你想要获得进一步信息的任何指标，都可以如法炮制。

讲完了用户覆盖率，再讲讲物品覆盖率。物品覆盖率具体指的是系统中有多少物品出现在了推荐结果中。这个指标和零售行业中的动销率有着类似的含义。动销率指的是门店中所有商品种类中有销量的商品种类总数，除以门店中所有商品种类总数，得到的比例值。动销率提醒经营者关注低动销率的商品，而物品覆盖率提醒开发者关注未被推荐覆盖的物品。我们在前面讲过推荐系统的意义之一，就是解决长尾物品的流量问题，物品覆盖率就是对这方面进行衡量的一个指标。在极端情况下，如果推荐结果只覆盖了系统中 10% 的热门物品，那么虽然从消费者角度来看需求也得到了一定的满足，但从生产者角度来看，却有大量物品无法得到应有的流量曝光，从而无法被消费。这样的趋势如果持续下去，消费者看到的物品范围会越来越窄，生产者的生产积极性也会受到打击，这就会导致平台走入一个收缩的发展态势，而不是更健康的扩张的发展态势。基于以上原因，我们有必要关注物品覆盖率这一指标。物品覆盖率的计算方法可以抽象为 $\text{cov}_{\text{item}} = M_{\text{rec}}/M_{\text{total}}$，在计算时同样也存在着需要具体定义的点。首先，需要明确是否将平台上的所有物品都纳入统计范围内。与不活跃用户类似，平台上也存在着大量不活跃物品。但与不活跃用户不同的是，物品不活跃的原因之一就是没有得到足够的曝光，所以单从曝光量上看还不足以界定出有价值的物品来，还需要结合发布时间和物品质量等其他因素一起考虑。其次，一个物品要出现在多少次推荐中或覆盖多少个用户才算得到了有效覆盖，这个值取得越大，相当于要求越高，计算出来的覆盖率也就会越低，反之会越高。

我们花了比较多的篇幅来介绍覆盖率这样一个看似比较简单的指标，其目的不仅仅是介绍覆盖率本身，更多地是想介绍如何细致地分析一个指标背后的逻辑、可用的方法等。希望读者从中收获的不仅是一个具体指标，而是一套分析评测数据的方法论，可以推广应用到其他数据分析问题上。

3. 多样性

多样性是一个与当前效果的直接相关性较弱的指标，但它与系统的长期健康发展有着重要关系。在很多情况下，多样性是与以点击率为代表的准确性指标相背离的。也就是说，多样性越高可能对应着越低的点击率，原因在于多出来的那些"样"可能并不是用户感兴趣的内容，而它们同时还占据了用户本来可能感兴趣的内容的位置，因此带来了准确性的下降。但我们仍然需要关注多样性，因为推荐系统不仅要为平台服务，创造效益，而且要为用户充分服务，不仅要有"母亲般的溺爱"，也要有"父亲般的严厉"，有效拓宽用户的视野，提高用户体验。同时还要照顾到用户的多维度兴趣，如果用户有 5 个兴趣，但我们只针对兴趣度最大的那一两个进行推荐，而不去探索并发现其余的兴趣，长期下去用户也会不满意。如果对推荐结果只关注准确性，而不关注多样性，那么用户看到的内容会越来越像，渐渐变得毫无新意，体验下降，最终可能就会离开平台。所以说多样性是平衡短期利益和长期利益的一个重要方面。

在具体计算多样性时，需要先确定多样性的主体是什么。最常用的多样性主体是类别，类别还可以再细分为一级类、二级类、三级类等，不同的类别粒度体现了对多样性的重视程度和要求不同。在确定了多样性的主体之后，常用的多样性计算方法有两种。第一种是基于信息熵的方法，首先将每个用户的推荐列表收集起来，计算出属于不同类别的物品所占的比例，记为 $p(i)$，则所有类别构成了一个离散随机变量，其信息熵的计算方法为 $\sum_{i} p(i)\log p(i)$，信息熵越大，说明多样性越高，反之则多样性越低。这是因为信息熵衡量的是变量取值的混乱程度，映射到多样性问题中衡量的是类别的混乱程度，类别越"乱"说明类别分布差异性越大，多样性也就越好。在极端情况下，如果一个用户的推荐结果全部来自同一类别，则对应的 p 等于 1，信息熵等于 0，对应着最差的多样性。关于信息熵的进一步解释，可参考信息学教科书。

第二种计算多样性的方法如下：

$$\text{Diversity} = \frac{2\sum_{i,j} I(\text{cate}(i) == \text{cate}(j))}{|L| * (|L| - 1)}$$

上面公式计算的是一个推荐列表中的多样性，其中 L 代表推荐列表，I 是指示函数，其参数为真时取值为 1，否则取值为 0。这种方法本质上是在做一个计数，数的是在推荐列表中所有物品的两两组合中，有多少个组合中的两个物品的类别是不同的，不同的对越多，说明多样性越好。分母上的数字和分子上的 2 是为了把这个指标归一到 0 和 1 之间，这样多样性的最大值就是 1，最小值就是 0。这个指标比信息熵好的一点在于，含义较为容易理解和解释，同时上、下限是 1 和 0，能够比较直观地知道指标的大小情况，也便于制定目标。

在实际应用场景中，一般不会去刻意优化多样性，主要是因为多样性与准确性等指标之间固有的矛盾。常用的做法是对多样性设置一个下限，并周期性地对多样性进行评测计算，保证系统的多样性不会低于这个水平。对后面介绍的一些非当前主要目标的指标，都可以采用类似的做法，保证工作的聚焦性。换句话说，在推荐系统的众多指标中，有些是要不断追求新高度的，例如点击率和转化率，有些则不需要持续优化，但需要保证不会太差。在某个时期，一般只能对其中一部分指标进行持续优化，而对另一部分指标持"保证不会太差"的态度。如果想要对所有指标都优化，则可能会落得所有指标都不够好的结果。

4. 新颖性

新颖性关注的是和多样性类似但又不同的一个角度，也就是关注在推荐列表中对用户来说比较新鲜的东西有多少。新颖代表着多样，但多样并不代表着新颖，例如推荐列表中的 5 个类别都是用户之前关注过的，虽然多样性比较高，但新颖性却比较低。对新颖性的衡量，核心在于如何定义新颖性，也就是新颖性的主体应该是什么。很自然地，我们会想到"类别"这个最通用的主体，但相对来说类别还是粗了点。尤其是在服装这样的场景下，女孩子买来买去就那么几个类别，光靠类别显然是不够衡量新颖性的，在类别的限制下我们同样很难做出新颖性的突破。如果说多样性是推荐系统长期发展的底线，那么新颖性就是长期发展的突破口，所以在新颖性方面可以尝试使用更加细粒度的主体。例如，我们选择标签作为主体，那么新颖性可用如下公式计算：

$$\text{Novelty} = \frac{N}{|L|}$$

其中，L 为推荐列表，N 为列表中用户此前没有见过的标签对应的物品数量。也就是说，这个公式计算了在推荐结果中用户之前没有见过的类别或标签对应的物品数量，以此来代表整个推荐列表的新颖性。

5. 排序评测指标

还有一类常用的评测指标是排序评测指标，指的是用来对结果排序好坏进行评测的指标。前面提到的点击率以及其他相关的准确性评测指标，关注点都是在推荐列表中包含了多少用户感兴趣的东西，而不在乎它们排在什么位置。但对于一个包含同样数量的相关物品的列表，相关物品排得越靠前越好，因为这意味着用户能够以更高的效率找到想要的东西，也对应着更低的流失风险。排序评测指标就是用来补上这一部分内容的。

常用的排序评测指标有两个，都是从信息检索领域借鉴过来的，分别是 NDCG 和 MAP。NDCG（Normalized Discounted Cumulative Gain）这个指标的基本想法是：首先给每个物品标定一个效用值，代表这个物品对用户的价值，在推荐系统中常用相关性来替代，例如用户对物品的点击情况、购买情况或用户在页面停留情况等。那么在一个列表中，我们希望效用值越高的物品排序越靠前越好。在计算一个列表的 NDCG 时，首先需要计算 DCG：

$$DCG = \sum_{j=1}^{J} \frac{rel_j}{\log_2(j+1)}$$

这个公式从列表的第一位开始计算，rel_j 代表第 j 位上物品的相关性。分母上的 $\log_2(j+1)$ 叫作 discount 函数，用来衡量位置的重要性，也可以使用其他形式的 discount 函数。可以看出，同样的相关性取值，排在越靠前的位置得到的分数越高，与上面提到的基本想法相吻合。但是 DCG 的问题在于无法进行横向比较，因为取值会随着结果数量等因素发生变化，所以我们希望将其规范化到 0 和 1 之间，便于比较。为了这个目的，还需要定义一个 IDCG，也就是理想（ideal）的 DCG。IDCG 的计算方法就是将列表按照相关性的大小从高到低排列，然后计算这个理想列表的 DCG。最终的 NDCG 的计算公式为

$$NDCG = \frac{DCG}{IDCG}$$

在为每个列表计算出 NDCG 之后，可以综合汇总每个列表的结果得到整个系统的 NDCG。在汇总时，可以直接计算所有结果的平均值得到整体平均 NDCG，也可以对用户进行划分，按照喜好品类、新老用户、活跃程度等不同维度来划分，分片评测。分片计算后，可以更细致地分析不同用户群上的指标表现。这种指标分片计算也是常用的数据分析方法，可以推广应用到更多不同的场景和指标中。

MAP（Mean Average Precision）是搜索评测的常用指标之一。从名字上看，这个指标的核心是 precision，但是前面附加了两个关于平均的词，即 mean 和 average。mean 指的是要在所有的用户或请求上做平均，也就是要在所有用户或请求上计算平均的 AP（Average Precision）。这就把问题简化为如何为一个请求计算 AP，然后计算它们的平均值。

假设一次请求得到了 5 个结果，分别用 1 和 0 代表用户点击和未点击（原本代表相关和不相关，但是在推荐场景中可用是否点击来替代）：100111，那么 AP 的计算方法是，在每一个被点击的位置上，计算 precision，即计算该位置之前（包括该位置）所有被点击的物品数量除以该位置之前所有的物品数量。在这个例子中，每个被点击位置上的 precision 分别是 1/1、2/4、3/5、4/6，那么这个列表的 AP 就是 (1/1+2/4+3/5+4/6)/4≈0.69。这里需要注意的是，只计算每个被点击位置上的 precision，而不是所有位置上的 precision。

　　MAP 指标的计算逻辑并不直观，计算方法虽然简单，但并不容易看出为什么要这么计算，以及这么计算出来的结果代表着什么，例如上面 0.69 的 AP 是高还是低呢？其实 MAP 有一个比较直观的解释就是，如果一个列表的 AP 为 x，其含义是平均每 $1/x$ 个位置上会出现一个相关物品。下面看两个例子：

- 01010101…
- 001001001…

　　容易验证，上面两个列表如果按照规律延伸下去，其 AP 分别为 1/2 和 1/3，正好对应着列表中相关物品出现的频率。所以，在上面的 AP≈0.69 的例子中，代表的就是列表中平均每 1/0.69≈1.45 个位置上就会出现一个相关物品，或者说大约每三个位置上就会有两个相关物品。这个结论和我们观察列表得到的感性结论是可以对应起来的，这样看来列表的排序质量还是不错的。

　　在实际中应用 MAP 时，通常不会计算整个列表的 AP，而是会将列表截断到前几位来计算 MAP，也就是常说的 MAP@k，其中 k 会取 3、5、10 等。这是因为用户的注意力通常更多地在前几位，后面的位置结果再好可能也不会得到太多的关注，因此关注和提升前几位的 MAP 对系统的效果提升更为关键。

6. 指标的应用方法

　　上面我们介绍了一些常用的评测指标，这些都是在实际应用中得到反复检验被证明有效的指标。当然，还有很多没有介绍到的指标，读者可以自行探索。这里讨论一下指标的应用方法。任何一个评测指标本身都不算复杂，都有着现成的计算公式，直接套用计算即可。但是要让指标充分发挥作用，还是需要下一番功夫的，这里就涉及指标的应用方法。

　　其实上面在介绍每个指标时，我们已经介绍了一些常用的指标应用方法，包括：

- 将单值指标扩展为概率分布，并使用直方图等工具进行深入分析，以得到更细致的分析结果。
- 将人群或流量分片，对不同的分片进行指标计算，以获取不同局部上的数据表现。
- 将指标分别应用到用户级别和流量级别，以分别衡量用户和流量两个层面的表现。

　　这只是一些常用的指标应用方法，相信结合具体的业务还会有很多其他应用方法。核心思想是要深刻意识到指标是一把尺子，只有用合理的方式度量具体的事物时才会产生价值，而产生多大价值取决于度量的事物本身以及度量的具体维度。在应用具体指标时，要能够解放思想，充分分析业务和数据特点，将合适的指标以合理的方式应用到合适的地方。

7.4 离线效果评测方法

在众多评测指标中,我们最关注的还是以点击率为代表的直接效果类的指标。每次算法或数据的迭代更新,在上线之前,我们都希望能够先和线上的基线版本相比,评测新版本效果如何。如果效果持平或相差很多,那么一般就不会上线,会重新调优开发;如果效果看着不错,那么就会推到线上进行线上实验。所以,第一步是需要一种不占用线上流量就能够对新版本算法做出效果评测的方法。

对于这个问题,最直接的方法可能就是:

- 用新算法为用户计算推荐结果列表 A。
- 从日志中获取用户真实点击的物品列表 B。
- 计算列表 A 和列表 B 的重合部分,记为集合 C,将 C 看作新算法命中的结果。
- 用 $|C|/|A|$ 作为本次推荐的准确率。

该方法最大的问题在于它是一套有偏差的评测方法。有偏差的地方是列表 A 并没有真实展现给用户,里面可能有一些好的东西用户没有看到,那么用户自然也就不会点击了,这种比较方式对于新算法来说是吃亏的。这个问题也被称为部分标签问题(partial-label problem)。所以说这种做法是无法准确评测新算法的真正表现的。要想消除该方法中固有的偏差,核心在于不能使用线上算法的结果列表 B 作为评测的基准,而是要使用一组随机生成的无偏结果数据作为基准。秉承这种思想,Yahoo!的研究者提出了一套无偏的离线评测算法 [1],其核心伪代码如图 7-1 所示。

该算法涉及的实体包括:

- 待实验算法 A。
- 长度为 L 的事件序列 S,序列中的每个元素都为三元组 (x, a, r_a)。
  - x:事件发生时的上下文信息。
  - a:事件中被展示的物品。
  - r_a:该次事件的收益,即用户是否点击或者以其他形式消费该物品。
- 初始浏览历史序列 h_0,初始值为空。

---

1 L. Li, W. Chu, J. Langford, and X. Wang. Unbiased Offline Evaluation of Contextual-bandit-based News Article Recommendation Algorithms. in Proceedings of the Fourth ACM International Conference on Web Search and Data Mining, New York, NY, USA, pp. 297–306, 2011.

```
Algorithm 2 Policy_Evaluator (with finite data stream)
 0: bandit algorithm A; stream of events S of length L
 1: h₀ ← ∅ {An initially empty history}
 2: Ĝ_A ← 0 {An initially zero total payoff}
 3: T ← 0 {An initially zero counter of valid events}
 4: for t = 1, 2, 3, . . . , L do
 5:    Get the t-th event (x, a, r_a) from S
 6:    if A(h_{t-1}, x) = a then
 7:       h_t ← CONCATENATE(h_{t-1}, (x, a, r_a))
 8:       Ĝ_A ← Ĝ_A + r_a
 9:       T ← T + 1
10:    else
11:       h_t ← h_{t-1}
12:    end if
13: end for
14: Output: Ĝ_A/T
```

图 7-1 无偏的离线评测算法的核心伪代码

- 当前总收益 $\hat{G}_A$，初始值为 0。
- 当前总实验样本数 T，初始值为 0。

其中，S 中的物品是通过对该部分用户随机展示物品得到的，这里的随机是该方法能够做到无偏的关键。下面对该算法流程进行简单说明。

- 逐个处理 S 中的每个事件 (x, a, r_a)：
  - if $A(h_{t-1}, x) = a$，新算法的推荐结果与线上的随机展示结果一致
    - ✓ 将当前结果加入浏览历史中：$h_t ← \text{CONCATENATE}(h_{t-1}, (x, a, r_a))$
    - ✓ 更新当前总收益：$\hat{G}_A ← \hat{G}_A + r_a$
    - ✓ 更新当前实验总样本数：$T ← T + 1$
  - 否则，$A(h_{t-1}, x) \neq a$
    - ✓ 保持浏览历史不变：$h_t ← h_{t-1}$
- 最终输出平均收益：$\hat{G}_A/T$

算法流程比较清晰、易懂，其中有几个需要关注的点。

- 事件序列 S 中的每个 a 都是随机生成的，这样才能保证整个流程是公平无偏的。
- 算法 A 给出推荐结果需要的输入，包括当前的上下文特征 x 以及当前的序列行为历史 h_{t-1}。使用方式可能包括训练模型、计算特征、计算相关性结果等。
- 只有当随机展示的结果和算法计算的结果一致时（即图 7-1 中第 6 行的 if 条件成立时），才会将该事件加入评测集中，因为如果这二者的结果不一致，我们将无法得知算法给出的结果会收到什么样的用户行为。

这种方法的核心在于为每个用户都构造了一个集合C作为算法评测的基准集合，在数据量足够大的情况下，根据大数定律，在每个用户的线上展现列表中出现每个物品的真实概率都接近它们的理论概率。而由于使用了随机生成的方式，每个物品出现的理论概率都是相等的，这就消除了前一种方法由于物品展现机会不相等造成的偏差，是一种无偏的离线准确率评测方法。除了无偏性的保证，这种方法还具有一致性的保证，也就是用这种方法离线评测的结果和线上评测的结果是一致的。该方法给出的结果具有低方差的优势，也就是说，使用同一来源的不同数据，例如同一模块不同时间段内的数据，得到的结果相差较小，基本是一致的。这个性质带来的好处是在数据量足够大的情况下，只需要进行一次或几次实验就可得到可信的结果，而无须像k-fold交叉验证那样进行很多次实验。当然，实验可用的数据量越大，一致性越好。但这种方法能够起作用的前提是流出的流量数量足够大，大到能够让大数定律生效——从经验上讲，用户和流量都要达到百万级以上，否则不妨做简单评测之后直接上线评测[1]。关于该方法的更多理论和实验证明，可参见论文*Unbiased Offline Evaluation of Contextual-bandit-based News Article Recommendation Algorithms*[2]。论文中，论文作者在Yahoo!新闻的首页验证了该离线评测方法与线上评测方法的一致性，如图 7-2 所示。

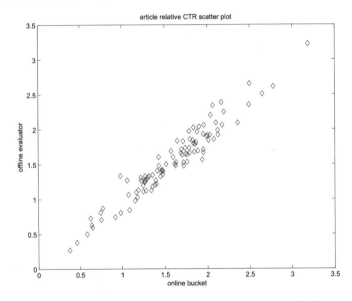

图 7-2　基于 replay 的离线评测方法和线上评测方法的对比

1　因为流量比较小，这种方法效果不显著，而且直接上线评测造成的影响也较小。

2　L. Li, W. Chu, J. Langford, and X. Wang. Unbiased Offline Evaluation of Contextual-bandit-based News Article Recommendation Algorithms. in Proceedings of the Fourth ACM International Conference on Web Search and Data Mining, New York, NY, USA, pp. 297–306, 2011.

在图 7-2 中使用的评测指标是点击率，可以看出，这种离线评测方法和线上评测方法得到的结论是高度一致的。Netflix在剧集封面个性化的场景中对这种方法进行了实践[1]，如图 7-3 所示。

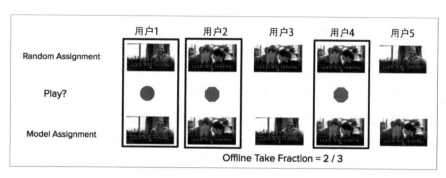

图 7-3 Netflix 对剧集封面个性化的离线评测

从图 7-3 中可以看出，用户 1、用户 2、用户 4 的展示结果和随机展示结果相同，被纳入评测集合中，其中用户 2 和用户 4 产生了点击，所以上面算法中的 T 为 3，$\hat{G}_A$ 为 2，准确率约为 67%。

使用这种方法，我们可以对新算法以及线上基线算法分别进行离线评测，考察它们之间的差异。这种方法不依赖线上流量，可以离线大规模展开，也可以同时尝试多重算法策略，是提高迭代效率的有力工具。这种以损失短期少量线上效果换取更纯净数据的方法与谷歌所提倡的机器学习最佳实践法则也是相呼应的[2]。

第 34 条法则：在有关过滤的二元分类（例如垃圾邮件检测或者确定有趣的电子邮件）中，在短期内小小牺牲一点效果，以获得非常纯净的数据。在过滤任务中，标记为负分类的样本不会向用户显示。假设过滤器在应用时可屏蔽 75% 的负分类样本，那么你可能会希望从向用户显示的实例中提取额外的训练数据。例如，如果用户将过滤器未屏蔽的电子邮件标记为垃圾邮件，那么你可能想要从中学习规律。

但这种方法会引入采样偏差。如果改为在应用期间将所有流量的 1% 标记为"预留"，并向用户发送所有的预留样本，那么可以收集到更纯净的数据。现在，过滤器屏蔽了至少 74% 的负分类样本，这些预留样本可以成为训练数据。

1　参见：链接 29。
2　参考 *Rules of ML* 第 34 条（链接 30）。

请注意，如果过滤器屏蔽了 95% 或以上的负分类样本，那么此方法的可行性会降低。即便如此，如果你希望衡量应用效果，那么也可以进行更低比例的采样（比如 0.1% 或 0.001%）。10000 个样本足以非常准确地评测效果。

但值得注意的一点是，这种方法由于需要分配出少量的流量用以收集无偏的用户反馈数据，因此会在一定时间内对线上效果产生一些负面影响，这需要工程师在研发时就有所准备。如果不能接受潜在的损失，也可采用前面介绍的有偏差的评测方法，虽然会有些不公平，但在新算法提升较显著时也可在一定程度上反映出算法效果的优劣。

replay 方法通过使用小部分线上流量进行随机展示，收集到公平无偏的评测集合，来做到无偏的评测。但这种方法也有一个明显的缺点，就是每次推荐时候选物品的集合不可太大，否则上面算法中 $A(h_{t-1}, x) = a$ 成立的概率会非常小，因为 $A(h_{t-1}, x)$ 产出的集合可能是百万级甚至千万级的，而 a 的集合可能也是同样量级的，导致在大量随机结果中可能得不到几个符合条件的评测结果，进而使得这种评测方法失效。所以，该方法更适合每次推荐候选集不是很大的情况，例如：

- 候选集是经过人工筛选的，量级在百以内。例如，提出该方法的文章就是在编辑精选后的候选集上进行新闻推荐的。
- 非算法层的评测，例如 Netflix 实践中的封面个性化，因为可能的候选封面一般不会很多，最多也就是 10 个左右这个量级。

而在更广泛的推荐算法离线评测方面，我们需要对无偏性做出一定的妥协，来满足海量物品推荐评测的实际需求。具体来说，只需对上述算法中序列 S 的生成进行简单修改即可——将 S 的生成逻辑改为使用用户在线上全站的真实浏览记录。这样做可达到以下两个效果：

- 用户的真实浏览是带有目的性或兴趣的，所以物品范围是相对收敛的，例如每次网上购物时浏览的内容都会围绕某类物品展开，同时推荐算法的推荐结果也是相对收敛在某一范围内的。二者的范围都相对收敛到一个大集合中，这就极大地提高了 $A(h_{t-1}, x) = a$ 条件成立的概率，进而使得能收集到足量评测数据的概率大大增加，从而解决了 replay 方法对候选物品数量的限制。
- 用户的真实浏览行为不仅来自推荐，也来自搜索、分类、促销等多个渠道，这样老推荐算法在其中的比重就被大大稀释了，前面提到的老算法"既出题又答题"的不公平因素就被大大缓解了。

可见，该方法虽然仍带有一定的不公平，但有效性大大提升了，可作为推荐算法层离线评测的一般性方法。

7.5　在线效果评测方法

上面介绍的离线评测方法，具有不影响线上体验、迭代速度快等优点，但也有着明显的缺点。首先，离线结果不能百分之百代表线上结果，只能是线上结果的一个模拟和代理，毕竟上线后面对的是真实用户，而真实用户是否点击一个物品还取决于很多离线评测时无法收集到的因素，典型的如一些动态的上下文特征等。其次，离线评测时可评测的指标是受限的，一些重要的指标如停留时长、用户留存等是无法离线评测的。由于这些原因，新策略通过离线评测之后，在上线之前，还需要做在线的效果实验。最常用的两种在线实验方法是 AB 实验（ABTest）和交叉实验（interleaving）。

7.5.1　AB 实验

AB 实验是最常用的也是最简单、易行的在线实验方法，其中心思想比较直观——为每种待测试的策略分配足够的流量，在这份流量上计算要对比的评测指标，并基于评测指标的对比做出最终的决策。这看上去非常简单，但是在理论和工程实现上却有着丰富的内涵。

1. 基础理论

首先，在流量分配层面，需要遵循的第一原则就是同分布原则。以两组以用户为主体的实验为例，我们需要保证这两组用户在分布上是相同的两群用户。也就是说，假设用 10 个变量来描述一个人，那么这 10 个变量组成的联合分布，在这两组用户中应该是相同的。只有这样，才能保证两种要对比的策略接受的是同样的测试。此外，这样也能够保证在实验阶段的表现和最终上线后的表现是一致的。而要满足这一条件，在工程实现中通常需要两个东西：一个是本身随机生成的用户 ID，例如 PC 上的 Cookie ID 或手机上的 IMEI 等 ID；另一个是根据 ID 对流量进行等概率分配的函数，例如常用的取模函数。这里需要注意的一点是，当前的推荐模块经常需要处理多个终端和来源的请求流量，而这些来源的用户 ID 常常在格式和规律上是不同的，因此需要对它们做统一处理，例如做 MD5 摘要处理，得到统一的 ID 数据，然后进入后面的实验分配逻辑中，否则有可能出现 AB 实验后设备分布不均匀的情况。

其次，在对比结果的解释方面，也需要一定的理论知识。在 AB 实验中最常犯的错误就是，只要看到实验组的指标高于对照组，就认为实验组的效果比对照组好，而没有考虑支撑数据指标的数据量。例如，实验组和对照组各有 100 个独立同分布的随机用户，对照组有 20 个用户产生了点击，实验组有 22 个用户产生了点击，由此就得出了实验组的点击率高于对照组的结论。这个结论是错误的，因为这里只关注了点击率的数值，而没有关注数据量的大小。根据二项分布的概率理论，在真实点击率为 0.2、样本数为 100 的数据中，能够产生 22 次或以上点击的概率仍高达 35%。这个结论所依托的数据量太小，无法构成显著性差异，这两组实验数据很可能只是来自同一个分布的不同样本而已。换句话说，这两份数据完全可能是由同一算法生成的。但如果在 10000 个样本中分别观测到了 2000 次和 2200 次点击，那么几乎就可以百分之百确定实验组的点击率要高于对照组，因为如果真实点击率为 0.2 的话，在 10 000 个样本中出现 2200 次或更多点击的概率已经低于百万分之一了。这背后的原理就是概率统计中的假设检验思想。

对于最常用的点击率对比实验中的一组实验，每次曝光都可被看作同一个二项分布中的不同独立样本。二项分布 $B(n,p)$ 有两个参数，即 n 和 p，n 是实验次数，p 是单次实验的成功率。我们统计一组实验中的点击率，本质上是在通过这组样本来估计参数 p。我们要检验两组实验中的点击率是否相同，本质上是在问两组流量对应的分布中的参数 p 是否相同；而要检验实验组中的点击率是否高于对照组，本质上是在问前者分布中的 p 是否大于后者分布中的 p。对于第一个问题，用更严谨的概率的语言来说，应该是：如果两组数据中的 p 相等，那么有多大概率能够观测到当前数据或比当前更极端的数据？这里的"更极端"可理解为两组数据中的点击率差异比当前预测到的更大。如果这个概率很大，则不能拒绝"两组数据中 p 相等"的假设（这个假设通常称为零假设）；而如果概率很小，那么就有充分理由拒绝零假设，转而接受"两组数据中 p 不等"这个假设。对于这种情况，我们也会说两组数据中的 p 存在显著性差异。第二个问题与之类似，只需更换零假设即可。这里用到的原理就是概率统计中的假设检验思想，简单来说，就是：设定一个要验证的东西（称为零假设），例如两组数据中的点击率是否相同，然后收集证据，像法庭审判一样，通过概率计算来看有多少证据可以判定零假设有罪（为假），如果收集到了足够的证据，就判定其有罪（为假），转而接受另一个假设（称为备择假设）；如果没有收集到足够的证据，则不能判定零假设有罪（为假），就只能接受它。可以看出，整体上这是一种"疑罪从无"的思想。由于篇幅关系，这里不去细致讲解假设检验的详细原理，读者在概率统计教材中可以找到解释。下面介绍一种具体的基于 R[1] 软件的实际操作方法。

样本数据为：实验组和对照组分别曝光 10 000 次，在实验组中观测到 2200 次点击，在对照组中观测到 2000 次点击，想知道实验组中的点击率是否高于对照组。我们将这个问题拆解为两个问题：首先检验两组数据中的点击率是否存在显著性差异；然后检验实验组中的点击率是否高于对照组。

对于第一个问题，操作方式如图 7-4 所示。

1　R Core Team. R: A language and environment for statistical computing. R Foundation for Statistical Computing, Vienna, Austria, 2018. 链接 31.

```
> prop.test(c(2200, 2000), c(10000, 10000))

        2-sample test for equality of proportions with continuity
        correction

data:  c(2200, 2000) out of c(10000, 10000)
X-squared = 11.935, df = 1, p-value = 0.0005508
alternative hypothesis: two.sided
95 percent confidence interval:
 0.008613602 0.031386398
sample estimates:
prop 1 prop 2
  0.22   0.20
```

图 7-4　检验两组数据中的点击率是否相同

这里使用了 R 中的 prop.test 函数，这个函数是用来做各种关于比例的假设检验的。在这个例子中，将数据按照图中的格式传入，在 R 的交互式环境中运行即可得到结果。结果中的内容比较多，其中最重要的就是框住的 p-value，其含义是：假设两组数据中的点击率相同，那么能观测到当前数据的可能性有多大。这里的 p-value 是 0.0005508，是非常小的。通常，我们认为 p-value 小于 0.05 就代表着显著性比较强了。进一步地，如果观测到当前数据的可能性如此小的话，那么零假设就站不住脚了，就拒绝"两组数据中的点击率相同"这个假设。而由于我们做的是双边检验（图中显示为 two.sided），所以备择假设就是"两组数据中的点击率不相同"，而不是某一组的点击率高于另一组。所以，为了检验实验组中的点击率是否高于对照组，我们需要再做一个实验，如图 7-5 所示。

```
> prop.test(2200, 10000,p=0.2,alt="greater")

        1-sample proportions test with continuity correction

data:  2200 out of 10000, null probability 0.2
X-squared = 24.875, df = 1, p-value = 3.058e-07
alternative hypothesis: true p is greater than 0.2
95 percent confidence interval:
 0.2132131 1.0000000
sample estimates:
    p
0.22
```

图 7-5　检验实验组中的点击率是否高于对照组

这次实验与上次不同的是，我们做的是单边检验。在这次实验中，首先需要搞清楚备择假设是什么。从图 7-5 中可以看到，备择假设是"真实的 p 大于 0.2"。为什么是 0.2 呢？因为通过对照组的点击和曝光数据可以计算出其点击率为 0.2。接下来看 p-value，从图中可以看到这次的 p-value 更小了，远小于 0.05。依照同样的原理，我们可以拒绝零假设，接收备择假设，也就是可以认为真实点击率是大于 0.2 的，也就是实验组中的点击率是高于对照组的。

现在我们看另外一个例子。实验组和对照组各有 1000 次曝光，在实验组中观测到 220 次点击，在对照组中观测到 200 次点击。检验这两组数据中的点击率是否相同，如图 7-6 所示。

```
> prop.test(c(220, 200), c(1000, 1000))

        2-sample test for equality of proportions with continuity
        correction

data:  c(220, 200) out of c(1000, 1000)
X-squared = 1.088, df = 1, p-value = 0.2969
alternative hypothesis: two.sided
95 percent confidence interval:
 -0.01669072  0.05669072
sample estimates:
prop 1 prop 2
  0.22    0.20
```

图 7-6　检验两组数据中的点击率是否相同

从图 7-6 中可以看到，p-value 高达 0.2969。也就是说，如果两组数据中的真实点击率相同，那么观测到当前这组数据的可能性非常大，将近 0.3，远大于 0.05，所以我们不能拒绝"两组数据中的点击率相同"这个零假设。从这个例子可以看出，在数据量不足的情况下，数据常常是反直觉的，是会骗人的，基于小数据量做出的结论常常是不可靠的。

上面介绍的就是在得到实验数据之后，科学、合理分析结果的一种方法。可以看出，在现代软件工具的支持下，只要掌握正确的理论，数据分析并不复杂。而 AB 实验真正复杂的地方是实验数据的收集，以及大量实验策略的灵活上、下线，这背后对应的是一套在线实验架构的设计和实现。

2. 逻辑工程架构

AB 实验平台通常服务于两个主要功能:实验策略的效果指标收集和实验策略的灰度发布。为了实现这个目的，AB 实验平台的工程复杂度可大可小，但从逻辑上讲，都应该具有如图 7-7 所示的工程架构。

首先，用户请求会被标识，也就是对该次请求对应的用户和上下文关键属性进行记录。例如，用户属性可能包括请求来自哪个用户 ID、用户所属的地区、语言、操作系统等，上下文属性可能包括当前时间以及用户当前所在的页面等。收集到这些标识信息之后，接下来会根据这些标识信息进行策略分流，也就是决定将该次请求分配到哪种策略中。需要注意:这里的策略不只是算法策略，也可能是文案策略、UI 策略等一切可以做对比实验的内容。在确定了请求对应的策略之后，一方面会根据该策略进行最终结果的呈现；另一方面会对该次请求对应的标识和策略信息进行记录，记录结果最终会进入结果分析环节。

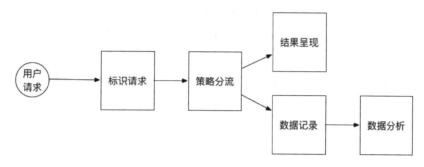

图 7-7　AB 实验平台逻辑工程架构图

在实际的系统中，复杂度的差异主要发生在"策略分流"部分，其次是"数据分析"部分。简单起来，可以简单到一个工程师一个星期完成全部工作；复杂起来，可以复杂到让一个十几人的团队持续迭代开发几年。从实用角度出发，下面先介绍一个可以满足 80%需求的最小可用的简单版本，然后介绍一个可以承载更多功能和需求并且可扩展性更好的复杂版本。

3. 最小可用的 AB 实验系统

所谓的最小可用，在 AB 实验系统中主要指的是策略分流和数据分析部分要实现最小可用。策略分流部分，其复杂度主要体现在多策略、多层级方面。多策略指的是实现多种策略同时上线实验，例如多个排序算法同时上线实验；多层级指的是多个层面的策略同时上线实验，例如算法层和 UI 层的待测试策略可以同时上线实验。要实现最小可用的版本，我们需要对策略和层级都做限制，对策略先限制为两种策略同时上线实验，对层级假设只需要处理一个层级。做这样的简化不仅是为了阐述方便，而且也符合现实中大部分中小型团队面临的情况。

在策略方面，由于对同一层级的流量需要做到隔离，所以每增加一种要测试的策略就要求多一份流量。一般的新策略都需要足够的流量和时间才能得到准确的结果，否则会出现结果不稳定、忽高忽低的情况，除非是会引起效果变化非常大的新策略。所以，对于很多流量不是特别大的场景，更推荐的方法还是将多种待测试策略依次上线实验，保证每次实验都可以得到准确、稳定的结果。此外，从支持两种策略扩展到支持多种策略，只要流量足够，就可以很容易做到，所以这样的简化并不会影响策略层面的可扩展性。而在层级方面，多个层面的策略可同时进行实验的前提是不同层级之间相互独立，例如上面提到的算法层和 UI 层。但在大多数场景中有几种情况不可忽视：第一，虽然说除算法以外的部分也都可以做 AB 实验，但在大多数情况下，由于各种技术、非技术的原因，真正会去做 AB 实验的大多是与算法相关的策略；第二，分层实验可以进行的一个重要前提是不同层级之间相互独立，不会互相干扰，但是如果将算法策略再进行分层，由于算法流程之间的关联性，是很难做到真正独立的，分层之后的数据分析结果也会受到影响，所以算法策略在开发初级阶段是不适宜进行过多分层的；第三，分层实验的开发和验证增加了系统的复杂度，在必要性不是很强的情况下投入产出比是不合算的。基于以上原因，下面先介绍一个支持单层多策略的 AB 实验系统方案。

MVP 版 AB 实验系统工程架构图如图 7-8 所示。

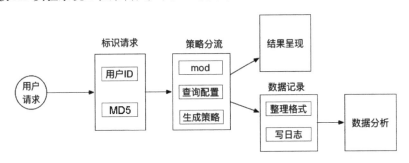

图 7-8　MVP 版 AB 实验系统工程架构图

在标识请求的步骤中，首先使用用户的唯一 ID 作为核心标识，然后对该 ID 进行一次 MD5 操作。在 AB 实验策略分流时有一个分流主体的概念，例如，如果以用户为主体的话，就代表着某个用户的所有请求都会被分配到一种固定的策略中。当然，也可以以其他维度为主体，例如完全以请求维度为主体，这意味着每个用户的每次请求都可能被分配到不同的策略中。选择用户 ID 作为标识的原因在于，我们日常大部分策略实验都需要给每个用户相对固定的体验，最好不要这一次是 A 策略，刷新一次就变成了 B 策略，这样不仅用户体验不好，而且也和策略最终上线后的展现策略是不同的，因此会影响效果的评测。但是在使用用户 ID 时需要注意的一点是，一定要选择一个能够覆盖到所有用户的 ID 集合，这样才能够保证所有用户都能得到实验的机会，保证实验的公平性，以及最大程度地利用流量。一种不符合该要求的 ID 是注册用户 ID，这种 ID 在用户注册后生成，对于未注册用户通常是 null 或者其他预定义好的值。使用这种 ID 会导致未注册用户全部无法参与实验，这不仅会造成这部分流量的浪费，还会导致无法评测策略在这部分用户上的效果表现。这是选择 ID 时常常容易忽视的一点。

选择好用户 ID 之后需要进行 MD5 操作，是因为用户 ID 可能来自不同的系统，例如有的来自 iOS，有的来自安卓，有的来自 H5 页面，有的来自小程序等，通常这些系统的网关层都会为访问用户生成唯一 ID，例如 iOS 可能会用 IDFA、安卓会用 IMEI、其他终端可能会使用自定义函数来生成 ID。这些不同方法生成的 ID 从格式到生成逻辑各方面都会存在不一致的情况，为了保证后面的分流算法公平，需要对这些 ID 进行变换，加一层统一的随机性。对于任何内容

MD5 操作都会生成一串 32 位的十六进制随机数字，满足这两个要求。后面的策略分流就是基于 MD5 操作之后的结果进行的。

　　接下来是策略分流的流程。首先对上一步 MD5 操作生成的数字进行取模（mod），例如可以取模 100 或者 1000。如果取模 100，则意味着流量最大可以细分到 1% 的粒度；如果取模 1000，则意味着可以控制到 1‰ 的粒度，具体取模多少可以根据平台上流量的大小来决定。由于取模操作通常都是实时处理的，为了保证计算效率，也可以不对 32 位数字全部进行计算，例如可以只取末尾的 10 位，但也不可取的位数太少，以免影响随机性效果。在得到取模结果之后，根据取模结果查询配置表，这个配置表中存储了取模结果和策略之间的对应关系，例如取模 100 之后，落入 10~20 区间的执行某策略。这一步就相当于考上大学之后，拿着录取通知书到学校报到，学校门口有个师兄根据你的通知书信息告诉你具体到哪个院系报到。这里生成策略的方法有两种，其中一种是通过硬编码的方式在代码里写 if else，这种方法的优点是实现简单，开发效率高，但缺点是不灵活，每次策略更改都需要修改代码重新上线，同时代码冗余度高，不同分支下策略的重复逻辑不好实现复用；另一种是将策略描述写在配置文件中，推荐服务动态读取配置，动态生成待执行逻辑。这种方法的优点是灵活度高，复用程度高，同时出错概率低，但缺点是实现相对复杂，对工程能力要求较高。在系统初期可先使用第一种方法，后面再逐渐过渡到第二种方法。这里还有一个隐含假设，就是所有待实验策略均对所有用户无差别进行分流，在这个假设下，只需要通过用户标识进行分流即可。如果需要对用户进行有差别的分流，例如只对某地区或某种性别的用户进行分流测试，就需要在请求标识阶段记录用来区分用户的字段，如地区或性别。这些特性可以很容易通过扩展得到。

　　为请求确定了执行策略之后，一边会执行该策略将结果传递给调用方，一边会执行数据记录的工作。这个步骤并不复杂，但值得一说的是要记录的具体数据内容和形式。这里的数据一般是通过日志的方式记录的，而且一般会存在请求、曝光、点击三份日志。通常，请求日志是推荐服务自己记录的，需要在里面记录策略版本信息，而曝光日志和点击日志则是由展示端来记录的。这三份日志通常会通过一个共同的请求 ID 串联起来，以便生成后面计算点击率等需要的数据，具体的串联方式这里不做展开介绍。这里需要指出的一点是，由于曝光日志和点击日志有可能不是推荐团队自己记录的，而负责记录的团队对推荐模块和系统的了解通常都非常少，所以在协商这两份日志怎么记、记什么方面时，一定要做好充分的沟通，必要时还要将推荐的基本逻辑向对方进行概要讲解，确保对方知道这两份日志记录下来要做什么，进而才能保证记录的内容和形式是正确的。在做好沟通之后，还需要做好充分的验证，保证这条非常重要的管道的可靠性。在这中间最容易出现的情况就是静默失败（silent failure），也就是前端团队的日志记录和推荐团队的理解不一致，但是双方都不知道这件事情，导致前端团队按照自己的理解来记录，而推荐团队按照自己的理解来解析计算，自然计算结果是不对的。更重要的是，这种情况在很多时候不会触发任何报警，是很难发现的。如果不做好充分沟通，是一定会发生这种情况的，本书作者在各种大小的公司都见到过类似的情况，所以切不可抱侥幸心理，觉得记录日志很简单，应该不会出错，要知道从事不同工作的人对同一件事情的理解差异可能会非常大。一定要了解，如果数据记录不准确，整个 AB 实验系统的其他环节做的工作就全部失去了意义，并且会对业务造成持续误导。

在得到对每个请求记录的数据之后，就可以通过前面介绍过的方法来分析策略间的差异了。通常还会配合可视化系统来辅助分析。

4. 多层重叠的在线实验系统

上面介绍了一个最小可用的在线实验系统，可以满足系统初期大部分的实验需求。但是随着迭代的持续进行，实验需求会越来越多，平台的可用流量也越来越多，这时就需要引入多层重叠的在线实验系统了。

与上面的MVP版本相比，多层实验系统主要是在策略分流这一模块进行了扩展，从单层实验扩展到支持多层实验。这里我们以谷歌的在线实验系统为例[1]，介绍多层实验系统的技术架构。

该系统引入了三个重要的概念对流量和实验进行描述。

- 域（domain）：域是对流量划分的最大单位，在决定每组流量的去向时都会先确定它应该属于哪个域。
- 层（layer）：层是全流程系统配置中的一个部分，例如 UI 层、召回层、排序层等。每一层上的实验目的都是测试该层的配置项的不同取值对应的效果，例如召回层上的实验目的是测试不同的召回策略对应的效果。
- 实验（experiment）：就是指实验组和对照组的实验，每个实验对应着上面层中一组配置的一个取值，例如某种具体的召回策略。

对于层的概念，系统引入了一种特殊的层，叫作发布层（launch layer）。发布层位于流程的最前端，每个发布层都拥有全部的流量，发布层中的配置，通常是指完成了 AB 实验并被认为优于对照组的配置。一个请求在某组配置上的优先级为：请求所在的非发布层实验中的配置（例如正在实验的某种召回策略）→发布层中的配置（例如已完成 AB 实验的某种召回策略）→系统默认配置（例如系统默认的召回策略）。图 7-9 展示了两组带有发布层的实验配置。

1　Diane Tang, Ashish Agarwal, Deirdre O'Brien, and Mike Meyer. Overlapping experiment infrastructure: more, better, faster experimentation. In Proceedings of the 16th ACM SIGKDD international conference on Knowledge discovery and data mining (KDD '10). ACM, New York, NY, USA, 2010: 17-26. 链接 32.

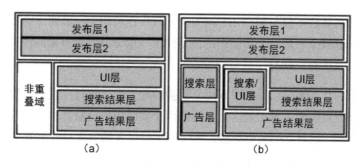

图 7-9　带发布层的实验配置

图 7-9 同时展示了层和域的一个重要特点，就是层和域可以相互嵌套，目的是实现灵活、复杂的流量配置策略。图 7-10 展示了简单的流量无域划分和有域划分对比情况。

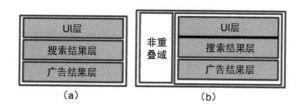

图 7-10　流量的无域划分和有域划分对比情况

图 7-10（a）展示的是一个域内分三层的实验配置，三层分别是 UI 层、搜索结果层和广告结果层。图 7-10（b）展示的是两个域，其中一个域配置的是非重叠实验，另一个域配置了和图 7-10（a）相同的三层重叠实验。这种可嵌套的域的设计使得实验的编排设计更加灵活多变，也让不同的推荐流程做到实验策略的最大程度复用。

无论使用上面的哪种配置形式，也无论域和层是否相互嵌套，都需要解决一个核心问题，那就是多层重叠实验如何做到不同层的实验不相互干扰，也就是如何实现公平的多层实验。首先介绍公平的含义。从整体上讲，流量在每一层实验上的分配都应该是均匀的，并且是相互独立的；从个体上讲，每组流量在每一层上被分配到每一个实验的概率都应该是相同的。之所以要求公平，意义在于不公平会导致某些层上的实验流量不足。此外，上层策略流量在下层分配不均匀会导致对上层实验结果做出错误的归因分析。为了达到无偏的效果，采用的核心原理是：

- 一组流量到了每一层，在该层上的多个实验中分配流量时，是随机均匀分配到每一个实验中的。
- 每一层往下一层走的时候，该层上每个实验中的流量又会随机分配到下一层的多个实验中。

- 每一层的随机算法不仅与用户 ID 相关，还与所在层相关，做到每一层的随机算法相互独立，不会导致上一层某个实验中的流量向下一层分发时带有偏向性。
- 如此重复，直到走完所有层。

例如，在一个一共有两层、每一层有两个实验的配置中，执行完这套流程之后，全部流量被分成了 4 种类型，对应着 4 种配置。上一层的两个实验中的流量都被均匀分配到下一层的两个实验中，再加上每一层独立的随机算法，就做到了分层无偏的流量分配效果。

上面是从整体流量的角度来看待系统的分流策略的，而系统整体的分流策略是通过对每一个请求的分流处理来实现的。图 7-11 展示了一个具体请求得到执行策略的流程图。

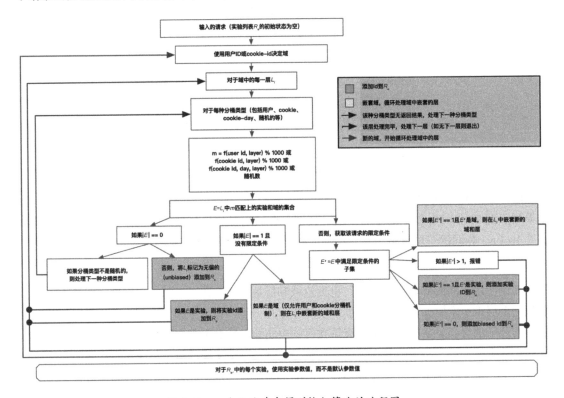

图 7-11　一个具体请求得到执行策略的流程图

流程的核心逻辑描述如下。

（1）初始化空的实验队列 R_e。

（2）使用用户 ID 确定请求所属域。

（3）对于域中的每一层，依次尝试不同的哈希取模策略，得到取模结果 m。

（4）找到这一层与取模结果 m 匹配的实验集合 E，分如下几种情况。

- E 中元素数量为 0，也就是该流量不参与任何实验，此时尝试下一种哈希取模策略。
- E 中元素数量为 1，此时：
  - ○ 若 E 中元素是一个具体实验，则将该实验加入 R_e 中。
  - ○ 若 E 中元素为嵌套域，则跳转到第二步确定域。
- 其他情况，也就是多个实验或带条件实验（例如，要求对不同地区的流量做不同的实验），则获取实验对应的属性，根据属性取得 E 中与之匹配的子集 E'：
  - ○ 如果 E' 中实验数量大于 1，则报错（因为一次请求在一层中限定条件后只可以参加一个实验）。
  - ○ 如果 E' 中只有一个元素，此时：
    - ✓ 若该元素类型为实验，则将该实验加入 R_e 中。
    - ✓ 若该元素类型为嵌套域，则跳转到第二步确定域。
  - ○ 如果 E' 中没有任何实验，则将该请求标识为有偏差，为了保证流量无偏，将不再参与该层后面的哈希取模策略实验。

执行完上述流程之后，就会得到一个实验列表 R_e，其中每个元素对应着每一层要做的实验。后面的逻辑会根据这个列表生成这次请求的执行策略。为了保证所有参与 AB 实验的业务都使用同样的逻辑，而不会发生处理逻辑不一致的情况，以上这套逻辑最好封装在一个共享库中，供所有使用方调用。

7.5.2　交叉实验

AB 实验能够满足我们对多种策略进行对比测试的需求，但是 AB 实验也存在一些问题，主要体现在：

- 如果某组实验事后被证明是效果更差的，那么在实验进行期间，被分配到实验组的流量对应的效果就会变差，对应的用户体验也会变差，从而影响整体效果。
- 如果某组实验事后被证明是效果更好的，那么没有被分配到实验组的流量就会因为没有享受到这种好策略而吃亏。
- 如果要得到置信度较高的实验结果，则需要进行较长时间或较大流量的实验对比，在流量不足的情况下就只能靠时间来弥补了，这无疑对快速迭代是有影响的。
- 在一些没有那么大流量的场景下，实验依次进行，优先级靠后的实验很可能就会被遗忘。
- 我们通常会用用户 ID 来进行分流，但如果用户群中出现少量流量明显高于正常的用户，那么即使微小的划分误差也会对结果产生重大影响。

此外，AB 实验还有一个重要的局限性，就是可同时进行的实验数量是受限的，尤其是对于流量不是很大的中小型平台，通常可同时进行的实验可能只有两三组。但是在策略的快速开发迭代期，一般会有很多策略待实验，如果完全依赖 AB 实验的话，迭代速度就会受影响，在流量受限的情况下尤其如此。

在这种情况下，我们需要一种可以辅助 AB 实验的方法，并且希望这种方法具有如下性质：

- 对排序结果敏感。相比传统的 AB 实验，该方法能够在更小的数据量上识别出不同算法之间的差异。
- 对后面进行的 AB 实验有指导性和代表性。在该方法中衡量出的关键指标与 AB 实验中的关键指标能够对齐。换句话说，在该方法中判断为最优的算法，在 AB 实验中应该也是最优的。

交叉实验（interleaving）就是这样一种方法 [1]。使用交叉实验+AB实验的方法，可以在第一阶段交叉实验时对大量策略进行初步筛选，筛选出少量的优胜策略之后，在AB实验阶段对这些优胜策略再进行最终的定量评估。

AB 实验和交叉实验的对比如图 7-12 所示。

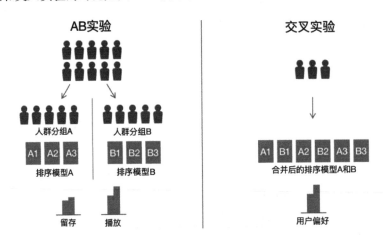

图 7-12　AB 实验和交叉实验的对比

1　Olivier Chapelle, Thorsten Joachims, Filip Radlinski, and Yisong Yue. Large-scale validation and analysis of interleaved search evaluation. ACM Trans. Inf. Syst. 30, 1, Article 6 (March 2012), 41 pages, 2012. 链接 33.

　　AB 实验和交叉实验的核心差异在于：在 AB 实验中每个用户都会被固定划分到一个组，只接受某一种固定的策略（在某一层上）；在交叉实验中对每个用户都会同时呈现多种策略的结果。图 7-12 直观地展现了这种差异。所以，这里面最核心的部分就是如何保证每个用户结果列表中策略分布的公平性。最常用的一种方法叫作选秀式方法（team draft），该方法模拟了大家平时打球时分组选队员的过程：两个队长先扔硬币决定谁先选，决定之后每个人轮流选，每次选人的队长都会选他认为当前剩下的人里面最优秀的，如此反复，直到所有人都被选完或队伍人数选够。具体地，该方法的执行流程如下：

　　（1）设 A 和 B 为两种不同策略对应的排好序的结果列表。

　　（2）对于每个用户的结果列表 S，随机决定第一个物品来自哪种策略，然后将该策略列表中的第一个物品选出。这里的随机很重要，这保证了在大数据场景下 A、B 两种策略在位置上的公平性。

　　（3）另一种策略贡献 S 中不存在的下一个结果。这里需要注意的是，下一个结果要和 S 中已有的结果去重，保证 S 中结果的唯一性。

　　（4）如此反复，直到 S 的长度达到要求，或者 A、B 列表中的结果消耗完毕。

　　按照这样的流程生成数据，可以保证在大数据场景下 A、B 两种策略在位置上的公平性，因为每个位置上的物品来自 A、B 两种策略的概率是相等的，从而可以通过计算在最终结果中来自 A 和 B 的物品分别得到的总点击数（或阅读时长等其他指标）来衡量 A 和 B 之间的效果差异。图 7-13 展示了 Netflix 在视频个性化模块中进行交叉实验时，使用选秀式方法进行结果排序的例子。

　　上面提到使用交叉实验，原因之一在于它得出可靠结论所需的数据量要小于 AB 实验，那么具体会有多大差异呢？要证明两种方法中“方法一”比“方法二”所需的数据量小，那么“方法一”需要在更小的数据量上稳定得出更接近事实的结论。基于这个思路，我们可以设计如下测试方法。

　　（1）选择两种已知效果好坏差异的算法 A 和 B，假设 B 的效果确定是优于 A 的。

　　（2）平行使用交叉实验和 AB 实验进行两组实验。

　　（3）对于给定的样本量 N，使用自举采样（bootstrap sampling）的方法分别从两组实验结果中进行重复抽样。在每次抽样时：

- 对于交叉实验，直接从实验结果中抽样 N 个用户。
- 对于 AB 实验，从两组实验中分别抽取 $N/2$ 个用户。

图 7-13 在交叉实验时使用选秀式方法排序举例

（4）每次抽样后，都从抽样结果中计算 B 的效果是否好于 A。

（5）在每个样本数据量上，多次抽样后，计算两种实验方法分别能够识别出 B 的效果优于 A 的概率。哪一组的概率越大，说明哪一种方法对算法的敏感度越高。

（6）为了进一步定量地衡量差异，我们考察哪一种实验方法能够用更少的样本量达到 95% 的正确识别率。样本量更少的那一种方法对数据量的要求低，同时也可以定量地看出对样本需求量的差异。

Netflix使用这样的方法进行了一组实验[1]，得到的结果如图 7-14 所示。

---

1 参见：链接 34。

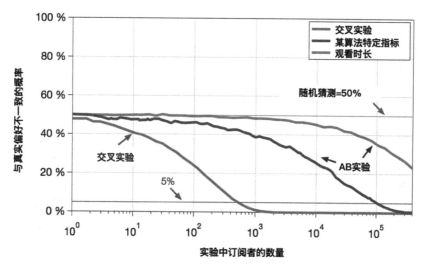

图 7-14　交叉实验和 AB 实验的敏感度对比测试

图 7-14 中横轴代表每次实验使用的用户量，纵轴代表每种实验方法在该用户量下得到的结果与真实结果不一致的概率，概率越小越好。三条曲线（图例中从上到下）的含义分别为：

- 第一条，使用交叉实验衡量两种算法的效果好坏。
- 第二条，使用 AB 实验衡量两种算法在某算法特定指标上的好坏。
- 第三条，使用 AB 实验衡量两种算法在整体观看时长上的好坏。

之所以选取了两个 AB 实验指标来对比，是因为 AB 实验对于不同指标的敏感度相差比较大。从结果上可以很明显地看出，同样是达到 5% 的错误率（实验结果和真实结果不一致的概率），交叉实验需要不到 10^3 量级的数据，而 AB 实验中较为敏感的指标也仍然需要 10^5 量级的数据。从该实验可知，交叉实验对算法效果的敏感度要远优于 AB 实验的，满足上面提到的第一个性质。

接下来需要确认的是第二个性质是否满足，即交叉实验的结果与 AB 实验的结果具有足够的相关性，因为只有这样，我们才可以用交叉实验来作为 AB 实验的预筛选步骤。在 Netflix 的实验中对该性质也做了验证，结果如图 7-15 所示。

图 7-15 中的每个点都代表一次策略对比实验，横轴和纵轴分别代表该次对比使用 AB 实验和交叉实验的结果。可以看出数据存在明显的相关性，相关性系数达到了 0.969，可以认为几乎是完全线性相关的。

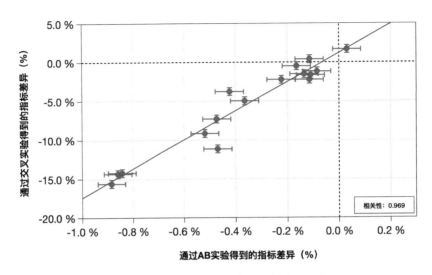

图 7-15　交叉实验和 AB 实验的相关性测试

　　所以说交叉实验完全满足上面提到的性质，可以作为 AB 实验的前置筛选方法，用来加快实验和迭代速度。既然交叉实验这么好，那么为什么还需要 AB 实验呢？这是因为交叉实验虽然具有上面提到的明显优势，但是也有一些缺点，包括：

- 工程实现较为复杂。常用的 AB 实验只要实现一个前置的分流模块即可，对后面的推荐实现逻辑没有影响。但交叉实验由于要对结果进行混排，所以对推荐实现逻辑也需要进行深入改造，这样就会显著增加开发和测试的工作量。
- 难以优雅地处理复杂业务需求。在推荐系统中，除了算法因素，常常还会有一些业务需求，混排形式的交叉实验让如何合理地实现业务需求，同时还不影响实验结果变得更加复杂，需要做更多的工作来保证。
- 交叉实验的能力仅限于对排序算法进行对比衡量，而对于其他深层次指标，例如长期留存、观看时长等指标，以及其他非算法层面的指标，都无法进行对比。

由于这些原因，交叉实验通常需要与 AB 实验搭配使用来取得最优的综合效果。

7.6　系统监控

　　实验和评测解决的是决定上线什么策略的问题，但是策略上线后并不意味着工作的结束，为了保证线上的每种策略都能有持续稳定的表现，我们还需要对整个系统做足够的监控。这可以理解为一辆汽车的各种仪表盘，监控并展现这辆汽车目前一些关键指标的表现，并在关键指标出现问题时通知驾驶员。

首先需要明确监控的整体思路。要保证一个系统整体正常运行，需要系统的每个环节都正常运行，所以理论上需要监控每个环节。但在现实中这显然是不可行的，主要原因包括：

- 环节过多，监控量太大。过多的监控会导致工程师产生疲劳，等于没有监控。每个环节不分轻重缓急地监控，无疑会大大增加监控量，反而达不到提醒的效果。
- 非重点环节的波动不会影响整体效果。就如同不是每片浪花都会引起海啸，不是系统中每一个波动都会影响最终效果。有的波动是正常的，有的波动可能是正常的。例如，推荐给用户的商品类别组成就会随着用户浏览行为的变化而变化，这样的数据显然不适合进行监控。

由于以上原因，我们要先确定系统中哪些环节是关键环节，需要监控，然后确定对这些环节的具体监控方式。下面介绍一些通常关注的离线和在线的监测环节。

在离线环节中，最重要的是包括协同过滤算法在内的各种相关性算法计算，以及用户标签和物品标签等结果的计算。这些环节的结果数量和质量都会直接影响到最终的效果，因此需要重点监控。在监控内容上，主要包括数据量和细分两个方面。数据量监控比较好理解，就是直观地监控该份数据每次运行结束后产出的数据在数量上是否与前几次或前几个周期保持一致。这时通常会设置一个波动的容忍度，例如 10%，来容纳数据的正常波动。一般来讲，如果数据的整体数量保持稳定，那么数据的质量就有了大概率的保证，但是对于一些重要数据，出于安全起见，还需要对更多的细分信息进行监控，最典型的就是计算数据的细分情况。例如，对于协同过滤算法的计算结果，其逻辑形式为物品到物品列表的键值对，物理上所有物品都是等价的，但在实际中却不尽然，访问量大的物品显然具有更高的重要性，那么这部分物品的结果是要优先保证的，而访问量小的物品，计算结果少一点影响也不会很大。按照这样的思路，可以对很多数据的结果进行细分监控。

在推荐系统中，候选集召回、兴趣计算、结果排序等环节大多是在线进行的。和离线环节类似，监控内容也可分为数据量和细分两个方面。在数据量方面，每次召回的数据量、兴趣标签的数据量、排序特征命中数等都是需要监控的。在细分方面，候选集召回可分策略进行细分，用户兴趣可按照整体类别或标签来细分，结果排序可按照不同策略在最终结果中的整体排序来细分，等等。总之，只要能找到对整体数据的一个合理划分维度，就可以使用该维度对监控指标进行细分。例如，表 7-1 中展示了几个典型指标的常用划分维度。

表 7-1　几个典型指标的常用划分维度

	整体	分策略	分群体	分位置
结果数	整体返回结果数	重点策略返回结果数	重点群体返回结果数	NA
点击率	整体点击率	重点策略点击率	重点群体点击率	头部位置点击率
覆盖率	整体覆盖率	重点策略覆盖率	重点群体覆盖率	头部位置覆盖率
排序位置	NA	重点策略平均排序位置	NA	NA

　　表 7-1 中列出的策略、群体、位置这几个维度，都是具有较强代表性的划分方法。分策略计算指标是因为我们更关注优质策略的表现，例如同样的覆盖率，如果其中 80% 是由优质策略覆盖的，那么就要比只有 30% 是由优质策略覆盖的好，因为不同策略的效果相差会比较大。分群体计算指标是因为在全量用户中，有一些群体是我们更加关注的，典型的如新用户和高活跃用户。关注新用户是因为新用户的留存和转化决定着平台的健康发展情况，而通过观测高活跃用户能否持续保持活跃对于提早发现问题有着很重要的意义。分位置计算指标是因为对于一个推荐列表来说，头部的结果更为重要，因为用户的注意力更多地集中在头部，头部位置效果的提升是更加重要的。

　　使用这种表格化的思维，可以较为容易地列出需要监控的指标，不容易遗漏。在监控这些指标时，最好是实时监控，也就是以秒级或分钟级进行指标的计算，并用图表的形式显示监控结果。

　　值得单独一说的是机器学习系统的监控。用上面的思路，也可以对机器学习系统中的一些重要环节进行监控。在机器学习系统中最重要的数据是样本、特征和参数，所以监控也常常围绕这三者展开。训练时可用的监控指标包括每次模型训练的可用样本数量、每条样本的特征覆盖数量、重点特征的样本覆盖数量、训练得到不为零的有效参数的数量，以及重要头部特征的稳定性、AUC 等模型指标等。预测时可用的监控指标包括预测样本的特征命中数、预测结果概率值的整体稳定性、线上真实 AUC 等。

　　上面介绍的是一些常用的监控环节和方法，但并不存在"放之四海而皆准"的套路，要找到适合具体业务的监控方法，需要对数据和业务的深入思考与洞察，对推荐系统和机器学习系统逻辑的深入理解。

7.7　总结

　　评测和监控,表面上看是开发和迭代的附属品与工具,但本质上体现的是数据驱动的内核。另外，评测和监控也体现了开发人员的风险意识，以及对系统内部构造、逻辑、流程的熟悉和理解程度。在实施评测和监控的过程中，最重要的不是上面介绍的具体流程和方法，而是对过程和细节的极致追求，以及时刻考虑到最坏结果的风险意识。毕竟，我们是程序员，是走单行线都要左右看车的人。

第8章
推荐效果优化

就像罗马不是一天建成的，一个好的推荐系统也不是一次性搭建起来的。在前面的章节中，我们介绍了搭建一个推荐系统的流程，但是在完成第一版本的推荐系统的搭建之后，真正有挑战性的工作才刚刚开始。对推荐系统效果的不断优化才是推荐系统工程师的真正价值所在。

当我们说到效果优化的时候，从最终目的来讲，可以认为是最终转化量和比例的提升，例如在电商中来自推荐模块的购买量的提升，或者在资讯类APP中来自推荐的阅读时长的提升等。但在具体进行优化时，通常不会只以这些最终指标为导向来优化，还会找到影响这些最终指标的重要中间环节，通过对中间环节的优化来实现最终效果的提升。优化思路从大面上来划分，可以分为提升准确率和提升覆盖率两大类。

首先需要对准确率和覆盖率做一简单定义。准确率的计算方法在不同的场景下有所不同，这里所说的准确率不是指具体某一指标，而是泛指用户对推荐算法给出的结果的感兴趣程度，其体现可能是点击、观看或者购买等。覆盖率泛指某一算法或某几种算法对平台上人群的覆盖程度，包括能够覆盖到多少人，以及对每个人的覆盖深度等。

在推荐系统中有相当比例的提升是通过升级机器学习模型做到的，这部分在前面机器学习系统的章节中做过相关介绍，在互联网上也可找到较多的相关资料，这里就不对这部分优化进行展开介绍了。这里偏重的更多的是一些一般性思路，这些思路可应用于相关性算法中，也可应用于机器学习模型中。值得注意的是，机器学习模型的优化方法和这里介绍的优化方法是可以相互叠加，形成复合效应的，读者在掌握了相关技术后可尝试在自己的系统中进行灵活组合，以达到最优效果。

8.1　准确率优化的一般性思路

提升准确率的方法，通常是对待优化算法所要解决的问题给予更强的假设，对计算逻辑进行强化，加强约束，增加考虑的因素，使得计算出来的满足条件的结果相比未调优时更符合真实数据的表现。但这样的做法由于加了更强的条件约束，对数据也可能会有更高的要求，所以有时会导致计算结果数量的减少，也就是覆盖率的降低。再加上互联网数据稀疏性导致的大多数算法本身的低覆盖率，通常还需要做很多提升覆盖率的工作。和提升准确率不同，提升覆盖率通常不只依赖对单个算法的优化，更多的是使用增加不同算法或扩展一种算法的不同维度等方法来达到目的。例如综合使用点击、购买等数据来覆盖用户的不同侧面，让这些算法形成合力来做到最大程度的覆盖。用不太严谨的离散数学的语言来讲，这就像找到用户集合的一个覆盖，这个覆盖中的每个集合对应着一种算法，这些算法组合起来就形成了对所有用户的尽可能全面的覆盖[1]。

对于提升准确率的方法，在实践中有一些常用的思路，这些思路在不同的算法中有不同的具体实现方法，但其内核是相通的。第一个常用的思路是使用垃圾更少、更干净的数据。数据是算法的"粮食"，吃进去的是什么决定了产出的是什么。在大多数情况下，互联网上的数据都伴随着不同数量的垃圾数据而存在，例如各种爬虫访问产生的数据、恶意攻击或作弊者产生的数据等，这些数据从"外观"上看和正常数据并无两样，但是其含义却是不正确的，如果不加区别地将这些数据纳入正常的计算逻辑中，那么一定会对效果产生负面影响。所以正确的做法是在原始数据进入算法底层之前，进行统一的反作弊、反爬虫和反垃圾类的处理，确保后面所有算法使用到的数据都是尽量干净的，并且不需要每种算法模块再单独处理这个问题。

第二个常用的思路是使用含义更加准确的数据。这一点与上面的"使用更干净的数据"有所不同，更干净的数据一般指的是来自用户正常访问，而不是爬虫、作弊等异常渠道的数据；而含义更加准确的数据指的是在正常访问的数据中，使用那些真正和你的问题相关的数据，而不是看上去相关的数据。有时我们把一些看似相关的数据放在一起使用，觉得这样会加大数据量，增加数据维度，于是就会产生更好的效果。典型的如错把请求返回的数据当作曝光数据，并以此建立机器学习模型。这样做虽然数据量大了，但含义却不准确，加入了很多错误的负样本，得到的模型效果反而不好。再比如有的网站建立时间不长，购买数据不够充足，可能会想到使用加入购物车的数据充当来丰富购买维度的数据。这样做的前提是你所使用的模型是能够

1　之所以说不太严谨，是因为在实践中很难真的对所有用户形成覆盖，只能是不断地逼近这个理想状态。

容纳这些不同含义的数据的，如果模型本身只能处理一个维度的数据，不具有那么强的区分能力，那么把多个维度的数据强行放在一起，会大概率让结果变差，而不是变好。更好的做法是用不同的数据分别建模，然后在上层将其进行组合，而不是在底层就将信息混合，否则会事倍功半。

第三个常用的思路是时效性优化的思路。在推荐算法中有一类算法是基于用户和物品之间的行为展开的，例如协同过滤和随机游走等算法。所有的行为都有产生时间，从总体原则上讲，产生时间越接近当前时间的行为，具有越高的重要性，因为这意味着这种趋势更有可能在当前继续存在；产生时间越相近的两个行为，具有越高的相关性，因为通常认为同一意图下的行为更容易相近产生。对行为产生时间，以及行为之间产生时间的间隔等时间因素的考虑是否充分，很多时候都会影响推荐算法的效果好坏。时效性的另一个维度是系统在和用户交互时，对用户行为产生反馈的时效性。对用户的行为越快做出反馈，用户的体验就会越好。类似地，当用户的行为产生后，我们能够以多快的速度对这些行为进行计算，并加入推荐数据和模型中，反馈给用户，也会对效果和用户体验产生影响。

第四个常用的思路是对不同行为数据的质量进行区分。这里包括行为本身的质量差异，以及行为背后人的质量差异。行为质量存在差异最典型的就是点击行为。同样是从列表页中点击一个商品，A用户点击进去停留了1分钟，B用户点击进去停留了5秒钟，背后体现出的用户对该商品的兴趣显然是不同的，A用户显然比B用户对该商品更感兴趣。在视频点击上这个差异更明显，观看5分钟和观看半小时体现出的差异是相当明显的。此外，不同人的行为也具有不同的质量。爬虫和作弊数据的质量很差自不必说，同样是正常人发生的行为，其质量也有差异。首先是所谓专家用户和普通用户的区别，在电影这样的领域内，专家用户的评价要比普通用户的评价更靠谱，更具有参考意义。虽然推荐是一个以大数据为基础的业务，但是在具有一定专业性的领域内，专家的作用仍然是不可忽视的。其次，由于每个人的注意力是有限的，一个浏览10个商品的人和一个浏览100个商品的人，分配给每个商品的注意力是不同的。前者得到的注意力要高于后者，虽然不一定是10倍的关系，但定性地讲一定是更高的。

第五个常用的思路是对特定领域的垂直优化。理论上，我们希望整个推荐系统使用一套统一的算法逻辑来计算，但在实际应用中情况往往要更复杂。例如，在一个以卖书为主的电商网站中，整体逻辑是围绕图书的特点展开的，如使用大量的文本类算法。但是该网站可能同时也在卖非图书类商品，如服装、电器等，如果对这些类别也应用文本类算法，虽然会有效果，但一定不是最优的效果，因为文本类算法没有充分使用非图书类商品的特点，同时考虑了很多非图书类商品不存在的信息，如作者、题材和出版社等信息，这些都会对效果产生影响。再如服装类目更加看重样式、款式等信息，要想在服装类目上取得好的推荐效果，就需要充分利用这些信息设计算法。所以对于特定类别的物品，需要有针对性地设计更适合的算法，以期取得最优的效果。

8.2　覆盖率优化的一般性思路

推荐算法对平台产生的整体效果，可以粗略地用"准确率 × 覆盖量"来计算，准确率很高的算法，如果不能覆盖足够多的用户，那么它的效果也是非常有限的。在实际应用中，常用的覆盖率优化方法可以分为两类：一类是提升某一算法的覆盖率；另一类是使用多种算法来实现整体覆盖率的提升。

首先介绍某一算法覆盖率的提升方法，但在此之前需要了解算法覆盖率低的原因。算法覆盖率低的原因有很多，但归结起来都可以看作数据稀疏性的问题。我们把推荐系统中的相关性计算抽象为一个函数：$\mathrm{rel}_{i,j} = F(x_i, x_j)$，其中 i 和 j 代表用户或物品，x_i 和 x_j 代表 i、j 用来计算相关性的数据，例如行为数据、文本数据、属性数据等。虽然相关性算法各有不同，但其共同点是都会计算 x_i 和 x_j 共同的部分，例如协同过滤算法中的余弦相似度公式就是通过计算两个向量表示的物品或用户之间相交的部分来计算相关性的。所谓稀疏性，说的就是 x_i 和 x_j 之间共同的部分比较少，或者干脆没有，导致在一个 $M \times N$ 的矩阵中，只有小部分元素能够有值，大部分元素由于共同的部分偏少或没有，导致取值都为零，取值为零就表示相互之间没有区分性，失去了相关性计算的意义。进一步地，导致两者共同的部分偏少或没有的原因可分为两类：一类是 x_i 或 x_j 本身信息较少，例如冷启动问题中的新物品或新用户对应的行为数据；另一类是 x_i 和 x_j 的交叉部分比较少，例如两个物品都有较多人浏览，但同时浏览过这两个物品的人可能比较少。

明白了稀疏性是问题的本质原因之后，我们就可以有针对性地想办法先解决稀疏性问题。与准确率优化类似，在实际应用中也有一些常用的思路用来解决稀疏性问题。其中一个思路是增加数据的维度。数据稀疏性问题存在于每类数据的维度上，但我们可以考虑通过增加数据的维度，将不同维度的数据进行合并来增加覆盖。这样虽然很难取得 1+1>2 的效果，甚至有时连 1+1=2 的效果也达不到，但起码可以做到 1+1>1。例如经典的协同过滤数据，单纯使用"买了还买"的逻辑进行计算，得到的结果是稀疏的，但我们可以通过加入"看了还看""评论了还评论""加购了还加购"等类似逻辑的不同数据维度来增加整体的覆盖。虽然不是每加一份数据覆盖就增加 1 倍，但覆盖率整体肯定是在提升的。在将不同维度的数据进行融合时，需要注意方法，最好不要在原始数据阶段就把多维度数据混合起来。更好的方式是使用各自的数据源进行逻辑运算得到结果，然后在上层进行合并，在合并时可考虑配比融合或模型融合等多种方法。这样做的好处在于，每份数据单独得到的结果含义明确，在上层合并时可以根据效果和业务需求调整融合方式，可控性和灵活性比较高。如果在最早阶段就融合起来，相当于过早丢弃了数据源信息，到后面结果的可控性就差很多，同时结果的含义也会模糊不清。这类方法可以理解为横向扩展的方法，即将同样或类似的相关性算法横向应用到不同维度的数据上，然后将结果进行融合得到最终结果，达到扩展覆盖的效果。这种做法取得的效果是有更多的物品拥有了与之相关的推荐物品，所以称之为横向扩展。

除了横向扩展的方法，还有一类纵向扩展的方法。所谓纵向扩展，指的是在计算过程或者结果层面，将两个并非直接关联的主体，通过另外一个主体连接起来，达到扩展覆盖的目的。概括地说，就是 AB+BC->AC。具体落地时有两种做法，第一种是在计算过程中实现该思想，典型的如基于行为的随机游走算法。随机游走算法的思想是对朴素的协同过滤算法的扩展，在协同过滤算法中只考虑两个物品的直接关联关系，而在随机游走算法中则会同时考虑两个物品的间接关联关系，这样就会增加两个物品被关联到的概率。第二种是在计算结果中实现该思想，即如果 A 和 B 相关，B 和 C 相关，那么 A 和 C 也可认为相关，但是相关性显然会减弱。这类方法的作用在于增加每个主体对应的相关物品的数量，也就是对已经覆盖到的物品增加其相关物品的数量，例如可将平均相关物品数量从 5 个提升到 10 个，但不能将原来覆盖不到的物品变为覆盖到的物品，所以称之为纵向扩展的方法。它与横向扩展的方法解决的是覆盖问题的两个维度的子问题，在具体使用时需要两者相结合，达到横向和纵向共同扩展的目的。

上面介绍的两类方法，都是在当前的数据维度上进行的不同方法的扩展，其实还存在一类方法，通过将数据变换到另外一个维度，再用相关性计算的方法进行计算，也可达到扩展覆盖的目的。这类方法可统称为降维方法，因为其核心在于将原本稀疏的维度变换为相对稠密的维度，彻底地缓解了数据稀疏性问题。例如，A 是一本政治类图书，B 是一本历史类图书，两者都是刚上市不久，因此彼此间的行为关系会非常稀疏，但如果对数据进行降维，将单本图书粒度的维度降低为图书所在类别的维度，问题就被转化为了政治类别图书和历史类别图书之间的关系，变成了类别与类别之间的关系，其数据就会稠密很多。这是一类内涵非常丰富的方法，其中的核心问题在于选择什么样的维度作为新的数据维度，根据选择的不同，在具体实现时有多种落地方法。例如最简单的，使用物品的类别或属性等预定义的维度，其好处在于实现简单，并且维度定义明确；但缺点是这样选择出的维度在效果上不一定是最优的，如有的类别定义过于宽泛，难以表现出足够的区分性，有的类别定义可能又过于细致，不能起到预期的降维效果。因此，还有另一类降维方法，就是一些自动化降维的方法，例如以 SVD 为代表的矩阵分解方法、以 LDA 为代表的主题模型等。这些方法的共同特点是基于某个优化目标，自动寻找合适的目标维度，使得原始数据被映射到目标维度之后，在效果上有一定的保证，因此应用也比较广泛。

这类方法的问题在于可解释性相对差一些，不如人工定义的维度那么好理解。但是由于效果比较好，在更强调效果的场景下，应用还是比较多的。降维后的数据应用方法有很多，除了前面提到的应用于相关性计算以外，还被广泛应用于结果排序等机器学习模型中。只要是在原始数据维度过高的场景下，就可尝试使用降维方法。

但是降维方法是有代价的，就是信息损失带来了精准度的下降。物品与用户匹配的精准程度和物品、用户包含的信息有着直接的关系。例如，有人问你是否喜欢一部手机，你一定需要知道这部手机的更详细信息才能决定，如手机的品牌、型号等；同样地，要想知道具体的一部手机是否会被一个用户喜欢，也需要知道这个用户的信息，如用户的消费水平、品牌偏好等。这样的信息越细致、全面，就可以越准确地知道物品和用户之间的匹配关系。但是降维的效果是反方向的——对具体的信息进行了压缩，只保留了最具有区分性的一些高层次的维度。比如在上面的例子中，物品的信息可能就只剩"手机"这个类别，用户的信息可能就只剩"男性"这个类别，那么依据这样降维后的数据计算出来的相关性显然是更加笼统的，只能代表降维后维度之间的关系，失去了原始数据中细腻的相关性，损失了信息，对应的最终准确率效果就会随之下降。所以在降维后的数据上计算出来的结果，在使用时通常具有较低的优先级，不可因为它的覆盖率高就给予更高的重要性。

在众多降维方法中，有一类方法近年来得到了越来越多的注意，应用面也越来越广，它就是嵌入表示方法（embedding）。嵌入表示方法最早是通过 word2vec 模型被成功介绍到工业界的，虽然出发点是解决 NLP（自然语言处理）中文本表示的问题，但后来人们发现其思路可被广泛应用于各类数据上，因此得到了广泛的应用。嵌入表示方法的核心思路是将物品和用户都用一个 N 维的稠密向量表示，如果表示为同一向量空间中的稠密向量，那么任意两个物品、用户以及物品和用户之间都可以使用余弦相似度公式计算相关性，同时也可以加入神经网络模型中作为特征加强模型的精度。嵌入表示方法相比于其他传统的降维方法，采用了不同的思路，也可以说是一种不单纯的降维方法。从降维的角度来说，它将所有的物品或用户都用固定的 N 维向量来表示。但这种做法和前面介绍的使用类别或主题聚类等方法有着本质的差异，其他方法都是用算法或规则选定一个新维度的，使得原始数据被映射到新维度之后变得更稠密，但这种优化属于"阶段性优化"，降维后并不能保证两个物品之间可以计算相关性，只是增加了可以计算的概率。换句话说，两个物品的相关性在降维之后仍然可能为零，这取决于具体使用的降维方法。但对物品或用户做了嵌入表示之后，任意两个向量之间都可以计算相关性，结果都不为零。这样带来的好处是：原来用户 U 与物品 A、物品 B 的相关性都为零，无法区分 A、B 与 U 的相关性，但是做了嵌入表示之后，U 与 A、B 都可以计算出不为零的相关性，也就可以比较 A、B 分别与 U 的相关性了。这就从根本上解决了计算稀疏性的问题，但也引入了其他问题，最典型的就是进一步加剧了不可解释性，因为用来表示一个物品或用户的稠密向量全部由数字组成，除适合用来表示物品在同一向量空间中的关系以外，本身完全不具备可解释性。

需要注意的是，通过上述方法提升的部分，准确率与原始算法相比往往会更低一些，也就是说，补充的部分在质量上往往更差一些。有了这样一个预期，才能正确看待补充的数据，并且对它们进行合理的区分和使用，对它们上线之后的表现才能够有正确的预期。

另外，覆盖率提升这个概念在落地时并不局限于某一算法或某一模块覆盖的提升，也可以通过更综合的方式来实现。最典型地，我们可以通过设计多个推荐模块，形成互补关系，来对用户场景和用户体验实现最大范围的覆盖。例如，在电商的商品详情页中，可以酌情设计多个模块，如"买了还买""看了还看""相似商品""看了这个最终购买"等。某一模块可能没有数据，但是在各模块的算法和数据有明显差异的前提下，多个模块同时没有数据的概率就会大大降低，那么从用户体验来讲，覆盖率就得到了提升。更广泛地看，购物车页推荐、详情页推荐和首页 feed 推荐之间也可看作形成了互补关系。在使用这种方法时也要注意"度"的考量，模块太多对用户的视觉体验也会造成困扰，所以需要综合各方面要求来决定。

上面介绍的是一些算法优化中常用的思路，下面通过一些具体的优化实例来介绍这些思路是如何落地的。

8.3 行为类相关性算法优化

以协同过滤为典型代表的行为类相关性算法，是推荐系统中最重要的一类算法。上面提到的各种优化思路在行为类相关性算法中都得到了集中体现，下面介绍一些最常用的有效的方法。

8.3.1 热度惩罚

协同过滤算法的核心是余弦相似度公式，在将物品或用户表示为向量之后，计算出和某个向量相关性最强的若干个向量。如果仔细观察余弦相似度公式，就会发现，若某个向量 V 在大部分维度上取值都不为零，就会导致该向量和其他大部分向量计算出来的相关性不为零，并且相关性可能还会比较高。在 ItemCF 算法中，物品向量是用对该物品产生过行为的用户来表示的，也就是说，哪些用户对该物品产生过行为，在这些用户对应的维度上取值就为 1，在其他维度上取值都为 0。而在互联网数据稀疏性的大背景下，大部分物品对应的用户集合的重合度为零，所以大部分向量之间的相关性都为零。这两者结合起来的结果就是，向量 V 会出现在其他大部分向量的相关性最高的 TopN 里面。也就是说，对于大部分物品，其相关性最高的物品都会包

括这个 V 对应的物品。在 ItemCF 的场景中，这样的向量对应的是一个与大部分用户都有过行为的物品，也就是我们常说的爆品。这种现象也被称为"哈利波特效应"，因为《哈利·波特》是最早导致出现这一现象的爆品之一。类似地，在 UserCF 算法中也存在类似的情况，爆品对应的就是浏览量或购买量非常大的用户，例如从电商平台上进货的一些小商贩等，我们可将其称为"重度用户"。

上面讲到爆品会导致 ItemCF 中频繁推出爆品，影响长尾挖掘能力；类似地，重度用户会导致 UserCF 中频繁推出重度用户以及他们产生过行为的物品。但爆品也会影响 UserCF，重度用户也会影响 ItemCF。以 ItemCF 为例，在计算时我们会用一个向量来表示物品，向量的每一维代表一个用户。在朴素的余弦相似度公式中每个用户都被同等对待，但其实用户并不完全等价。典型地，一个浏览了 100 个商品的用户和一个只浏览了 10 个商品的用户是不等价的，因为他们分配给每个商品的注意力是不同的，因此对两个商品的相关性的影响也是不同的。从另一个角度来看，浏览量大的用户兴趣很可能不专一，属于什么都看的人，这样的用户产生的行为对相关性的贡献也会降低。所以，访问量越大的用户应给予越低的权重。

为了解决第一个问题，也就是哈利波特效应，需要对朴素的余弦相似度公式进行调整。下面是朴素的余弦相似度公式。

$$\text{sim}_{i,j} = \frac{V_i \cdot V_j}{|V_i||V_j|}$$

假设我们的目标是为 i 计算出相似的物品，可以看到，在公式中对 j 的热度本身是有所考虑的，即通过分母中的 $|V_j|$ 来调节，热度越高，$|V_j|$ 越大，会导致 j 和 i 的相关性下降。这种相关性的下降和热度是线性关系，但是在互联网的长尾数据场景下，热度高的物品和热度低的物品之间的热度差异远远不是线性关系，很多时候甚至是指数关系。可见，原始公式中的线性惩罚力度很多时候是不够用的，需要做出适当的调节，最简单的方法就是将计算公式修改为以下形式：

$$\text{sim}_{i,j} = \frac{V_i \cdot V_j}{|V_i||V_j|^\alpha}$$

也就是加一个 α 参数来控制惩罚力度，参数取值越大，对热度的惩罚就越大。但对于爆品来说，还有一种更简单、粗暴的做法，就是直接从推荐结果中将它们去除，因为它们已经不是长尾商品，已经不需要推荐算法来挖掘展示给用户了。可见，从推荐结果中去除对它们并没有影响，而且还会给其他未得到充分展示的物品以更多的展示机会，充分利用推荐流量。这种做法的好处是不用调节公式中的参数，同时可以彻底节省爆品浪费的推荐流量。但这种方式毕竟简单、粗暴，在使用时要非常谨慎。

对于第二个问题，也就是对不同的用户贡献不同对待的问题，也可以通过调整余弦相似度公式的方法来实现。首先将原始的余弦相似度公式改写为集合角度的形式：

$$\text{sim}_{i,j} = \frac{\tilde{S}_i \cap \tilde{S}_j}{|S_i||S_j|}$$

其中，S_i 表示对物品 i 产生过行为的用户集合。可见，分子的含义是对物品 i 和 j 共同产生过行为的用户集合。对此公式进行调整：

$$\text{sim}_{i,j} = \frac{\sum_{u \in S_i \cap S_j} \dfrac{1}{\log(1+N_u)}}{|S_i||S_j|}$$

其中，N_u 代表用户 u 产生过行为的物品数量。可以看到，在调整后的公式中，行为数量越多的用户对相似度的贡献越低，达到了惩罚的目的。

8.3.2 时效性优化

与时效性相关的优化是推荐系统中的一大类优化，在具体落地时从多个角度来看有不同的方法。第一种方法，在以协同过滤为代表的相关性算法中考虑相邻两次行为之间的时间间隔，不同的时间间隔的行为对应着不同的重要程度。协同过滤的核心思想是，如果 A 和 B 两个物品被越多的人共同点击过（或购买过等），那么两者的相关性就越高。假设用户在 T 时刻点击了物品 A，1 分钟后点击了物品 B，半小时后点击了物品 C。在标准的协同过滤算法中，这个用户对 A、B 的共同点击行为和对 A、C 的共同点击行为是相等的，也就是说，这个用户的行为对 A 与 B 的相关性和 A 与 C 的相关性会给出同等的贡献。但在实际场景中，用户的这种行为模式很可能代表了 A 和 B 之间的关系更加紧密，因为一般认为用户在短时间内连续浏览的物品是比较相关的，尤其是在电商这样带有目的性的场景中；而间隔时间较长的两次浏览行为其相关性就会相对差一些，因为随着间隔时间的加长，用户意图发生改变的概率会越来越大，两个物品的相关性也随之有所减弱。

因此，我们可以根据这种思想来调整原始的协同过滤算法，使得间隔时间越短的行为能够对相关性产生越大的影响。实现该思想首要做的是将用户行为进行 session 划分，每个 session 包含用户的一个意图对应的一组行为。然后在计算物品对的时候，对同一个 session 内的物品对给予更高的权重，而对于分布在两个 session 中的行为给予更低的权重，因为不同的 session 代表着不同的用户意图，用户在不同的意图中点击的物品之间的相关性是相对较弱的。在具体划分 session 的时候，可以按照时间来划分，例如两次行为的间隔时间超过 N 分钟即认为一个 session 结束，N 通常可取 15 或 30。或者根据两次行为的间隔时间长短来划分，当两次行为的间隔时间明显长于连续浏览时的间隔时间时，进行一次 session 的划分。更复杂地，也可以使用标注加机器学习的方法来进行划分。

在划分了 session 的基础上，还可以对计算公式进行进一步调整。调整思路与上面的热度惩罚类似，都是对 $S_i \cap S_j$ 中每个用户对整体的贡献进行权重调整，调整权重的依据则来源于这个用户对物品 i 和 j 产生行为的时间间隔。具体地，以下是一种调整方式：

$$\text{sim}_{i,j} = \frac{\sum\limits_{u \in S_i \cap S_j} F(i,j,u)}{|S_i||S_j|}$$

$$F(i,j,u) = H(i,j,u) + G(i,j,u)$$

$$H(i,j,u) = a \times \exp(-\alpha|\text{session}_{u,i} - \text{session}_{u,j}|)$$

$$G(i,j,u) = b \times \exp(-\beta|t_{u,i} - t_{u,j}|)$$

在上面的公式中，H 代表的是跨 session 权重，含义为对两个物品 i 和 j 的行为间隔时间越长的 session，对相关性的贡献越小。G 代表的是时间间隔权重，含义为一个用户的两次行为的时间间隔越小，对相关性的贡献越大。其中 a、b、α、β 四个超参数控制权重的变化速度以及两个权重之间的配比关系，其取值可根据具体的数据和场景进行实验调校。

第二种时效性优化方法是尽量快地把用户的行为加入计算流程中，并将结果反馈给用户。还是以协同过滤算法为例，这种思想要落地需要两个步骤：第一步是在用户行为产生后尽快将其加入新的相关性计算中；第二步是将新的结果尽快推到线上，在用户下次请求推荐列表时返回。我们先来看第一步相关性计算的问题。想要把用户的实时行为尽快融入协同过滤的结果中，最简单、直观的方法就是加快计算的频率，例如从每天计算改为每小时计算，甚至更短的时间。但这样做会带来两个问题：

- 结果呈现不是最快的，仍然会存在延时，延时大小和计算的频率相关。
- 每一次计算和前一次计算之间有大量的计算是重复的，只有两次计算之间发生的行为才是有差异的，所以这样做的效率也是很低的。尤其是在数据量大的场景下，会导致每一次计算都耗费很长时间和大量资源，性价比并不高。

我们需要的是满足下面两个条件的一种算法：

- 能够将计算结果近实时地反馈给用户。
- 尽量减少冗余计算，最好只计算发生变化的数据，提高计算效率。

流式协同过滤算法就是满足上面两个条件的一种算法。该算法的核心思想在于：首先将协同过滤算法拆解为计算 A、B 两个物品的共现次数和它们各自的出现次数，然后用 Spark Streaming、Storm 或 Flink 等实时计算工具实时处理用户行为流，利用用户对物品的行为实时更新对应物品对的共现次数和它们各自的出现次数，进而更新物品间的相关性得分。以点击行为的协同过滤为例，首先需要在缓存中维护以下数据：

- 用户 U 最近点击过的行为列表ItemList$_u$，具体保存多长时间需要根据可用的存储空间来决定。
- 两个物品之间的共现次数pairCount$_{i,j}$。
- 每个物品出现的次数itemCount$_i$。
- 物品 I 的相似结果列表CFList$_i$。

然后流式处理用户行为，对于用户 U 对物品 P 的一次行为，进行以下操作后可得到更新后的相似度：

- 从缓存中取出用户 U 对应的行为列表ItemList$_u$。
- 将物品 P 和ItemList$_u$中每个元素 i 对应的pairCount$_{p,i}$增加 1。
- 将物品 P 对应的itemCount$_p$增加 1。
- 更新计算$\mathrm{sim}(i,j) = \dfrac{\mathrm{pairCount}_{p,i}}{\sqrt{\mathrm{itemCount}_p} \times \sqrt{\mathrm{itemCount}_i}}$。

至此，就得到了一次行为后两个物品间的新的相似度。这时还有一件事情要做，就是决定是否要将物品 I 加入物品 P 的相似结果列表中。做这个决定是出于效率的考虑，通常我们只会为一个物品保存少部分相似物品，而不会保留全部。

这时又分为两种情况：如果 I 已经在 P 的CFList$_p$中，那么只需要更新得分即可，无须做其他工作。如果 I 不在CFList$_p$中，那么就需要一种方法来决定是否加入其中。

北京大学和腾讯的研究人员在SIGMOD' 15 的文章 [1]中提出了一种方法：将两个物品的相似度看作一个随机变量，其取值范围为R（在协同过滤问题中R为 1），将每一次计算得到的相似度都看作这个随机变量的一个观察值，并计算n次观察值的均值为$\hat{x}$，就可以根据霍夫丁不等式得出：在$1 - \delta$的概率下，该随机变量的真实期望最大为$\hat{x} + \epsilon$，其中

---

[1] Yanxiang Huang, Bin Cui, Wenyu Zhang, Jie Jiang, and Ying Xu. TencentRec: Real-time Stream Recommendation in Practice. In Proceedings of the 2015 ACM SIGMOD International Conference on Management of Data (SIGMOD '15). ACM, New York, NY, USA, 2015: 227-238. 链接 35.

$$\epsilon = \sqrt{\frac{R^2\ln(1/n)}{2n}}$$

假设物品 j 要进入CFList$_i$的最小阈值为 t，该方法用这种思路来决定是否在 i 的相似结果列表中保留一个物品 j：将已知的 n 和 R 代入上面的公式中计算出 ϵ，然后就可以算出sim(i,j)在 $1-\delta$的概率下可达到的最大值，如果这个最大值也达不到阈值 t 的话，则认为该物品对的相似度是不达标的，就将 j 加入 i 的剪枝列表L_i中。具体来说，对于sim$(i,j)+\epsilon<t$ 的情况，即 $\epsilon<t-\text{sim}(i,j)$ 时，我们认为其相似度不足，对结果进行剪枝，放到 L_i 中。在实际操作中，由于 i 和 j 的对称性，阈值 t 以一种乐观的态度取 t_i 和 t_j 的最小值，这样可以降低物品被剪枝的概率。整体来说，这是一种乐观、宽容的思想，允许使用相似度的最大可能值来进行判断，只有当最乐观的结果也不达标的时候才会将其剪枝舍弃。

把上面两个步骤结合起来就得到了该文章中的算法，其伪代码如图 8-1 所示。

Algorithm 1: Item-based CF Algorithm with Real-time Pruning

Input: user rating action recording user u and item i

```
1  Get L_i
2  for each item j rated by user u do
3      if j in L_i then
4          Continue
5      end
6      Update pairCount(i, j)
7      Get itemCount(i) and itemCount(j)
8      Compute sim (i, j) using Equation 5
9      Increment n_{ij}
10     Get threshold t_1 of i's similar-items list
11     Get threshold t_2 of j's similar-items list
12     t = min (t_1, t_2)
13     Compute ε using Equation 9
14     if ε < t - sim (i, j) then
15         Add j to L_i
16         Add i to L_j
17     end
18 end
```

图 8-1 带剪枝的实时协同过滤算法

其中，Equation 5 指的是标准的 ItemCF 相似度公式，Equation 9 指的是上面根据霍夫丁不等式计算ϵ的公式。

该算法的第 1~9 行执行的是增量计算相似度的过程，从第 10 行开始往后执行的是决定是否更新相似物品列表的过程。采取这样的做法之后，用户下一次访问时就可以将结果近实时地返回，同时由于每次只需要增量计算相关性得分，没有造成计算的浪费。此外，在新物品发布速度较快的场景下，这种做法还能够以最快的速度为新物品计算出相关推荐物品，这在一定程度上缓解了物品冷启动的问题。在关注物品新鲜度的场景下，这种特性显得尤为重要。

这样的做法由于每个行为都实时计算，对计算速度会造成较大的压力，所以在进行数据存储时，只能将数据存储在例如 Redis 这样的内存缓存中。而由于内存资源的宝贵，会进一步导致不能存储太多的数据，例如ItemList$_u$的长度就会受到限制，这在一定程度上会影响计算结果的准确性。一种更均衡的方式是将用户行为数据用一个窗口进行缓冲，例如 5 分钟一个窗口，然后批量计算一个窗口中的数据，这样做虽然会带来几分钟的延迟，但是对计算的压力却大大减小了，并且可以调节控制。同时，由于对时效性的要求放宽了，因此可以使用一些可用硬盘存储和查询的工具，例如 HBase 或 Elasticsearch 等，增大数据存储量，提高计算精准度。通过牺牲少量的时效性，换取更高的计算精准度，在大多数场合下是合算的。在具体实现时，关于更多的细节和工程设计可参考论文原文。

接下来看第二步如何让计算结果尽快呈现的问题。这个问题在一些场景下是不需要单独处理的，因为上面我们看到计算结果本身就存储在在线缓存中，用的时候直接去取就好了，自然就保证了结果呈现的及时性。但在一些更为复杂的场景下，相关性计算的结果并不是直接呈现给用户的，后面还要经过其他一些流程，例如模型排序，然后才能呈现给用户。在这种情况下，整体计算的结果或某一阶段的结果有可能会被缓存起来，也就是不会每次都去取协同过滤计算的结果。这时就要注意缓存的过期时间不能设置得太长，以便新的计算结果能够尽快被取到。这样做势必会带来更大量、更频繁的计算，但这也是提升相关性效果所必须付出的代价。

由于抓住了行为对时间敏感这一特点，因此应用在系统中通常都会有较大的效果提升。此外，该方法还可以在一定程度上缓解冷启动的问题，在新物品或新用户有行为后的最短时间内对行为数据进行计算，并反馈到线上，让冷的物品和用户在最短时间内变热。而这一思想的应用，也不局限于上面介绍的几种情况，读者在实际工作中可以充分挖掘时效性可能发挥作用的场景，并利用类似的方法进行优化。

8.3.3　随机游走

上面提到随机游走是纵向扩展覆盖的典型算法，是对协同过滤算法的扩展，可有效扩展一个物品的相关物品数量。协同过滤算法的基础是两个物品被共同点击的数据，但其局限性在于只考虑了两个物品被同一个用户点击的情况，而没有考虑被间接同时点击的情况。具体地，协同过滤算法只考虑了 A、B 被同一个用户点击的情况，而没有考虑用户 1 点击了 A、B，用户 2

点击了 B、C 这种情况。在这种情况下，A 和 C 虽然没有被同一个用户同时点击，但 B 的存在其实使得 A 和 C 也存在着相关性，虽然这种相关性要弱于 A 和 B、B 和 C 的相关性。

随机游走算法是对协同过滤思想的一般化扩展，其核心思想是将物品构建成一个图，图中的节点是物品，边由用户行为生成，图中两个物品之间的相关性，等于从其中一个节点出发，通过随机游走到达另外一个节点的概率。在这种场景设定下，原始的协同过滤算法可被近似理解为将游走步数限定在一步这一条件下的一个特例。这一做法对协同过滤算法的扩展在于，两个物品之间可通过多步连接关系形成相关性，其中每一步连接代表一个用户对它们的共同行为。这个假设的合理性在于每个人的浏览量和精力都是有限的，在浏览了 A 之后不可能把和 A 有关的其他所有物品都同时浏览，因此每个人的浏览记录中包含的物品都是整体相关性数据的一个片段，将这些片段用随机游走的形式拼接起来，得到的才是更为完整的全局相关性数据。

这个假设虽然合理，但是在很多场景下并不完全必要。具体来说，虽然 A 和 B 两个物品之间经过任意步数可能产生相关性，但毫无疑问的是，随着中间间隔步数的增加，相关性是在减弱的，并且减弱速度非常快。换句话说，当间隔步数大于一定的数值之后，产生的相关性就已经非常弱了，已经无法对结果形成有效补充了。换个角度来说，我们只考虑间隔步数比较小的情况，就已经可以抓住大部分相关性信息了，这是一种类似于"二八法则"的思想。这里我们介绍一种间隔步数等于 1 的扩散算法，在实践中这种算法可以对协同过滤算法形成非常好的补充，并且实现复杂度和计算复杂度都相对较低，是一种性价比非常好的做法。该算法只考虑间隔步数为 1 的情况，不考虑大于 1 和小于 1 的情况。大于 1 的情况上面做过论述，小于 1 的情况其实就是传统的协同过滤算法了。之所以没有将等于 1 和小于 1 的情况放在一起考虑，是因为我们认为这两种算法考虑了不同级别的连接，相关性是有强弱之分的，希望能够从数据上区分这两份数据，在后面的融合或排序阶段再放在一起使用。

如果把两个物品 i 和 j 之间的相关性看作访问了 i 之后会访问 j 的概率的话，那么在一步间隔的假设下该相关性可以表示为

$$p_{i,j} = \frac{\sum_k (p_{i,k} \times p_{k,j})}{\log |S_{i,j}|}$$

其中，k 是所有和 i、j 存在直接共同访问相关性的物品，$S_{i,j}$ 是这些物品的集合。从公式上看，我们需要找到所有和 i、j 直接关联的物品，然后根据公式计算 i 和 j 的相关性。为了计算便捷，在实际计算中可采用下面更高效的方法。

- 输入：每个物品 I_i 和它对应的直接协同过滤 TopN 的结果 IList$_i$。

- 初始化所有的$num_{i,j}$和$denom_{j,k}$为 0，但不需要存储，只需要在后面更新时体现即可。
- 对于物品I_i和$IList_i$中的所有物品的两两组合I_j和I_k：
  - $num_{j,k}$ += $sim_{i,j} \times sim_{i,k}$，其中 sim 是协同过滤算法计算出来的相似度。
  - $denom_{j,k}$ += 1。
- 对于所有$num_{i,j}$不为 0 的 i 和 j：
  - $rw\_sim_{i,j} = \frac{num_{i,j}}{\log denom_{i,j}}$即为二者的随机游走相关性结果。

可以看出，该方法的思路是遍历已经计算好的基于物品的协同过滤的结果，不断更新随机游走相似度计算所需要的分子、分母值，待遍历完成时所需要的分子、分母值也已经累计完毕，最终进行简单计算即可得到结果。这种思路与前面章节中介绍的在大数据场景下协同过滤的计算方法有异曲同工之妙。

利用这种方法得到的推荐结果和协同过滤的结果会有部分重合，但去掉重合部分之后，通常仍然会有大量新增数据，可显著扩大物品的平均覆盖半径。而且由于只使用了一步间隔，相关性并没有下降很多。所以，综合来讲，这是一种扩展覆盖的好方法。但受方法本质所限，只能扩展原本就有协同过滤结果的那些物品的覆盖，而无法为没有协同过滤结果的物品计算出推荐结果。这种扩展可称之为纵向扩展，因为它主要扩展了已有推荐结果的物品的推荐深度。

8.3.4 嵌入表示

前面讲过，行为类算法覆盖不足的根本原因是存在数据稀疏性的问题，而数据稀疏性的具体表现是将两个物品表示为向量之后，每个向量都是稀疏向量，并且向量重合的维度非常少。所以，从这个角度来看，一种直接的方法就是将每个物品的表示向量变为稠密向量，这样对任意两个向量计算相关性都会得到非零的结果，从而从根本上解决了数据稀疏性的问题。嵌入表示（embedding representation）就是这样一种技术，它能够计算出每个物品的稠密向量表示，后面的流程可以在此基础上使用稠密向量进行内积计算，或者将其放到深度学习模型中用作特征。

嵌入表示技术的流行可以说是从 word2vec 技术在 NLP 上的成功应用开始的，word2vec 首先在 NLP 问题上取得了不错的效果，继而被发现同样适用于非文本类数据，典型的如用户行为数据。在具体落地使用时有几种不同的方法，常用的有两类方法：

- 单独训练物品的向量表示，用于物品间的相似度计算或相关性召回，以及用户的兴趣表示。
- 将物品和用户的向量表示联合训练，同时得到用户和物品的向量表示，用于用户和物品间的相关性召回。

对于第一类方法,核心在于构造合适的行为序列,以及从行为序列中抽取合适的窗口样本。最简单的做法是,可以直接将用户行为划分session之后构造成类似于NLP中文档的句子序列数据,并在此基础上直接套用word2vec的采样思路和模型进行训练,就可以得到效果不错的向量结果。将这一方法进一步形式化,可以将其表示为图中节点的向量表示问题,图中的节点代表物品,节点之间的边代表用户行为关系。例如,node2vec[1]和deepwalk[2]算法就是将物品通过用户行为数据构造成图,从图上通过随机游走的方法构造行为序列、数据窗口和样本,然后使用类似于word2vec中的训练算法进行向量训练,进而得到每个物品的向量表示的。两种算法的区别在于通过随机游走生成样本的具体策略有所不同,各有偏重,读者可以在自己的数据场景下分别尝试。

需要指出的一点是,无论是上述哪种方法计算出的向量表示,其核心作用都是缓解稀疏性问题。在相关性效果上,这种只使用了行为信息的embedding算法的结果并不一定如协同过滤这种逻辑直观、计算路径短的算法好。原因在于:虽然两者使用了同样的数据源,但embedding算法使用了更大量的且相对低质量的信息,这在一定程度上通过牺牲准确率换来了覆盖率的提升。那么自然就会让人想到:在使用embedding算法时如何能够兼顾覆盖率和准确率呢?这就需要引入行为信息以外的其他信息,例如在电商场景中,可以引入商品的属性信息。这方面的代表是阿里巴巴在KDD'18 上提出的GES(Graph Embedding with Side information)和EGES(Enhanced Graph Embedding with Side information)算法[3]。GES算法的核心思想是将类别、品牌等属性信息也构造成向量表示,比如一个物品有N个属性,加上原始的物品向量,就一共有$N+1$个向量,将这些向量一起初始化,然后拼接起来,并通过平均的方式连接到一个公共的隐含层,在网络中进行学习,最终得到$N+1$个向量表示。最后将这$N+1$个向量进行平均后的结果,也就是那个公共的隐含层,作为这个物品的向量表示。这种方法背后的思想在于物品间的相似度不仅与访问行为有关,也与物品本身的属性有关。在某种程度上,可以将该算法理解为行为类相似度算法和内容类相似度算法的融合,但与传统的算法融合不同,在GES算法中是对物品的表示和属性的表示进行共同学习的。

如图 8-2 所示,其中隐含层的 $\boldsymbol{H}$ 向量就是最后得到的综合了辅助信息的物品向量。

1　参见:链接 36。

2　Bryan Perozzi, Rami Al-Rfou, and Steven Skiena. DeepWalk: online learning of social representations. In Proceedings of the 20th ACM SIGKDD international conference on Knowledge discovery and data mining (KDD '14). ACM, New York, NY, USA, 2014: 701-710. 链接 37。

3　Jizhe Wang, Pipei Huang, Huan Zhao, Zhibo Zhang, Binqiang Zhao, and Dik Lun Lee. Billion-scale Commodity Embedding for E-commerce Recommendation in Alibaba. In Proceedings of the 24th ACM SIGKDD International Conference on Knowledge Discovery & Data Mining (KDD '18). ACM, New York, NY, USA, 2018: 839-848. 链接 38.

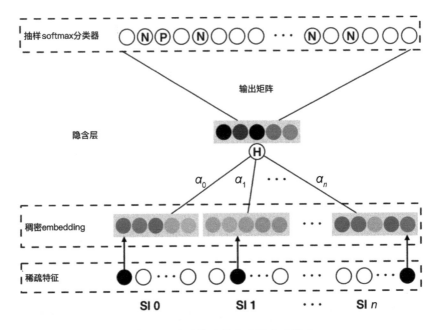

图 8-2　使用辅助信息的图表示学习

　　GES 的基本假设是不同的辅助信息对物品向量的贡献是均等的，但事实上可能并非如此，不仅不同属性的贡献不等，对于不同的物品来说，相同属性的贡献也是不等的。第一种情况比较好理解，例如品牌属性就要比一些细节的标签属性对向量的贡献大；第二种情况是说同样一个属性在不同的物品上有着不同的重要性，例如同样是品牌，苹果这个电子产品品牌在购买时的参考性就比较重要，但是在买一些低价衣服的时候，品牌就不那么重要了。为了解决这个问题，EGES 在 GES 的基础上额外引入了一个权重矩阵 W，用来描述属性差异，并将这个权重矩阵放在网络中一起学习，从而得到更优的 H 向量。如果沿用上面的类比，仍然将 EGES 看作行为类相关性算法和内容类相关性算法的融合，那么 EGES 在 GES "将物品的表示和属性的表示进行共同学习"的基础上，又加入了融合系数的学习。这两种算法在手机淘宝的推荐模块上进行了实验对比，结果如图 8-3 所示。

　　实验方法是使用向量表示生成一批候选集，然后使用同一套深度学习模型进行 CTR 预估排序，最后对比的是该深度学习模型的点击率。图中的 Base 是经过大量调优的协同过滤算法，BGE 是基础的图嵌入表示算法，即没有加入辅助属性数据的 embedding 算法。从图中可以看出 Base 的效果比 GES 好，一方面是因为协同过滤算法使用的是直接的行为相关性数据，计算出结果的相关性更好；另一方面是因为 Base 中的协同过滤是经过精心调优的，也从侧面印证了协同过滤算法的潜力。

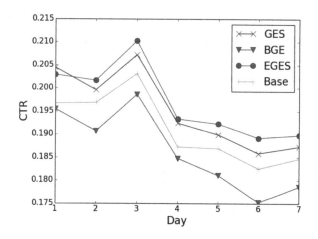

图 8-3　GES 和 EGES 的实验结果

对于第二类方法，具有代表性的是 YouTube 在 *Deep Neural Networks for YouTube Recommendations*[1]中提出的基于嵌入表示和深度学习的候选集召回方法，其架构示意图如图 8-4 所示。

在图 8-4 中，三层 ReLU 中最靠上一层的输出结果代表的是用户的表示向量 u，该向量是由底层的视频观看信息、搜索词信息以及地理位置信息等输入，经过三层 ReLU 之后得到的。图中右上角 softmax 层中的权重代表的是物品，也就是视频的向量 v_j。这两个向量之间的关系为：分类概率 $= \frac{1}{1+e^{-v_j^T u}}$。也就是说，这两个向量的相似度越高，用户对视频的点击率就越高。经过一番类似于 word2vec 的训练流程，就同时得到了用户和物品的向量表示。相比于前面直接训练物品向量的做法，这种做法有以下一些优势：

- 同时得到用户和物品的向量表示，这使得我们可以计算用户与用户、用户与物品、物品与物品之间的相关性，在不同的场景和需求下灵活应用，可谓一举多得。
- 用户向量在训练时融入了用户的行为历史和个人信息等多维度综合信息，可以更全面地描述刻画用户，进而也能更全面地刻画物品。同时这种方法不含有用户 ID 级别的信息，而是用了视频、关键词、性别等具有较好泛化能力的特征来共同组成用户向量，这样模型不用为每个用户都学习一个单独的 embedding，减小了模型的学习难度，同时对于行为不多的用户也能够生成对应的用户向量，是一种很好的提升泛化能力的方法。

1　Paul Covington, Jay Adams, and Emre Sargin. Deep Neural Networks for YouTube Recommendations. In Proceedings of the 10th ACM Conference on Recommender Systems (RecSys '16). ACM, New York, NY, USA, 2016: 191-198. 链接 39.

- 在训练中加入样本年龄（example age）这个表示样本发生时间和模型训练时间之间时间差的特征，能够有效区分新、老样本对模型的不同影响，能够让越接近训练时间的样本对模型产生越大的影响，从而可以得到效果更好的模型。

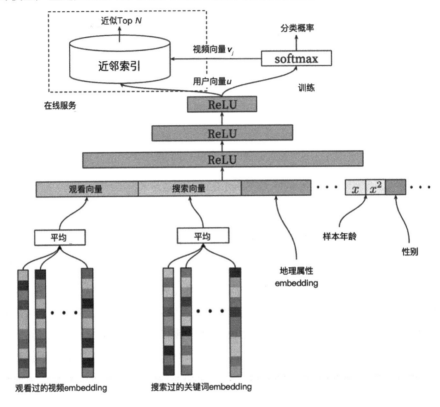

图 8-4　基于嵌入表示和深度学习的候选集召回方法的架构示意图

8.4　内容类相关性算法优化

　　基于内容的相关性算法是行为类相关性算法的重要补充，无论是在缓解稀疏性问题还是在增强推荐维度多样性方面都有很不错的效果。内容类相关性算法又可以分为两大类：结构化算法和非结构化算法。所谓结构化算法，指的是将物品先解析表示为结构化数据，然后在此基础上计算物品之间或物品和用户之间的相关性；而非结构化算法，则不需要将物品转为结构化表示，而是使用一些算法将物品表示为非结构化形式，然后再应用相关性算法进行计算。而决定一个表示是否为结构化表示，关键就在于这个表示是否有明确的结构（schema）。schema 可以直观理解为描述一个物品的各种属性，例如描述一篇文章的属性可能包括标题、作者、年代、分类、字数等。结构化表示就是将一个物品的信息描述为带有多个属性的结构，而非结构化表示则没有这些属性，所有的信息都是以一种无差别、并列的关系存在的。

8.4.1　非结构化算法

上面提到非结构化表示是将一个物品的信息以一种无差别、并列的形式表示出来，这里最常用的方法就是向量化表示方法。向量在数学上有完整的、全面的定义，但是在这里的应用场景下，其主要含义是可以表示一组具有相同地位但取值不同的信息的逻辑数据结构 [1]。例如，在词袋模型中，将文本拆解成词，然后把每个词的计数看作向量中的一个维度，就构成了基于词的一个向量表示。进一步地，可以将向量中的词计数升级为TF-IDF，或者替换为文本主题或嵌入表示，向量中装入不同的数据，代表着对文档的不同层次、不同维度的抽象和表示，进而在此基础上可以计算出不同层次和维度的相关性。在将物品表示为向量之后，通常会用向量内积或点乘的方式来计算两个向量代表的个体之间的相关性。关于文本的不同非结构化表示方法，会在后面的自然语言处理相关章节中做更多的介绍。

8.4.2　结构化算法

要使用结构化的相关性算法，显然需要先把物品表示为结构化形式，而这一步根据场景的不同其难度具有很大差异。在一些相对专业的物品发布场景中，物品在发布时就已经具有了结构化数据，典型的如 B2C 电商场景；而在另一些以 UGC 模式为主的物品发布场景中，物品在发布时多是自由文本的形式，这时就需要先将自由文本形式的物品信息抽取为结构化信息，然后在此基础上应用结构化的相关性算法。

1. 结构化信息抽取

将自由文本抽取为结构化信息的过程，广义上一般称为知识抽取。通用的泛化的知识抽取是一个难度比较大的问题，涉及 NLP 和知识图谱中的众多相关技术，但如果处理的是某一具体领域中的数据，由于数据 schema 相对固定和有限，也有着比较明确的业务目标，使得原本内涵较宽泛的泛化的问题被具体化，那么处理起来相对会简单一些。最典型地，该问题可分为两步，

1　之所以说逻辑数据结构，是因为在具体实现时有多种选择。

以电商领域为例：

（1）构建该领域下物品信息的 schema 体系。

（2）将每个物品的文本描述映射到该体系中。

对于第一步，常用的方法一般有两类：一类是根据业务特点自建；一类是抓取外部数据再加工。在团队人力有限，并且缺乏足够业务经验的情况下，通常会采用第二类方法——虽然抓取的外部数据可能并不完整，也不一定完全匹配自己的业务情况，需要一定量的人工二次加工才能使用，但综合来看仍然是一种性价比较高的方法。无论采用哪类方法，通常最终形成的 schema 体系至少会包括：

- 一套树形结构的分类体系，例如电商的树形类目体系，打开如京东这样的综合 B2C 电商 PC 端的首页，就可以看到这个类目体系，一般出现在页面左上方。
- 挂靠在节点（主要是叶子节点）上的属性体系，例如手机类商品会包含品牌、型号、内存等属性。

在构建出可用的 schema 体系，或者称作知识库之后，第二步是将文本数据结构化。这里展示一种简单、有效的结构化信息抽取方法。如图 8-5 所示，在得到知识库信息后：

- 首先需要通过预处理得到文本中潜在的关键词，如图中的"红米""note5A"这些词。
- 然后需要将这些关键词映射到 schema 体系中。具体地，需要知道哪些词在描述物品所属的类别，哪些词在描述物品的属性，诸如此类。例如图中将"红米"映射为手机的品牌，将"3G"映射为手机或电脑的内存。
- 最后需要将第二步中得到的结构化信息的片段合并、消歧得到最终的结构。例如图中通过综合品牌和内存的信息，我们认为这段文本描述的是手机而不是电脑。

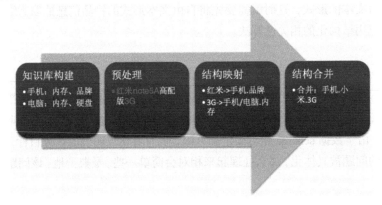

图 8-5　物品信息结构化方法

这里描述的是一个简化的逻辑流程，在应用到具体业务中时需要根据业务和数据特点进行具象化。例如，在结构映射和结构合并这两个步骤中，都需要根据业务情况做大量的调整和优化，方可得到真正准确可用的数据。

2. 结构化的相关性算法

在得到物品的结构化表示之后，接下来需要能够处理结构化信息的相关性算法。基于结构化信息的相关性算法可分为两大类：一类是基于 schema 的相关性+倒排召回；一类是将结构化信息进一步加工为特征，融入排序模型中。

对于第一类算法，在具体做法上可以结合前面用户画像章节中介绍的方法，用结构化数据来刻画用户的兴趣，建立用户兴趣模型，例如可得到用户对手机的哪些品牌、型号、配置可能感兴趣。同时，根据物品的结构化信息来构建倒排索引。例如，在手机的品牌属性字段上构建倒排索引，让我们可以按照用户兴趣中的手机品牌来召回相关物品。在召回的时候，为了体现用户对不同属性、类别的兴趣程度不同，可对命中的不同字段给予不同的分数权重。例如，可给予命中的品牌 3 分的权重、命中的内存大小 1 分的权重，来反映相比内存大小更看重品牌这一属性。

这种方法的优点是实现简单、可解释性强、对应的可调整空间大、运行效率也较高。但由于其使用结构化信息的方法较为简单，因此对结构化信息的使用不够充分，不能充分挖掘 schema 中的信息。想要进一步深入利用结构化信息，可以使用机器学习模型，无论是召回阶段的模型还是排序阶段的模型，都可以用结构化信息增强模型的刻画和表达能力。

将任何信息应用到机器学习模型中，都需要有一个表示方法，也就是这个信息在模型中如何表示出来。按照这个维度，对结构化信息可以有两种应用方式。其中一种是 ID 化表示用于浅层模型中。所谓 ID 化表示就是每个取值都是一个唯一 ID，例如用 101 表示小米品牌的手机，用 102 表示 4GB 的内存等。这种表示方法适合 LR 等浅层模型的特点，也有较多成熟的工程化处理方法，可解释性较强。但这种做法的缺点在于没有充分挖掘这些信息之间的关系，例如相比于苹果手机，小米和华为之间的相关性更强，是比较像的两个品牌。要想解决这个问题，需要先将信息用另外一种方式表示出来，这就引出了基于嵌入表示和深度学习模型的应用方式。

在这种做法下，首先需要学习出结构化信息的嵌入表示，然后将嵌入表示加入合适的 DNN 模型中进行训练。学习嵌入表示的方法有很多，例如 node2vec、deepwalk 和 TransE 等。这些方法的通用思路是使用用户行为数据先把数据构造成图，其中节点是结构化数据的一个属性或类别，边是由用户行为连接而成的。例如，一个用户先后点击了两个物品，这两个物品的品牌分别是小米和华为，那么这两个品牌节点之间就会有一条边。接下来会对图进行边的采样，采样后得到训练嵌入表示所需的样本，然后使用这些样本训练出结构化信息的向量特征。学习出嵌入表示之后，将嵌入特征应用到深度学习模型中。

以DKN（深度知识网络）[1]模型为例，首先通过实体链接生成每个实体，也就是类似于上面提到的结构化信息的嵌入表示。这一步学习完成之后，将这些嵌入表示特征加入一个基于CNN和注意力机制的深度学习网络中，并以点击为目标进行学习。值得一提的是，在该模型中不仅使用了实体本身的向量特征，还使用了该实体周边上下文，也就是相邻节点的向量特征，这体现了上面说到的节点之间的关联关系。DKN模型架构示意图如图8-6所示。

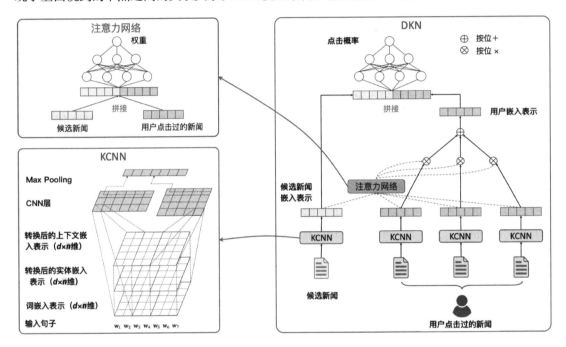

图 8-6　DKN 模型架构示意图

这种结构化信息或者说实体信息向量化表示，再加上深度学习网络带来的好处包括：

- 表示学习，也就是嵌入式学习，可以学习到比 ID 级更强的关于节点之间关系的信息。
- 使用注意力网络可以更合理地学习到过去不同行为对当前兴趣的影响。

1　Hongwei Wang, Fuzheng Zhang, Xing Xie, and Minyi Guo. DKN: Deep Knowledge-Aware Network for News Recommendation. In Proceedings of the 2018 World Wide Web Conference (WWW '18). International World Wide Web Conferences Steering Committee, Republic and Canton of Geneva, Switzerland, 2018: 1835-1844. 链接 40.

- 引入上下文节点的嵌入表示，相当于引入了与当前节点关系紧密的其他节点的影响，也就是引入了更多的信息，从而可以学习到更好的效果。这一点在基于 ID 特征的浅层模型中也可以借鉴，虽然表征方式不同，但也可起到一定的作用。

除了DKN，还有其他结合结构化信息和深度学习的方法可供参考，例如Collaborative Knowledge base Embedding[1]和Ripple Network[2]等。但在实践中建议大家从简单的入手做起，不骄不躁，从业务实际情况出发，根据收益和性价比逐步升级到复杂模型。

8.5 影响效果的非算法因素

上面介绍的是如何从算法角度来优化推荐系统的效果。但推荐系统是一个多方交互的复杂系统，有很多因素会对推荐系统的效果产生影响，下面对一些常见的非技术因素进行分析介绍。

在一个网站或者 APP 中，推荐系统通常会和整个大系统的多个方面有交互，推荐系统本身也有很多组成部分，再加上整个系统所处的大环境，综合起来会有很多因素影响着一个推荐系统最终效果的好坏，这里的效果指的是包括准确率、召回率、多样性等指标在内的一个整体效果。这里我们试着对其中一些主要因素进行讨论。需要指出的是，在这些因素里面并不是所有的我们都可以左右，但是了解它们究竟是什么对于开发和优化系统还是非常有用的。

8.5.1 用户因素

与广告系统需要同时面对用户和广告主不同，推荐系统的服务对象主要只有一个，那就是用户，所以说用户因素在很大程度上会影响系统的效果。具体来讲，系统中新用户和老用户的比例是对效果影响最大的因素之一。我们知道，推荐系统是高度依赖用户行为的，而对于无任何行为或者行为非常少的新用户，效果肯定是不会太好的，所以说整个系统中新用户的比例越高，系统的整体表现就会越差。

1　Fuzheng Zhang, Nicholas Jing Yuan, Defu Lian, Xing Xie, and Wei-Ying Ma. Collaborative Knowledge Base Embedding for Recommender Systems. In Proceedings of the 22nd ACM SIGKDD International Conference on Knowledge Discovery and Data Mining (KDD '16). ACM, New York, NY, USA, 2016: 353-362. 链接 41.
2　Hongwei Wang, Fuzheng Zhang, Jialin Wang, Miao Zhao, Wenjie Li, Xing Xie, and Minyi Guo. RippleNet: Propagating User Preferences on the Knowledge Graph for Recommender Systems. In Proceedings of the 27th ACM International Conference on Information and Knowledge Management (CIKM '18). ACM, New York, NY, USA, 2018. 417-426. 链接 42.

这就是一个典型的推荐系统本身无法左右的因素，需要整个系统共同努力来解决。对于这个问题，有两种解决思路：一种是努力优化推荐系统的冷启动算法，这种方法肯定会有效，但是其"天花板"也是非常低的；另一种是协同产品运营等多个部门，努力将平台上的新用户转化为老用户，也就是努力让他们与平台多交互，产生行为，从而脱离冷启动阶段。这两种思路相比，可能第二种思路的效果更好，这主要是因为冷启动算法的优化空间实在有限，而将"冷"用户转化为"热"用户之后，各种优化策略就都可以派上用场了。这也是一种可以在多种场景下借鉴的思路：将未知问题转化为已知问题，而不是创造新问题。

8.5.2 产品设计因素

所谓产品设计因素，指的是推荐出的物品在什么位置、以何种形式展示给用户。如果说推荐算法是一个人的内在，那么产品设计就是一个人的脸。在现在这个看脸的时代，长得好不好看会在很大程度上影响算法能量的释放程度。最常见的影响效果的外在因素包括但不限于如下这些。

1. 推荐模块的位置

推荐模块的位置本质上体现的用户所处的上下文，在一定程度上体现了用户当时的心态。以电商系统为例，为什么大部分推荐模块都出现在用户浏览期间，而不出现在用户结账的时候？这是因为用户在浏览的时候，还没下定决心买什么，这个时候需要系统帮助推荐。但是在结账支付的步骤中，用户的需求是完成填写地址、选择优惠、结账等功能，这个时候如果出现一个推荐模块，不仅不会起到帮助用户的作用，反而会影响用户专心完成当前功能。而当用户完成支付后，在订单完成页面就可以继续推荐了，因为此时用户已经完成了付款的功能，可能会开启新的一次购物流程。或者在结账以前的购物车页面也可以放推荐模块，因为用户在浏览购物车中的商品时可能还没有下定决心买什么，此时系统的推荐对用户可能是有用的。所以在决定推荐模块的位置时，一定要考虑用户当时的状态和心智，讲究顺其自然，切不可"强行推销"。

2. 图片的质量

互联网早已进入读图时代，无论推荐任何物品，例如商品、资讯等，有图片的吸引力一定是大于无图片的。而对于都有图片的情况，图片的大小和清晰度则会对用户是否感兴趣产生很大影响。除了大小和清晰度这种基础的质量，图片本身传达出来的信息的质量也很关键。例如对于商品的图片，如果不能在图片中展示出该商品的主要信息和用户关心的内容，那么用户点击的概率就会大大降低，毕竟大家都很忙，点击一下也是有代价的。对于 C2C 市场这种以用户自己拍摄的照片为主的场景，引导用户拍出高质量的商品图片就显得尤为重要，在这方面 Airbnb 早期免费给房东拍照片的故事已经足够证明其重要性和意义了。

3. 主题的吸引程度

除了图片，以文字形式描述的主题也是非常重要的，毕竟文字还是人们获取信息的一条主要途径。在一些 UGC 或 C2C 平台上，会有一些偷懒的卖家在文字描述中只写类似于 "如图" "私聊" 这样的信息，可想而知，这样的描述竞争力是比较弱的，同时也会让人觉得卖家对这个商品并不是很上心。所以，除非你的商品在其他方面极具竞争力，否则是很难得到转化的。遇到这种情况，可以通过算法帮助自动提取或推荐一些相关的文本，提高文字的相关性和吸引力。

主题吸引人固然重要，但是过于 "头重脚轻"，只关注主题质量，而忽略物品本身质量的话，反而会起到反作用，引起用户的反感。这里面最典型的例子就是现在充斥着屏幕的各种 "标题党" 文章，为了吸引用户的点击而在标题上面大做文章，用户点击进去之后发现要么文章质量低下，要么文不对题，长期这样下去，会对平台的信誉度产生很大的负面影响，是一种杀鸡取卵的做法。

所以说在文字描述方面要尽量信息周全，但也不能背离事实，单纯为了一时的点击率，而牺牲了平台的长远发展。

4. 关键信息是否露出

所谓关键信息，指的是能够左右或影响用户产生点击、转化的信息。除了上面提到的图片和文字描述，在各种业务场景下都有一些有特点的关键信息，例如销量、评论数等。一方面，这些信息本身就会对用户的转化产生影响；另一方面，推荐算法在召回或排序时可能用到了这些信息，将这些信息展现出来，在一定程度上充当了推荐解释的功能。

5. 是否有干扰信息

是否有干扰信息，指的是在模块周围是否有影响用户注意力的其他内容，能否让用户比较专心地浏览推荐模块。典型的如一些亮闪闪的广告或者促销/活动 banner 之类的，放在推荐位置的旁边会对用户的注意力产生不同程度的影响，进而影响转化。如果推荐系统在你的业务中是重要的一部分，那么就应该给予它足够专注的空间和位置，而尽量不要将其与其他内容混在一起。在这个纷繁复杂的世界里，很多时候少就是多。

8.5.3 数据因素

推荐系统是典型的算法驱动的系统,如果说算法是系统的骨架,那么数据就是系统的血液。如果数据质量和数量不足,那么任何算法的效果都会打折扣。数据数量不足是很容易理解的,而且很多时候数据数量是否充足和整个网站或 APP 的发展状况有关,不是我们所能左右的,但数据质量则不同,它是可以通过人为的努力而不断加强的。这里就简单介绍一下在数据质量方面常见的可能存在的问题。

1. 关键信息缺失

信息缺失是数据质量方面最大的问题之一,尤其是影响到算法策略或排序模型的关键信息。例如曝光数据中没有具体曝光位置的信息、展现日志中没有用户停留时长的信息等,这些信息的缺失会直接导致算法效果的下降,进而影响最终效果。这些问题的出现,很多时候是因为在最初的数据系统建设时,算法相关人员没有参与进来,导致没有把这些相关信息设计进去。不过,这类问题也相对好解决,只要在发现有信息缺失之后尽快补充进去就行。

2. 数据结构设计欠佳,信息获取复杂。

还有一种情况,就是关键信息都有,没有严重缺失,但是数据结构或表结构设计不够合理,导致获取一个信息要连接多张表,或者经过复杂的运算逻辑。在这种情况下,虽然关键信息都可以获取到,但是由于获取成本高,很有可能在工程实现中被不同程度地折中,导致数据质量打折扣,影响最终效果。这类问题的解决方法,从大的思路上讲是做好与算法相关的数据仓库/数据集市建设,使得数据的获取、变动和维护都尽量简单化,减少数据建设的成本,从而提高数据的使用效率。

推荐系统使用到的数据通常是整个大系统的数据系统中的一个子集,所以对这部分数据质量的把控需要推荐系统的开发人员和数据系统的开发人员共同努力,才能保证数据的可用性和易用性。

8.5.4 算法策略因素

上面说了这么多,终于说到推荐系统最核心的算法策略部分了。算法策略对效果的影响是毋庸置疑的,但是其影响也是多方面的,具体来讲,算法策略可能会在以下两个方面影响效果。

1. 算法的复杂度影响准确性

复杂度越高的算法整体上准确性越高，无论使用什么具体算法，这个大趋势整体来说是正确的。例如，简单的排序模型可能不如非线性模型，连续值特征可能不如离散化后的非线性特征，在时序问题上朴素的 RNN 不如 LSTM 等。在保证数据质量的前提下，使用复杂度高的模型是一种能够确保收益的效果提升方式，当然，前提是算法要与业务相契合，不能为了复杂而复杂。

2. 算法的稳定性影响效果的稳定性

我们知道，在机器学习模型中有一类模型具有低偏差，但同时也具有高方差，这里的高方差，指的是训练出来的模型在不同的数据集上表现差异会比较大。这种现象还有另外一个名字，就是"过拟合"。如果数据数量足够大的话，再加上合理的正则化手段，过拟合是比较容易避免的。所以问题更容易出现在数据数量不足的情况下，这时应该选择如线性模型这样的简单模型来保证效果的稳定性，甚至可以考虑使用基于规则的算法来保证稳定性。当然，也可考虑通过数据集扩展、引入多目标学习等方法提高模型的泛化能力，本书的第 7 章介绍了多种实用的提高泛化能力的方法，读者可按需参考。

为什么要关注效果的稳定性呢？这里的原因和算法设计分析时要关注算法的平均复杂度是类似的。虽然我们希望得到一个非常准确的模型，但是更希望这个模型在线上运行时是稳定的、可预期的，不会今天效果好，明天效果差。在实际使用中，无论准确率如何，都希望稳定性是有保证的。

8.5.5　工程架构因素

最后，我们再来简单介绍一下工程架构方面的因素。无论什么样的数据、什么样的算法，在最终呈现给用户之前都需要具体的工程落地，那么在落地过程中所选择的具体工程架构也会对效果产生影响。

1. 架构设计对响应速度的影响

接口的响应速度无疑是工程架构对用户的最直接体现，响应速度慢肯定会导致用户不耐烦，可能就直接流失掉了。要提高速度，通常会有三类方法：一是对算法进行优化，减少不必要的计算；二是选择简单算法；三是使用缓存的思路，只在在线层进行尽量少的计算，其余的计算都放到离线层或近线层来做，减少实时计算的负担。

2. 架构设计对问题排查监控的影响

老司机们都知道，只能跑不能修的车是肯定不能上路的。同理，推荐系统的整体架构设计要对问题的排查比较友好，能够在出现问题或者需要验证猜想的时候快速在系统中进行定位，而不是现加调试信息、现上线，导致问题排查过程被拖长。优秀的工程师会在系统设计的时候就给自己留好后路，而不是等出了问题时才临时抱佛脚。

3. 架构设计对迭代速度的影响

除了对响应速度这种较为表面的影响，整个架构的设计能否支持快速的策略迭代对效果的隐形影响也是极大的。如果整体架构比较臃肿、模块分离不清晰、基础逻辑缺乏适当的抽象同一性，则会导致数据和策略的迭代无法快速进行，每迭代一次都要执行很复杂的流程，而且还不能保证正确性。这样的问题会拖慢系统的发展速度，最终影响效果。

8.6　总结

本章介绍了推荐效果优化的一般性思路，从指标维度的角度分别介绍了准确率和覆盖率这两个最重要指标优化的一般性思路，然后以行为类算法和内容类算法这两类算法为例，介绍了这些一般性思路的具体实现方法。最后介绍了对推荐效果产生影响的一些关键的非算法因素，这些因素对效果的影响丝毫不逊于算法。

除了本章中提到的内容，根据推荐系统所处理的具体行业和业务，还会有很多其他因素会影响推荐系统的最终效果，所以在提升推荐系统的效果时，眼睛不能只盯着一处，尤其是不能只盯着算法，而是要具有一定的全局观，能够从全局的角度找到当前对效果影响最大的是什么，进而进行有针对性的优化，这些优化点可能是算法，可能是工程架构，也可能是产品设计。而对于那些暂时无法改变的因素，要找到制约它们的核心原因，等到时机成熟后再进行优化。

第9章
自然语言处理技术的应用

在推荐系统中经常需要处理各种文本数据，例如商品描述、新闻资讯、用户留言等。具体来讲，我们需要使用文本数据完成以下任务：

- **候选商品召回**。候选商品召回是推荐流程的第一步，用来生成待推荐的物品集合。这部分的核心操作是根据各种不同的推荐算法来获取对应的物品集合。而文本类算法就是很重要的一种召回算法，具有不依赖用户行为、多样性丰富等优势，在文本信息丰富或者用户信息缺乏的场合中有非常重要的作用。

- **相关性计算**。在推荐系统流程的各个步骤中都涉及相关性计算，例如，召回算法中的各种文本相似度算法以及用户画像等都需要进行相关性计算。

- **作为特征参与模型排序（CTR/CVR）**。在候选集召回之后的排序层，文本类特征常常可以提供很多的信息，从而成为重要的排序特征。

但是相比结构化信息（例如商品的属性等），文本信息具有一些先天性缺点。

首先，**文本数据中的结构化信息量少**。严格来说，文本数据通常是没有结构化信息的，若说有的话，可能也就是"标题""正文""评论"这样的用来区分文本来源的信息，除此以外，就没有更多的结构化信息了。为什么要在意结构化信息呢？因为结构代表着信息量，无论是使用的算法还是业务规则，都可以根据结构化信息来制定推荐策略。例如，在"召回所有颜色为蓝色的长款羽绒服"这样的策略里就用到了"颜色"和"款式"这两个结构化信息，但是如果在商品描述数据库中没有这样的结构化信息，只有一句"该羽绒服为蓝色长款羽绒服"的自由文本，那么就无法利用结构化信息制定策略了。

其次，**文本内容的信息量不确定**。与非结构化信息相伴随的，是文本数据在内容和数量上的不确定性。例如，不同用户对同一件二手商品的描述可能差异非常大，具体地，可能在用词、描述、文本长短等方面都具有较大的差异。再如，同样的两个物品，在一个物品的描述中出现的内容在另外一个物品中并不一定会出现。这种差异性的存在使得文本数据往往难以作为一种稳定可靠的数据源来使用，在 UGC 化明显的场景下更是如此。

最后，**自由文本中的歧义问题较多**。歧义理解是自然语言处理中的重要研究课题，同时歧义也影响着在推荐系统中对文本数据的使用。例如，用户在描述自己的二手手机时可能会写"出售 iPhone 6 一部，打算凑钱买 iPhone 7"这样的话，这样一句对人来说意思很明确的话，却给机器造成了很大困扰——这部手机究竟是 iPhone 6 还是 iPhone 7？在这样的背景下，如何保证推荐系统的准确率便成为一个挑战。

但是文本数据也不是一无是处，它也具有一些结构化数据所不具备的优点：

- **数据量大**。非结构化的文本数据一般非常容易获得，例如通过各种 UGC 渠道以及网络爬取等方法，都可获得大量文本数据。
- **多样性丰富**。非结构化是一把双刃剑，不好的一面上面已经分析过，好的一面就是由于其开放性，会包含一些结构化规定以外的数据，这会带来丰富的多样性。
- **信息及时性**。当一些新名词、新事物出现之后，微博、朋友圈常常是最先能够反映出变化的地方，而这里的数据都是纯文本数据，对这些数据进行合理分析，能够最快地获得结构化、预定义数据所无法得到的信息。

综上所述，文本数据是一类量大、复杂、丰富的数据，对推荐系统起着重要的作用。本章将针对上面提到的几个方面，对推荐系统中常见的文本处理方法进行介绍。

9.1 词袋模型

词袋（Bag of Words，BOW）模型是最简单的文本处理方法，其核心假设非常简单，就是认为一个文档是由文档中的词组成的多重集合[1]构成的。这是一种最简单的假设，没有考虑文档

---

1 多重集合与普通集合的不同之处在于它考虑了集合中元素出现的次数。

中诸如语法、词序等其他重要因素，只考虑了词的出现次数。这样简单的假设显然丢掉了很多信息，但是带来的好处就是使用和计算都比较简单，同时也具有较大的灵活性。

在推荐系统中，如果将一个物品看作一个词袋，那么可以根据词袋中的词来召回相关物品。例如，用户浏览了一个包含"羽绒服"关键词的商品，那么可以召回包含"羽绒服"这个词的其他商品作为该次推荐的候选商品，并且可以根据这个词在词袋中出现的次数（词频）对召回商品进行排序。

这种简单的做法显然存在很多问题。首先，将文本分词后，在得到的词里面，并不是每个词都可以用来做召回和排序的，例如"的、地、得、你、我、他"这样的停用词就应该去除。此外，对一些出现频率特别高或者特别低的词也需要做特殊处理，否则会导致召回结果的相关性低或召回结果过少等问题。

其次，使用词频来度量重要性也显得合理性不足。以上面的"羽绒服"商品召回为例，如果在"羽绒服"的类别里使用"羽绒服"这个词在商品描述中出现的频率来衡量商品的相关性，则会导致所有的羽绒服都具有类似的相关性，因为在商品描述中大家都会使用数量差不多的这个词。所以，我们需要一种更为科学、合理的方法来度量文本之间的相关性。

除了上面的用法，还可以将词袋中的每个词作为一维特征加入排序模型中。例如，在一个基于逻辑回归的CTR排序模型中，如果这一维特征的权重为w，则可解释为"包含这个词的样本相比不包含这个词的样本在点击率的log-odds[1]上要高出w"。在排序模型中使用词特征时，为了增强特征的区分能力，我们常常会使用简单词袋模型的一种升级版——N-gram词袋模型。

N-gram 是指把 N 个连续的词作为一个单位进行处理。例如，将 "John likes to watch movies. Mary likes movies too." 这句话处理为简单词袋模型后的结果为

```
["John":1, "likes":2, "to":1, "watch":1, "movies":2, "Mary":1, "too":1]
```

而处理为 bigram（2-gram）后的结果为

```
["John likes":1, "likes to":1, "to watch":1, "watch movies":1, "Mary likes":1,
"likes movies":1, "movies too":1]
```

做这样的处理有什么好处呢？如果将 bigram 作为排序模型的特征或者相似度计算的特征，最明显的好处就是增强了特征的区分能力。简单来讲，就是：两个有 N 个 bigram 重合的物品，

1　参见：链接 43。

其相关性要大于有 N 个词重合的物品。从根本上讲，是因为 bigram 的重合概率要低于 1-gram（也就是普通词）的重合概率。那么是不是 N-gram 中的 N 越大就越好呢？增大 N 虽然增强了特征的区分能力，但同时也加大了数据的稀疏性。从极端情况来讲，假设 N 取到 100，那么几乎不会存在两个文档有重合的 100-gram，这样的特征也就失去了意义。在实际应用中，一般 bigram 和 trigram（3-gram）能够在区分性和稀疏性之间取得比较好的平衡，如果继续增大 N 的话，稀疏性会有明显增加，但是效果却不会有明显提升，甚至还会有所降低。

综合来看，虽然词袋模型存在着明显的弊端，但是如果只需要对文本做简单处理就可以使用，所以它不失为一种对文本数据进行快速处理的方法，并且在预处理[1]充分的情况下，也常常能够得到很好的效果。

9.2　权重计算和向量空间模型

在 9.1 节中我们看到，简单词袋模型在经过适当的预处理之后，可以用来在推荐系统中召回候选物品。但是在计算物品和关键词的相关性以及物品之间的相关性时，仅仅使用简单的词频作为排序因素显然是不合理的。为了解决这个问题，我们可以引入表达能力更强的基于 TF-IDF 的权重计算方法。在 TF-IDF 方法中，一个词 t 在文档 d 中的权重的计算公式为

$$\text{tf-idf}_{t,d} = \text{tf}_{t,d} \times \text{idf}_t = \text{tf}_{t,d} \times \log \frac{N}{\text{df}_t}$$

其中，$\text{tf}_{t,d}$ 代表 t 在 d 中出现的频次，df_t 代表包含 t 的文档数目，N 代表全部文档的数目。

TF-IDF 及其各种改进和变种[2]方法相比简单的 TF 方法，其核心改进在于对一个词的重要性度量。例如：

- 原始的 TF-IDF 在 TF 的基础上加入了对 IDF 的考虑，从而降低了出现频率高而导致无区分能力的词的重要性，典型的如停用词。
- 因为词在文档中的重要性和出现次数并不是完全线性相关的，**非线性 TF 缩放**对原始的

1　常用的预处理包括停用词的去除、高频词/低频词的去除或降权等重要性处理方法，也可以借助外部高质量数据对自由文本数据进行过滤和限定，以求获得质量更高的原始数据。

2　关于 TF-IDF 改进和变种的详细介绍，可参考 *Introduction to Information Retrieval* 的第 6 章。

TF 值进行了 log 变换，从而降低了出现频率特别高的词所占的权重。

- 词在文档中出现的频率除了和重要性相关，还可能和文档的长短相关，为了消除这种差异，可以使用最大 TF 对所有的 TF 进行归一化。

这些方法的目的都是使得对词在文档中重要性的度量更加合理，在此基础上，我们可以对基于词频的方法进行改进，例如将之前使用词频对物品进行排序的方法，改进为根据 TF-IDF 得分来进行排序。

此外，我们还需要一套统一的方法来度量关键词和文档以及文档和文档之间的相关性，这套方法就是向量空间模型（Vector Space Model，VSM）。

VSM 的核心思想是将一个文档表示为一个向量，向量的每一维可以代表一个词，在此基础上，可以使用向量运算的方法对文档间相似度进行统一计算，而其中最核心的计算，就是向量的余弦相似度计算，公式如下：

$$\text{sim}(d_1, d_2) = \frac{V(d_1) \cdot V(d_2)}{|V(d_1)||V(d_2)|}$$

其中，$V(d_1)$ 和 $V(d_2)$ 分别为两个文档的向量表示。

这样一个看似简单的计算公式其实有着非常重要的意义。首先，它给出了一种相关性计算的通用思路——只要能将两个物品用向量表示，就可以使用该公式进行相关性计算。其次，它对向量的具体表示内容没有任何限制——基于用户行为的协同过滤算法使用的也是同样的计算公式，而在文本相关性计算方面，可以使用 TF-IDF 填充向量，同时也可以使用 N-gram，以及后面会介绍的文本主题的概率分布、各种词向量等其他表示形式。只要对该公式的内涵有了深刻理解，就可以根据需求构造合理的向量表示。再次，该公式具有较强的可解释性，它将整体的相关性拆解为多个分量的相关性的叠加，并且这种叠加方式可以通过公式进行调节。这样的方法是很容易解释的，即使对非技术人员来讲，也是比较容易理解的，这对于向产品人员、运营人员等非技术人员解释算法思路有很重要的意义。最后，这个公式在实际计算中可以进行一些很高效的工程优化，使其能够从容应对大数据环境下的海量数据，这一点是其他相关性计算方法很难匹敌的。

VSM 是一种"重剑无锋，大巧不工"的方法，形态简单而又变化多端，领会其精髓之后，可以发挥出极大的能量。

9.3 隐语义模型

前面介绍了文本数据的一些"显式"使用方法，所谓显式，是指将可读、可理解的文本本身作为相关性计算、物品召回以及模型排序的特征。这样做的好处是简单、直观，能够清晰地看到起作用的是什么，但其弊端是无法捕捉到隐藏在文本表面之下的深层次信息。例如，"羽绒服"和"棉衣"指的是类似的东西，"羽绒服"和"棉鞋"具有很强的相关性，类似这样的深层次信息，是显式的文本处理方法所无法捕捉到的，因此我们需要一些更复杂的方法来捕捉这些信息，而隐语义模型（Latent Semantic Analysis，LSA）便是这类方法早期的代表性工作之一。

隐语义模型中的"隐"指的是隐含的主题，这个模型的核心假设是，虽然一个文档是由很多词组成的，但是这些词背后的主题并不是很多。换句话说，词不过是由背后的主题产生的，这背后的主题才是更为核心的信息。这种从词下沉到主题的思路，贯穿于我们后面要介绍的其他模型，也是各种不同文本主题模型（Topic Model）的共同中心思想，因此理解这种思路非常重要。

在对文档做 LSA 模型分解之前，我们需要构造文档和词之间的关系，一个由 5 个文档和 5 个词组成的简单例子如表 9-1 所示。

表 9-1　一个由 5 个文档和 5 个词组成的简单例子

	Doc1	Doc2	Doc3	Doc4	Doc5
cat	1	1	0	0	2
dog	3	2	0	0	1
computer	0	0	3	4	0
internet	5	0	2	5	0
rabbit	2	1	0	0	1

LSA 模型的做法是对这个原始矩阵 C 进行如下形式的奇异值分解（SVD）：

$$C \approx C_k = U\Sigma_k V^{\mathrm{T}}$$

其中，U 是矩阵 CC^{T} 的正交特征向量矩阵，V 是矩阵 $C^{\mathrm{T}}C$ 的正交特征向量矩阵，Σ_k 是包含前 k 个奇异值的对角矩阵，k 是事先选定的一个降维参数。

对原始的"文档-矩阵"数据进行如上降维分解的意义在于：

- 得到原始数据的一个低维表示，降维后的维度包含了更多的信息，可以认为每个维度代表一个主题。

- 降维后的每个维度包含了更丰富的信息，例如可以识别近义词和一词多义。

- 可以将不在训练文档中的文档 d 通过 $d_k = \Sigma_k^{-1} U_k^T d$ 变换为新向量空间内的一个向量 [1]，从而可以在降维后的空间里计算文档间相似度。由于新向量空间内包含了同义词等更深层的信息，这样的变换会提高相似度计算的准确率和召回率。

为什么 LSA 模型能具有这样的能力？我们可以从这样一个角度来看，CC^T 中每个元素 $CC_{i,j}^T$ 代表同时包含词 i 和词 j 的文档数量，而 $C^T C$ 中每个元素 $C^T C_{i,j}$ 代表文档 i 和文档 j 共享的词的数量。所以这两个矩阵中包含了不同词的共同出现情况，以及文档对词的共享情况，通过分解这些信息就得到了类似于主题的比关键词信息量更大的低维度数据。

从另一个角度来看，LSA 模型相当于对文档进行了一次软聚类，降维后的每个维度都可被看作一个类，而文档在这个维度上的取值则代表了文档对于这个聚类的归属程度。

经过 LSA 模型处理之后的数据在推荐中能做什么用呢？首先，我们可以将分解后的新维度（主题维度）作为索引的单位对物品进行索引，来替代传统的以词为单位的索引，再将用户对物品的行为映射为对新维度的行为。这两个数据准备好之后，就可以使用新的数据维度对候选商品进行召回了，召回之后可以使用 VSM 进行相似度计算。如前文所述，降维后的计算会带来更高的准确率和召回率，同时也能够减少噪声词的干扰。典型地，即使两个文档没有任何共享的词，它们之间也仍然会存在相关性，而这正是 LSA 模型带来的核心优势之一。此外，还可以将 LSA 模型输出的向量 d_k 作为排序模型的排序特征。

简单来讲，我们能在普通关键词上使用的方法，在 LSA 模型上仍然全部可用，因为 LSA 模型的本质就是对原始数据进行有语义的降维，只需将其看作信息量更丰富的关键词即可。

可以看到，LSA 模型相比关键词来说前进了一大步，主要体现在信息量的提升、维度的降低以及对近义词和多义词的理解上。但是 LSA 模型也具有一些缺点，例如：

- 训练复杂度高。对 LSA 模型的训练是通过 SVD 进行的，而 SVD 本身的复杂度很高，在海量文档和海量词汇的场景下难以计算，虽然有一些优化方法可降低计算的复杂度，但该问题仍然没有得到根本解决。

1　这样的变换无法捕捉到新文档中的信息，例如词的共现以及新词的出现等，所以需要对该模型定期进行全量训练。

- 检索（召回）复杂度高。如上文所述，使用 LSA 进行召回需要先将文档或者查询关键词映射到 LSA 模型的向量空间中，这显然也是一个耗时的操作。
- LSA 模型中每个主题下词的值没有概率含义，甚至可能出现负值，只能反映数值大小关系。这让我们难以从概率角度来解释和理解主题和词的关系，从而限制了对其结果的广泛使用。

9.4 概率隐语义模型

为了进一步发挥 LSA 模型的威力，并尽力克服其问题，Thomas Hofmann 在 1999 年提出了概率隐语义模型（probabilistic Latent Semantic Analysis，pLSA）。从前面 LSA 模型的介绍可以看出，虽然具体的优化方法使用的是矩阵分解法，但是从另一个角度来讲，我们可以认为分解后的 U 和 V 两个矩阵中的向量，分别代表文档和词在隐语义空间中的表示。例如，一个文档的隐向量表示为$(1,2,0)^T$，这代表其在第一维隐向量上取值为 1，在第二维隐向量上取值为 2，在第三维隐向量上取值为 0。如果这些取值能够构成一个概率分布，那么不仅模型的结果更利于理解，同时还会带来很多优良的性质，这正是 pLSA 模型思想的核心——将文档和词的关系看作概率分布，然后试图找出这个概率分布。有了文档和词的概率分布，我们就可以得到一切想要得到的东西了。

在 pLSA 模型的基本假设中，文档 d 和词 w 的生成过程如下：

（1）以$P(d)$的概率选择文档 d。

（2）以$P(z|d)$的概率选择隐变量。

（3）以$P(w|z)$的概率从 z 生成 w。

（4）$P(z|d)$和$P(w|z)$均为多项式分布。

将这个过程用联合概率进行表达，得到：

$$P(d,w) = P(d)P(w|d)$$
$$P(w|d) = \sum_{z \in Z} P(w|z)P(z|d)$$

可以看到，我们将隐变量 z 作为中间桥梁，将文档和词连接起来，形成了一个定义良好、环环相扣的概率生成链条，如图 9-1 所示。

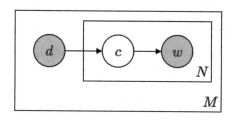

图 9-1　pLSA 模型中词的生成过程示意图

虽然 pLSA 模型的核心是一种概率模型，但是同样可以用类似于 LSI 的矩阵分解形式进行表达。为此，我们对 LSI 中 SVD 分解公式等号右边的三个矩阵进行重新定义：

$$\boldsymbol{U} = (P(d_i|z_k))_{i,k}$$

$$\boldsymbol{V} = (P(w_j|z_k))_{j,k}$$

$$\boldsymbol{\Sigma} = \text{diag}(P(z_k))_k$$

在这样的定义下，原始矩阵$\boldsymbol{C}$仍然可以表述为$\boldsymbol{C} = \boldsymbol{U\Sigma V}^{\text{T}}$。这样的对应关系让我们更加清晰地看到了前面提到的pLSA模型在概率方面的良好定义和清晰含义，同时也揭示了概率隐语义模型和矩阵分解之间的密切关系 [1]。在这样的定义下，隐变量z所代表的主题含义更加明显，也就是说，我们可以明确地把z看作一个主题，主题里的词和文档中的主题都有着明确的概率含义。也正是由于具有这样良好的性质，再加上优化方法的便捷性，使得从pLSA模型开始，文本主题在各种大数据应用中占有重要地位。

从矩阵的角度来看，LSA 模型和 pLSA 模型看上去非常像，但是它们的内涵却有着本质的不同，其中最重要的一点就是两者的优化目标是完全不同的——LSA 模型本质上是在优化 SVD 后的矩阵和原始矩阵之间的均方误差（MSE）；而 pLSA 模型本质上是在优化似然函数，是一种标准的机器学习优化套路。也正是由于这一点本质的不同，导致了两者在优化结果和解释能力方面的不同。

虽然这两个模型有着如此多的不同之处，但是从一个角度来看，它们又有着极为类似的性质：两者的本质都是希望将原始矩阵$\boldsymbol{X}$按照某种要求分解为$\boldsymbol{A}$和$\boldsymbol{B}$两个矩阵的乘积，并且希望得

1　关于概率隐语义模型和矩阵分解之间的密切关系，可参考：链接 44。

到的矩阵分解结果有着不同的性质。LSA模型对矩阵分解的要求是$\min_{A,B}||X-AB^{\mathrm{T}}||_F^2$，即希望分解后的矩阵和原始矩阵的差具有最小的$F$范数；而pLSA模型对矩阵分解的要求是$\min_{A,B}\mathrm{KL}(X||AB^{\mathrm{T}})$，即希望分解后的矩阵和原始矩阵有着最小的KL散度[1]。导致两者目标不同的原因就是它们的基础假设不同——LSA模型只假设了隐变量的存在，但是没有对隐变量的性质做任何要求，要求的只是最终分解结果能够足够好地拟合原始结果即可；而pLSA模型假设的是隐变量和文档、词之间是生成关系，有着明确的概率含义，虽然它最终要求的也是分解矩阵和原始矩阵足够相近，但是在概率的场景下，用KL散度来度量相似度比用均方误差更为合理。

总结起来，LSA 模型和 pLSA 模型的不同点如表 9-2 所示。

表 9-2　LSA 模型和 pLSA 模型的不同点

	基础假设	优化目标	优化方法	统一视角
LSA 模型	隐变量	均方误差	奇异值分解（SVD）	$\min_{A,B}\left\|X-AB^{\mathrm{T}}\right\|_F^2$
pLSA 模型	概率生成过程	交叉熵	最大期望算法（EM）	$\min_{A,B}\mathrm{KL}(X\|AB^{\mathrm{T}})$

至此，我们看到，pLSA 模型将 LSA 模型的思想从概率分布的角度进行了一大步扩展，得到了一个性质更加优良的结果。但是 pLSA 模型仍然存在一些问题，主要包括：

- 由于 pLSA 模型为每个文档都生成一组文档级参数，模型中参数的数量与文档数成正比，因此在文档数较多的情况下容易过拟合。

- pLSA 模型将每个文档都表示为一组主题的混合，然而具体的混合比例却没有对应的生成式概率模型。换句话说，对于不在训练集中的新文档，pLSA 模型无法给予一个很好的主题分布。简而言之，pLSA 模型并非完全的生成式模型。

9.5　生成式概率模型

为了解决上面提到的 pLSA 模型存在的问题，David Blei 等人在 2003 年提出了一个新模型，名为"隐狄利克雷分配（Latent Dirichlet Allocation，LDA）模型"。这个名字颇为隐晦，而且从名字上似乎也看不出它究竟是什么模型，下面我们试着进行一种解读。

1　参见：链接 45。

- Latent：这个词不用多说，表示这个模型仍然是一个隐语义模型。
- Dirichlet：这个词表示该模型涉及的主要概率分布是狄利克雷分布。
- Allocation：这个词表示这个模型的生成过程就是使用狄利克雷分布不断地分配主题和词。

上面的解释并非官方的，只是希望能对理解这个模型起到一些帮助作用。

LDA 模型的中心思想就是在 pLSA 模型外面又包了一层先验，使得文档中的主题分布和主题下的词分布都有了生成概率，从而解决了 pLSA 模型存在的"非生成式"的问题，顺便也减少了模型中的参数，从而解决了 pLSA 模型的另外一个问题。在 LDA 模型中为文档 d_i 生成词的过程如下：

（1）从泊松分布中抽样一个数字 N 作为文档的长度。（这一步并非必需的，也不影响后面的过程。）

（2）从狄利克雷分布$\mathrm{Dir}(\alpha)$中抽样一个样本θ_i，代表该文档下主题的分布。

（3）从狄利克雷分布$\mathrm{Dir}(\beta)$中抽样一组样本ϕ_k，代表每个主题下词的分布。

（4）对于 1 到 N 的每个词w_n：

- 从多项式分布$\mathrm{Multinomial}(\theta_i)$中抽样一个主题$c_{i,j}$。
- 从多项式分布$\mathrm{Multinomial}(\phi_{c_{i,j}})$中抽样一个词$w_{i,j}$。

如图 9-2 所示，忽略最开始选择文档长度的步骤，我们发现 LDA 模型的生成过程相比 pLSA 模型来讲，在文档到主题的分布和主题到词的分布上都加了一层概率，使得两者都加上了一层不确定性，从而能够很自然地容纳训练文档中没有出现过的文档和词，这使得 LDA 模型具有了比 pLSA 模型更好的概率性质。

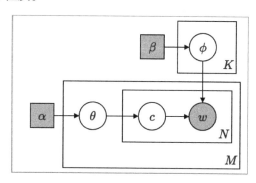

图 9-2　LDA 模型中词的生成过程示意图

9.6　LDA 模型的应用

本节首先介绍 LDA 模型在用于相似度计算和排序特征时需要注意的一些地方，然后介绍以 LDA 模型为代表的文本主题模型在推荐系统中更多不同角度的应用。

9.6.1　相似度计算

上面提到LSA模型可以直接被套用到向量空间模型中进行相似度计算，在LDA模型中也可以做类似的计算，具体方法是把文档的主题分布值向量化，然后用余弦相似度公式进行计算。但是把余弦相似度替换为KL散度[1]或Jensen–Shannon散度[2]效果更好，原因是LDA模型给出的主题分布是含义明确的概率值，用度量概率之间相似度的方法来进行度量更为合理。

9.6.2　排序特征

将物品的 LDA 模型主题作为排序模型的特征是一种很自然的使用方法，但并不是所有的主题都有用。物品上的主题分布一般有两种情况：

（1）少数主题（三个或更少）的概率值比较大，剩余主题的概率值加起来比较小。

（2）所有主题的概率值差不多，都比较小。

在第一种情况下，只有前面几个概率值比较大的主题是有用的，而在第二种情况下，基本上所有的主题都没用。那么该如何识别这两种情况呢？第一种方法，可以根据主题的概率值对主题做一个简单的 K-means 聚类，K 选为 2，如果是第一种情况，那么两个类中的主题数量会相差较大——一个类中包含少量有用的主题，另一个类中包含其他无用的主题，而在第二种情况下，主题数量则相差不大，可以用这种方法来识别主题的重要性。第二种方法，可以计算主题分布的信息熵，第一种情况对应的信息熵会比较小，而第二种情况对应的信息熵比较大，选取合适的阈值也可以区分这两种情况。

1　参见：链接 45。
2　参见：链接 46。

9.6.3　物品打标签&用户打标签

为物品计算出其对应的主题以及主题下对应的词分布之后，我们可以选取概率值最大的几个主题，然后从这几个主题下选取概率值最大的几个词，作为这个物品的标签。在此基础上，如果用户对该物品产生了行为，则可以将这些标签传播到用户上。

通过这种方法打出的标签，具有非常直观的解释，在适当场景下可以充当推荐解释的理由。例如，我们在做移动端个性化推送时，可供展示文案的空间非常小，这时就可以通过上面介绍的方法先为物品打上标签，然后根据用户的需求把标签传播到用户上，在推送时将这些标签词同时作为召回源和推荐理由，让用户明白为什么给他做出这样的推荐。

9.6.4　主题&词的重要性度量

在LDA模型训练生成的主题中，虽然各主题有着同等的位置，但是其重要性却是各不相同的，有的主题包含了重要的信息，有的则不然。例如，有的主题可能包含"教育""读书""学校"等词，和这样的主题相关的文档，一般来说有着和教育相关的主题，这样的主题就是信息量高的主题；而有的主题可能包含"第一册""第二册""第三册"等词 [1]，和这样的主题相关的文档却有可能是任何主题，这样的主题就是信息量低的主题。

那么如何区分主题是否重要呢？从上面的例子中我们可以得到启发：重要的主题不会到处出现，只会出现在与之相关的文档中，而不重要的主题则可能在各种文档中都出现。基于这样的思想，我们可以使用信息熵的方法来衡量一个主题中的信息量。通过对 LDA 模型的输出信息做适当的变换，可以得到主题 θ_i 在不同文档中的概率分布，然后对这个概率分布计算其信息熵。通俗来讲，信息熵衡量了一个概率分布中概率值的分散程度，概率值越分散熵越大，越集中熵越小。所以，在这个问题中，信息熵越小的主题，说明该主题所对应的文档越少，主题的重要性越高。

使用类似的方法，我们还可以计算词的重要性，此处不再赘述。

1　如果在一个图书销售网站的所有图书上训练 LDA 模型，就有可能得到这样的主题，因为有很多套装图书都包含这样的信息。

9.6.5　更多应用

除了上面提到的应用，LDA 模型还有很多其他应用，甚至在文本领域以外的图像等领域也有着广泛应用。LSA、pLSA、LDA 这些主题模型的核心基础是词在文档中的共现，在此基础上才有了各种概率分布，把握住这个核心基础，就可以发现文本主题模型的更多应用。而从另一个角度来看，主题模型的本质是通过矩阵分解来分解表象数据，从而得到具有更高抽象度的隐变量信息的。例如，在协同过滤问题中，基础数据也是用户对物品的共同行为，这也构成了文本主题模型的基础，因此也可以使用 LDA 模型对用户对物品的行为进行分解，得到用户行为的主题以及主题下对应的物品，然后进行物品/用户的推荐。

9.7　神经概率语言模型

以 LDA 模型为代表的文本主题模型通过对词的共现信息的分解处理，得到了很多有用的信息，但是 pLSA、LDA 模型有一个很重要的假设，就是文档集合中的文档以及一个文档中的词在选定了主题分布的情况下都是相互独立、可交换的。换句话说，在模型中没有考虑词的顺序以及词和词之间的关系，这种假设隐含了两层意思：

- 在生成词的过程中，之前生成的词对接下来生成的词是没有影响的。
- 两个文档如果包含同样的词，但是词的出现顺序不同，那么在 LDA 模型看来它们是完全相同的。

这样的假设使得 LDA 模型会丢失一些重要的信息，而近年来得到关注越来越多的以 word2vec 为代表的神经概率语言模型，恰好在这方面和 LDA 模型形成了一定的互补关系，从而可以捕捉到 LDA 模型所无法捕捉到的信息。

用一句话来讲，word2vec 的中心思想就是：

一个词的特征由它周围的词所决定。（A word is characterized by the company it keeps.）

这是一句颇有哲理的话，很像是中国成语中的"物以类聚，人以群分"。具体来讲，词向量模型使用"周围的词=>当前词"或"当前词=>周围的词"这样的方式构造训练样本，然后使用神经网络来训练模型，训练完成后，输入词的输入向量表示便成为该词的向量表示，如图 9-3 所示。

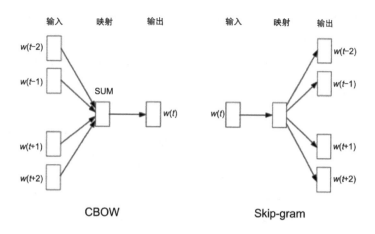

图 9-3　word2vec 的训练过程示意图

这样的训练方式，本质上是说，如果两个词具有类似的上下文（上下文由周围的词组成），那么这两个词就会具有类似的向量表示。有了词的向量表示之后，我们可以做很多事情，最常见的是将这一层向量表示作为更深层次模型的一个嵌入层。除了可以在深度学习中使用，word2vec 在推荐系统中还可以做很多其他事情，其中之一就是做词的聚类以及寻找相似词。我们知道，LDA 模型天然就可以做到词的聚类和相似词的计算，那么使用 word2vec 计算出来的结果和 LDA 模型有什么不同呢？它们之间的不同具体体现在两点：第一，聚类的粒度不同，LDA 模型关注的主题级别的粒度，层次更高，而 word2vec 关注的是更低层次的语法语义级别的含义。例如"苹果"、"小米"和"三星"这三个词，在 LDA 方法中很可能会被聚类在一个主题中，但是从词向量的角度来看，"苹果"和"小米"可能会具有更高的相似度。

第二，由于 word2vec 有着"根据上下文预测当前内容"的能力，将其进行适当修改之后，还可以用来对用户行为喜好做出预测。首先收集用户的行为日志，进行 session 划分，得到类似于文本语料的训练数据，在这些数据上训练 word2vec 模型，可以得到一个"根据上下文行为预测当前行为"的模型。但是在原始的行为数据中行为的对象常常是 ID 级的，例如商品的 ID、视频的 ID 等，如果直接放到模型中训练，则会造成训练速度慢、泛化能力差等问题，因此需要对原始行为进行降维。具体来说，可以将行为映射到搜索词、LDA 主题、类别等低维度特征上，然后进行训练。例如，我们可以对用户的搜索词训练一个 word2vec 模型，然后就可以根据用户的历史搜索行为预测他的下一步搜索行为了，并在此基础上进行推荐。这种方法考虑到了上下文，但是对前后关系并没有做最恰当的处理，因为 word2vec 的思想是"根据上下文预测当前内容"，但我们希望得到的模型是"根据历史行为预测下一步行为"，这两者之间有着微妙的差别。例如，用户的行为序列为"ABCDE"，每个字母代表对一个物品（或关键词）的行为，标准的

word2vec 算法可能会构造出下面这些样本：AC->B, BD->C, CE->D······但是我们希望的形式其实是这样的：AB->C, BC->D, CD->E······因此，需要对 word2vec 生成样本的逻辑进行修改，使其只包含我们需要的单方向的样本，方可在最终模型中得到真正期望的结果。

如表 9-3 所示的是按照该方法预测的例子。

表 9-3　预测例子

历史搜索词	预测搜索词
儿童书桌，书桌	学生书桌
笔，中性笔	签字笔
二手电动车，电动车	电动车 小龟王
爆米花机，冰激凌机	烤肠机
手表，精工手表	西铁城手表

可以看出，预测搜索词与历史搜索词有着紧密的关系，是对历史搜索词的延伸（例如学生书桌和烤肠机的例子）或者细化（例如小龟王和西铁城手表的例子），具有比较好的预测属性，是非常好的推荐策略来源。沿着这样的思路，我们还可以对 word2vec 做进一步修改，得到对时序关系更为敏感的模型，以及尝试使用 RNN、LSTM 等纯时序模型来得到更好的预测结果。但由于篇幅所限，此处不做展开介绍。

9.8　行业应用现状

文本主题模型被提出之后，由于其具有良好的概率性质，以及对文本数据有意义的聚类抽象能力，在互联网的各个行业中都获得了广泛的应用。搜索巨头谷歌在其系统的各个方面都在广泛使用文本主题模型，并为此开发了大规模文本主题系统Rephil。例如，在为用户搜索产生广告的过程中，就使用了文本主题来计算网页内容和广告之间的匹配度，是谷歌广告产品成功的重要因素之一。此外，在匹配用户搜索词和网页之间的关系时，文本主题也可被用来提高匹配召回率和准确率。Yahoo!在其搜索排序模型中也大量使用了LDA主题特征[1]，还为此开源了著

1　Dawei Yin, Yuening Hu, Jiliang Tang, Tim Daly, Mianwei Zhou, Hua Ouyang, Jianhui Chen, Changsung Kang, Hongbo Deng, Chikashi Nobata, Jean-Marc Langlois, and Yi Chang. Ranking Relevance in Yahoo Search. In Proceedings of the 22nd ACM SIGKDD International Conference on Knowledge Discovery and Data Mining (KDD '16). ACM, New York, NY, USA, 2016: 323-332. 链接 47.

名的Yahoo!LDA工具[1]。

在国内，在文本主题方面较为著名的系统之一是腾讯开发的Peacock系统 [2]，该系统可以捕捉百万级别的文本主题，在腾讯的广告分类、网页分类、精准广告定向、QQ群分类等重要业务中均起着重要的作用。该系统使用的HDP（Hierarchical Dirichlet Process）模型是LDA模型的一个扩展，可智能选择数据中主题的数量，还具有捕捉长尾主题的能力。除腾讯以外，文本主题模型在各公司的推荐、搜索等业务中也已经广泛使用，使用方法根据各自的业务有所不同。

近年来，以word2vec为代表的神经网络模型的使用也比较广泛，典型的应用有词的聚类、近义词的发现、搜索词的扩展、推荐兴趣的扩展等。Facebook开发了一种word2vec的替代方案FastText[3]，该方案在传统词向量的基础上，考虑子词（subword）的概念，取得了比word2vec更好的效果 [4]。

9.9　总结和展望

本章从简单的文本关键词出发，沿着结构化、降维、聚类、概率、时序的思路，结合推荐系统中候选集召回、相关性计算、排序模型特征等具体应用，介绍了推荐系统中一些常用的自然语言处理技术和具体应用方法。

自然语言处理技术借着深度学习的东风，近年来取得了长足的进步，而其与推荐系统的紧密关系，也意味着推荐系统在这方面仍然有着巨大的提升空间，让我们拭目以待。

1　参见：链接 48。

2　Yi Wang, Xuemin Zhao, Zhenlong Sun, Hao Yan, Lifeng Wang, Zhihui Jin, Liubin Wang, Yang Gao, Ching Law, and Jia Zeng. Peacock: Learning Long-Tail Topic Features for Industrial Applications. ACM Trans. Intell. Syst. Technol. 6, 4, Article 47 (July 2015), 23 pages, 2015. 链接 49.

3　参见：链接 50。

4　Piotr Bojanowski, Edouard Grave, Armand Joulin, and Tomas Mikolov. Enriching Word Vectors with Subword Information. Transactions of the Association for Computational Linguistics (TACL) Vol. 5 (2017), 135-146, 2017.

第10章
探索与利用问题

前面章节中介绍了很多推荐系统的算法和模型，其目的都是为了让用户获得更好的体验，平台取得更好的收益。但这些方法的着眼点多数是当下和短期，也就是将当前收益取到最大，但一个平台要想长期健康发展，还需要考虑一些长期收益的问题，正所谓既要低头拉车，也要抬头看路。而平衡长期收益和短期收益，正是"探索与利用问题"（Exploration & Exploitation Problem，EE 问题）要讨论的范畴，本章就对这类问题进行介绍。

10.1　多臂老虎机问题

要想理解 EE 问题，需要先从经典的多臂老虎机问题（Multi-armed Bandit Problem，MAB 问题）说起。在赌场里有 N 台老虎机，如图 10-1 所示，每台老虎机都有一个拉杆，也就是所谓的臂（arm），投币，然后拉下拉杆，老虎机会给出一个随机奖励。这里有意思的点在于这 N 台老虎机中奖的概率是各不相同的，但我们并不知道每台老虎机的中奖概率分别是多少。现在给你 T 次机会，每次机会可以拉其中一台老虎机的拉杆，目的是在 T 次操作之后，总的收益最大，或者换个角度说，遗憾（regret）最小。这个目标的形式化表示如下：

$$\rho = T\mu^* - \sum_{t=1}^{T} \hat{r_t^*}, \mu^* = \max\{\mu_k\}$$

这里假定每台老虎机的收益是一个概率分布，其中 μ_k 为第 k 台老虎机的期望收益，$\hat{r_t^*}$ 是第 t 次操作老虎机的真实收益。遗憾 ρ 被表示为两个值的差：前者是 T 次操作的最大平均收益，后者是 T 次操作之后得到的真实收益。这里面的关键词是长期收益、总体收益，而不是某几次操作的收益。

图 10-1 多臂老虎机

讲完了公式，我们来讲讲这个问题的本质是什么。这个问题最大的难点在于，我们不知道每台老虎机对应的期望收益是什么，假如知道了它们的期望收益，那么就守着期望收益最大的那台老虎机一直拉它的拉杆就好了，得到的真实收益是最大的，即真实收益 $T\mu^*$ 等于最大的期望收益。但问题是我们不知道每台老虎机的平均收益，因此就需要通过实验探测出每台老虎机可能的期望收益是多少。例如，我们对某台老虎机连续拉它的拉杆 100 次，这 100 次的平均收益是 10，并且方差比较小，比如是 2，那么我们就有较大的自信说这台老虎机的期望收益是 10。那是否可以用这样的方法来探测所有的老虎机呢？答案是不可以，因为我们拉老虎机的拉杆的次数 T 是有限的，如果用了 100 次机会在探测某一台老虎机上面，那么就少了 100 次机会尝试其他老虎机，而其他老虎机则有可能具有更高的期望收益。那可以保守一点，不用给每台老虎机 100 次机会去探测期望收益，而是只给 10 次机会，然后根据这些期望收益来决定哪台老虎机的期望收益最大，最后把剩余的机会全部放在这台老虎机上。这种策略看起来好一些，因为它给了每台老虎机平等的探测机会，表面上看，没有错过每一台潜在收益比较高的老虎机。但这么做存在的问题是，给每台老虎机 10 次机会，并不足以探测出其真实的期望收益。就像扔一枚正面向上概率未知的硬币，连续扔三次都是正面向上，并不能说明扔这枚硬币永远都是正面向上，因为实验次数不足，导致结果置信度不高。

讲到这里，相信你已经看出这个问题的玄妙之处了——在限定的次数 T 之内，要想得到最大的期望收益，既要耗费一定的次数探测每台老虎机的期望收益——这一部分叫作探索，又要耗费一定的次数来充分利用当前已经探测出期望收益的老虎机——这一部分叫作利用。反过来看，如果不去探测其他老虎机的期望收益，而是把机会全部用在利用已经探测出收益的老虎机上，那么我们就可能只在潜在收益低的老虎机上赚取收益，这是要冒风险的，因为这相当于我们的收益可能全部源于低收益的老虎机；如果不去利用已经探测出收益的老虎机，而是把机会全部用在探测其他老虎机的收益上，我们同样要冒着风险，也就是后面老虎机的期望收益要低于之前探测出收益的老虎机的风险，因为这相当于浪费了后面的探测机会。所以，从某个角度来看，EE 问题的核心问题就在于如何分配这 T 次机会，让我们可以在探索和利用这两个方面取得比较好的平衡，从而最大化收益，最小化遗憾。

10.2 推荐系统中的 EE 问题

理解了 MAB 问题之后，将其映射到推荐系统中，就得到了我们真正要面对的 EE 问题。在推荐系统中，每个待推荐的候选物品都可以被看作一台老虎机，而 MAB 问题中的操作次数 T，在推荐系统中就是可用的展示次数，或者展示位置的数量，每次展示一个物品相当于拉了一台老虎机的拉杆，老虎机中的奖励就是用户反馈，典型的如点击。MAB 问题与推荐系统的映射关系如表 10-1 所示。

表 10-1 MAB 问题与推荐系统的映射关系

MAB 问题	推荐系统
老虎机	待推荐物品
拉老虎机的拉杆	展示物品
奖励	用户反馈

可见，MAB 问题中的探索，在推荐系统中就是通过多次展示来确认某个物品（在某个场景下）的点击率；利用，在推荐系统中就是通过展示已知点击率较高的物品来获得更高的收益。如果不做探索只做利用，也就是一直展示点击率最高的那些物品，由于展示机会是有限的，我们就无法得知系统中是否还有其他潜在点击率更高的物品存在；如果不做利用只做探索，就是以相等的概率轮番展示所有的物品，那么可想而知，推荐系统的整体点击率会非常低。

很多推荐系统中的 EE 问题和经典的 MAB 问题还有一个差异，就是推荐系统中的 EE 问题是一种二元问题。这像是一种特殊的老虎机，每次拉下拉杆的后果有两种：一种是 1，代表有奖励；一种是 0，代表无奖励。也就是说，每台老虎机有一个给出奖励的概率 p，但这个概率我们不知道。这对应着推荐系统中最常见的点击与否、购买与否等问题。这种老虎机是 MAB 的一种特殊形式，称为伯努利多臂老虎机（Bernoulli Multi-armed Bandit）。

所以，把 MAB 问题中的挑战在推荐系统场景下翻译过来，就是：通过设计合理的展示策略，在有限的展示机会下，平衡探索和利用的关系，收获最大的长期的期望总收益。这也就是推荐系统中的 EE 问题。

10.3　解决方案

在理解了推荐系统中 EE 问题的内涵和影响之后，我们来看看有哪些方法可以用来解决这类问题。

10.3.1　ϵ-Greedy 算法

解决 EE 问题就是在平衡探索和利用之间的关系，那么最简单的方法就是利用某种随机算法将所有的展示机会分为两部分，分别用来探索和利用，而这正是$\epsilon-\text{Greedy}$算法背后的思想。

$\epsilon-\text{Greedy}$算法的思想是将全局的展示机会划出 ϵ 比例，专门用于探索，也就是随机展示物品；而剩余的 $1-\epsilon$比例的机会则用于利用，也就是展示当前点击率最高的物品。与这种策略相辅助的是，在每次展示之后都需要根据该次展示结果计算这个物品的当前期望收益，例如点击率，这个数据用来在$1-\epsilon$比例的机会中选择当前收益最高的物品。ϵ 选取得越大，意味着探索的比例越大，我们越能够快速地得知每个物品的真实期望收益，但缺点是需要付出更大的短期损失；ϵ选取得越小，则探索的比例越小，利用的比例越大，意味着我们可以获取更大的短期收益，但需要更长的时间收敛到物品的真实收益。

为了达到在全局的展示机会中划出ϵ比例用于探索的效果，在每次具体展示时都需要通过随机数来确定当前这次展示机会是否落到探索区间中。通常这个比例不会太高，因为我们不希望对当前收益造成太大的影响。这也和参数ϵ通常代表一个极小量的常识是一致的。

该算法在应用中需要为参数 ϵ 选择合适的取值，通过使用蒙特卡罗随机算法，可以模拟出在不同取值下该算法在不同指标维度上的表现。

图 10-2 展示的是一组实验的结果 [1]，该实验中共有 5 台老虎机，其中 4 台的期望收益是 0.1，1 台的期望收益是 0.9。可以看到不同的参数取值对准确率的影响，这里准确率的定义是选择到

1　实验结果和图表来自 *Bandit Algorithms for Website Optimization*。

最佳老虎机的概率。可以看到，随着取值的减小，系统会以更快的速度收敛到高准确率的状态。这是因为：虽然参数取值减小时会使得每次分配给探索的比例变小了，但是利用最佳老虎机的概率却增加了。

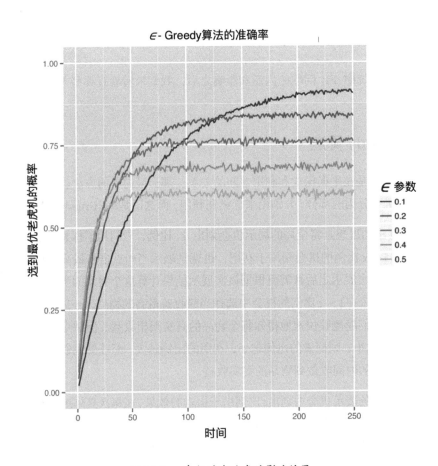

图 10-2　ϵ 参数对准确率的影响结果

从另一个角度看，ε 参数对总收益的影响如图 10-3 所示。总收益指的是从实验开始累计当前的收益。可以看出，在这个指标下，ε 取值 0.1 时总收益反而比较差，这是因为比较低的探索比例限制了我们发现高收益物品的能力，将大量机会消耗在了收益相对较低的老虎机上。当然，以上结论是在特定的实验场景下得出的，读者可以调整老虎机的期望收益来设定不同的场景进行实验。

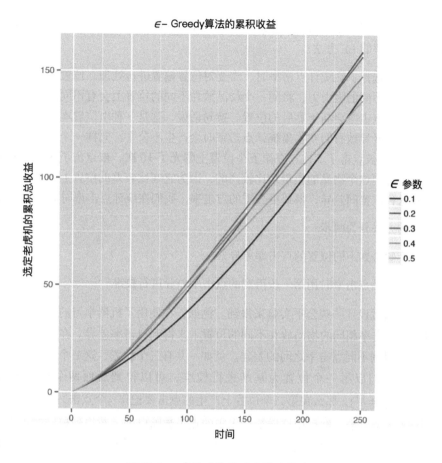

图 10-3 ϵ 参数对总收益的影响结果

但是在实际场景中执行该策略时需要注意，在决定探索时，并不是真的完全随机选择展示物品的，而是应该选择那些还没有得到足够展示机会的物品。这么做是因为探索的目的是探测出物品的期望收益，如果一个物品已经被展示过很多次，它的期望收益已经比较明确了，或者说期望收益的方差已经非常小了，那么这时再将其纳入探索的候选集中就没有太大意义了，反而浪费了宝贵的探索机会。在实践中，通常会统计一个物品的展示次数，如果其展示次数小于某个阈值，那么该物品才会被加入探索的候选集中。

在执行利用操作，也就是选出期望收益最大的物品进行展示时，有两种选择：一种是基于机器学习模型预估的期望收益来选择的，例如通过预估点击率来决定最优物品，这种方法对特征信息比较丰富的用户更加适合，因为此时我们可以给出较好的模型预测结果；另一种是基于历史统计的真实点击率来选择的，这种方法适用于冷启动场景，这时还没有收集到足够的用户信息，即使应用了机器学习算法也不能得到个性化程度好的结果，那么在冷启动场景中就可以使用基于历史点击率的 EE 方法。

如果是第二种选择，在统计点击率时，需要对位置偏置进行处理。位置偏置指的是由于不同的位置对用户有不同的吸引力，将同一个物品放在不同的位置上会有不同的点击率，例如更靠前的位置的整体点击率会高于靠后的位置。换句话说，这是一种由位置本身的不公平造成的效果差异。这种差异导致我们在收集统计点击率时会产生不公平：同样一个物品，在第一个位置上曝光了 10 次，被点击了 5 次；在第五个位置上曝光了 10 次，被点击了 5 次，它们的含义是不同的，后者表明这个物品的质量是比较高的，因为它在比较差的位置上取得了同样的点击率。为了弥补这种位置间差异，得到更公平的点击率，我们在统计点击率时需要做位置校准。

位置校准的方法分为两步：

（1）通过实验得到不同位置的点击率差异。

（2）在统计物品点击率时用第一步得到的点击率差异进行校准。

第一步可以通过设计一些公平实验来得到。例如，在使用了机器学习的系统中，可以通过 AB 实验将预估点击率相同的物品放在不同的位置上来得到点击率差异。在数据量足够大的情况下，我们可以得到不同点击率之间的差异。例如一共有三个位置，这三个位置上的点击率分别为 p_1, p_2, p_3，我们以第一个位置为基准进行校准，可以得到后面两个位置的校准系数 $r_2 \left(r_2 = \frac{p_1}{p_2} \right)$ 和 $r_3 (r_3 = \frac{p_1}{p_3})$，那么在第二个位置上产生的点击要记作 r_2 个点击，在第三个位置上产生的点击要记作 r_3 个点击，然后用这样统计出来的点击数除以展示数得到校准的点击率。这种做法的前提假设是不同位置之间的点击率差异是比率关系，这是最简单的能够弥补位置间差异的方法。

如果选择的是机器学习的方法，也需要处理位置偏置，处理的方法是将位置信息加入特征中进行建模，这一点在前面的章节中进行过介绍，这里不再重复。

在实际执行中还有一个需要考虑的点，就是由于位置偏置的存在，通常会将探索的机会放到相对靠后的位置上，这样前面几个核心位置上展示的都是效果最好的物品，于是可以将 EE 策略对真实收益的影响减到最小，这也是对用户体验的一种保护。这一考虑对于其他 EE 策略同样适用，在后面的策略中不再赘述。

10.3.2　UCB

$\epsilon-$ Greedy 这种纯随机的策略虽然简单、有效，但有可能会在探索阶段重复探索之前已经确认是不好的物品。解决这个矛盾的一种方法是随着时间的推移逐步减小 ϵ 的取值，更多地偏向利用方向；另一种方法是对未来仍有潜力的物品保持乐观的态度，继续探索，而对于已经确认是不好的、未来潜力较小的物品，减小其探索概率。后者就是 UCB（Upper Confidence Bound）算法背后的思想。

从名字可以看出，UCB 方法是根据物品潜在收益的置信区间的上界来进行选择的，也就是选择未来潜力较大的物品作为重点探索对象。具体来说，该方法为每个物品都计算一个期望收益的上界 $\mu_{tk}^* + b_{tk}$，这个上界大概率是大于该物品的真实期望收益 μ_k 的，也就是大概率满足 $\mu_{tk} < \mu_{tk}^* + b_{tk}$。可以看到，上界由两个部分组成，前者 μ_{tk}^* 代表的是第 k 个物品在第 t 次展示和反馈之后计算出来的平均收益，后者 b_{tk} 代表的是在当前展示次数之后对物品潜力的一个估计，这个值应该随着实验次数 N_{tk} 的增多而减小，因为实验次数越多，我们对事实的认知就越强，潜力这种不确定的部分就越少。在这个设定下，每次展示机会我们都选择期望收益上界，也就是 UCB 最大的物品进行展示。第 t 次展示时所选择的物品形式化表示为

$$a_t = \mathrm{argmax}_k(\mu_{tk}^* + b_{tk})$$

所以，这里关键的步骤就是如何得到 b_{tk}，我们需要借助霍夫丁不等式（Hoeffding's Inequality）。霍夫丁不等式说的是：

$X_1, \cdots, X_n$ 是一组取值在[0,1]的独立同分布随机变量，$\overline{X} = \frac{1}{n}\sum X_i$ 是样本均值，则有：

$P(E(X) > \overline{X} + \mu) \leqslant e^{-2n\mu^2}$。

这个定理的中心思想是，当样本量越大时，样本均值和变量的真实期望之间的差异越小。在多臂老虎机问题中，变量的真实期望就是老虎机的真实收益，也就是物品的真实潜在点击率；样本均值就是到目前为止收集到的点击率数据，μ 就是上面的期望收益上界中的 b_{tk}。在这个公式的指导下，只要对不等式右边的值设定好期望，就可以得到对应的 μ 的取值。

设 $e^{-2n\mu^2} = p$，则有：$b_{tk} = \mu = \sqrt{\frac{-\log(p)}{2N_{tk}}}$。$p$ 选择一个较小的值，代入可得：

$$a_t = \mathrm{argmax}_k\left(\mu_{tk}^* + \sqrt{\frac{-\log(p)}{2N_{tk}}}\right)$$

进一步优化，p 应该随着 t 的增加而减小，所以可取 $p = t^{-2}$，带入上面的式子，得到最终结果：

$$a_t = \mathrm{argmax}_k\left(\mu_{tk}^* + \sqrt{\frac{\log(t)}{N_{tk}}}\right)$$

在工程实现层面，我们需要保存每个物品当前的点击率或预估点击率，也就是μ_{tk}^*和对应的展示次数N_{tk}。

在上面的做法中，我们对物品期望收益的概率分布没有做任何假设，所以只能借助霍夫丁不等式这种具有泛化意义的方法来判定上、下界，但如果我们知道或者说假设一种概率分布，那么就可以根据具体的概率分布来指定上界，做出更合理的估计。

例如，假设每台老虎机的期望收益服从正态分布，那么可以通过将 b_{tk} 设为两个标准差来构造一个95%的置信区间，并在此基础上取到这个置信区间的上界。在推荐系统中这样一个收益通常是二元（点击或不点击）的场景下，一般会假定某个物品有一个真实点击率，但我们还不知道它，而是用一个 Beta 分布来描述这个收益。Beta 分布的参数有两个，即α和β，可分别理解为该物品历史被点击和未被点击的次数。该分布的期望是$\frac{\alpha}{\alpha+\beta}$，方差是$\frac{\alpha\beta}{(\alpha+\beta)^2(\alpha+\beta+1)}$。在选定一个代表置信度的参数 c 之后，结合期望和方差可以构造出对应的置信区间，进而可以取到该置信区间的上界，然后选出上界最大的物品进行展示。这个过程对应的公式表示如下：

$$a_t = \mathrm{argmax}_k \left(\frac{\alpha_{tk}}{\alpha_{tk}+\beta_{tk}} + c\sqrt{\frac{\alpha_{tk}\beta_{tk}}{(\alpha_{tk}+\beta_{tk})^2(\alpha_{tk}+\beta_{tk}+1)}} \right)$$

这种方法也称为贝叶斯 UCB 方法。这种方法的优点在于，它可以在 t=0 时就设定一组 α 和 β 参数，来表达我们对问题的先验看法。例如，我们对该物品的点击率一无所知，可以将这两个参数都设为 1 作为开始，但如果从其他来源得到比较确定的信息——该物品的点击率是50%，那么我们可以将这两个参数都设为 1000。无论初始值设为多少，后面都可以通过数据不断更新这两个参数，这利用了 Beta 分布是二项分布的共轭先验这一性质。

可以看到，这是一种乐观的算法，它用尽量乐观的态度看待每个物品，选择用每个物品的最大可能收益来进行决策。这种做法根据实验次数动态调整每个物品的展示机会，避免了$\epsilon - \mathrm{Greedy}$算法中固定的探索比例，以及无法针对个体制定不同探索策略造成的局限性，是一种适应性更强的方法。

10.3.3　汤普森采样

在上面介绍的贝叶斯 UCB 方法中，用 Beta 分布构造了一个置信区间，然后以区间上界作为选择的标准。在 Beta 分布的框架下还有一种方法，就是汤普森采样方法，它从当前参数对应的 Beta 分布中进行采样，以采样得到的样本作为当次选择的依据。形式化表示，每次的选择是：

$$a_t = \mathrm{argmax}_k (\mathrm{sample}_B (a_k, \beta_k))$$

用该方法做出该次选择后，根据该次选择的物品是否被用户点击来更新对应的 α 和 β 参数：

- 初始化 as 和 bs 两个数组，分别表示每个物品的初始 α 和 β 参数值。
- 若物品 i 被点击，则 as[i] 加 1。
- 若物品 i 未被点击，则 bs[i] 加 1。

随着物品被选中次数，也就是展示次数的增加，两个参数的值不断增加，分布的方差不断变小，每次采样得到的值会更加趋近于该随机变量在对应参数下的期望，也就是取值趋于稳定。而方差不断变小，对应着 UCB 方法中置信区间的不断收窄，结果同样趋于稳定，并且稳定值也是 Beta 分布的期望。所以说这两种方法的本质原理是相通的，但体现了两种不同的态度。UCB 是一种偏乐观的方法，它选择相信每个物品的最好可能水平，这样会鼓励潜力大同样风险也大的物品；而汤普森采样是一种更加中庸的方法，它选择让每个物品用采样的方法来竞争，通过引入随机性来实现一种动态的稳定。

10.3.4 LinUCB

上面介绍的几种方法有一个共同的特点，就是每个物品，也就是每台老虎机的收益与上下文是无关的。具体来说，上面几种方法的共同假设是一个物品展示出来后的收益与展示给谁、在什么场合展示等上下文因素都没有关系，所以无论使用什么方法，对于一个物品只需要维护一组参数来描述它的全局情况即可。但是在推荐场景下，一个物品是否会被消费和展示给什么人有着密切关系，因此使用一个全局的收益来代表每个人的收益是不合适的，我们需要的是能够根据上下文来动态决定物品潜在收益的方法。

LinUCB[1] 就是这样的方法，它的中心思想是结合上下文特征信息来估计物品收益的置信区间。该方法的核心假设是：上下文特征与物品收益之间是线性关系，因此可以用线性模型来建模置信区间。

LinUCB 算法伪代码如图 10-4 所示。其中，$x_{t,a}$ 代表第 t 次实验时物品 a 的特征向量，这里特征的含义和机器学习模型中特征的含义是相同的，这也给我们使用更加丰富的特征去不断优化留下了很大的空间。

---

1 Lihong Li, Wei Chu, John Langford, and Robert E. Schapire. A contextual-bandit approach to personalized news article recommendation. In Proceedings of the 19th international conference on World wide web (WWW '10). ACM, New York, NY, USA, 2010: 661-670. 链接 51.

Algorithm 1 LinUCB with disjoint linear models.

0: Inputs: $\alpha \in \mathbb{R}_+$
1: **for** $t = 1, 2, 3, \ldots, T$ **do**
2:     Observe features of all arms $a \in \mathcal{A}_t$: $\boldsymbol{x}_{t,a} \in \mathbb{R}^d$
3:     **for all** $a \in \mathcal{A}_t$ **do**
4:         **if** a is new **then**
5:             $\boldsymbol{A}_a \leftarrow \mathbf{I}_d$ (d-dimensional identity matrix)
6:             $\boldsymbol{b}_a \leftarrow \mathbf{0}_{d \times 1}$ (d-dimensional zero vector)
7:         **end if**
8:         $\hat{\boldsymbol{\theta}}_a \leftarrow \boldsymbol{A}_a^{-1} \boldsymbol{b}_a$
9:         $p_{t,a} \leftarrow \hat{\boldsymbol{\theta}}_a^{\mathrm{T}} \boldsymbol{x}_{t,a} + \alpha \sqrt{\boldsymbol{x}_{t,a}^{\mathrm{T}} \boldsymbol{A}_a^{-1} \boldsymbol{x}_{t,a}}$
10:     **end for**
11:     Choose arm $a_t = \arg\max_{a \in \mathcal{A}_t} p_{t,a}$ with ties broken arbitrarily, and observe a real-valued payoff r_t
12:     $\boldsymbol{A}_{a_t} \leftarrow \boldsymbol{A}_{a_t} + \boldsymbol{x}_{t,a_t} \boldsymbol{x}_{t,a_t}^{\mathrm{T}}$
13:     $\boldsymbol{b}_{a_t} \leftarrow \boldsymbol{b}_{a_t} + r_t \boldsymbol{x}_{t,a_t}$
14: **end for**

图 10-4   LinUCB 算法伪代码

整个算法的核心逻辑分为三部分。

- 第 3~10 行：基于每个物品的上下文特征向量，计算其收益置信区间的上界，也就是第 9 行的结果。

- 第 11 行：根据 UCB 的原则选择置信区间上界最大的物品 a_t 作为当次选择的物品，并收集该次选择的收益 r_t。

- 第 12, 13 行：根据 r_t 更新 $\boldsymbol{A}_{a_t}$ 和 $\boldsymbol{b}_{a_t}$ 参数，供下一轮计算使用。

需要注意的是，该算法在计算置信区间时（第 8, 9 行）需要对 $\boldsymbol{A}_a$ 这个矩阵求逆，而矩阵求逆是一个计算量较大的操作，如果是高维矩阵的话，计算量就更加巨大了，在实际使用时可能变得不可接受。而机器学习特征又特别容易构造出大量特征，因此真正在算法中使用的特征向量 $\boldsymbol{x}_t$ 需要在原始特征的基础上进行降维，降到一个合适的维度，以取得计算量和效果之间的平衡。在关于 LinUCB 的论文中，用户的原始特征有 1000 多维，物品的原始特征有 80 多维，在此基础上，通过线性映射降维和聚类降维，将用户和物品的特征分别降到了 6 维。虽然维度少了很多，但仍然能够保持原始特征中较多的信息，并且能够极大地加速矩阵求逆的计算，是理论和工程的合理折中。

LinUCB 很好地解决了 UCB 等方法无法根据上下文特征有针对性地计算置信区间的问题，但也存在着局限性，那就是它的线性关系假设。关于 LinUCB 的论文是发表在 WWW 2010 上的，彼时线性模型还是推荐系统中机器学习模型的主流选择，但现在各种复杂的非线性模型被不断地应用在推荐系统中，而这些模型下的置信区间估计要更加复杂，如何在这些复杂的模型中高效地估计置信区间，并进一步应用 LinUCB 思想，仍然是需要继续探索来解决的问题。

10.4　探索与利用原理在机器学习系统中的应用

探索与利用原理以及对应的解决方法，在机器学习系统，特别是推荐系统的机器学习系统中也有着重要的应用。

经典的机器学习模型的上线流程是：数据收集、模型训练、AB 实验、全量上线，如图 10-5 所示。

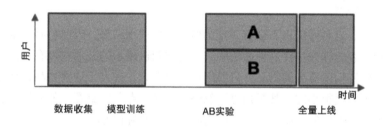

图 10-5　经典的机器学习模型的上线流程

这个流程存在一个问题，就是数据收集和模型训练期间的全部用户，以及 AB 实验期间的部分用户，是无法利用到新模型的结果的。用 MAB 问题的语言描述的话，也就是说存在遗憾，如图 10-6 所示。

图 10-6　传统上线流程中的遗憾

存在遗憾的本质原因在于这种流程策略是一种保守策略，它需要在足够的数据上训练好模型，并验证过模型的效果之后，才敢将其推向全部用户。仔细想一下，这种思想和 MAB 问题中的利用思想是一脉相承的，都是基于确定结果的决策。在有了 MAB 这样一个工具之后，自然也就可以加入探索的部分，对这个传统流程进行改造。

具体地，可以在展示结果中可控地注入一部分随机展示结果，就像 EE 问题中的探索一样。通过这种方法收集到的数据可作为模型的训练数据，进行在线实时训练。此外，这种随机展示的结果还可被用来做无偏的离线评测，这在前面的章节中做过介绍。在模型进行在线训练的过程中，定期将训练模型推到线上用来给全量用户进行预测，预测结果的置信度和稳定性取决于该展示物品到目前为止用到的训练数据，因此系统中的随机性应该随着模型的置信度不断增加而下降，这也就是 EE 问题中控制探索比例的思想。上面介绍的$\epsilon-$Greedy、汤普森采样、UCB等方法都可以被具体应用在控制探索比例上。如果是$\epsilon-$Greedy这样的方法，则可使用固定比例来探索和收集样本；如果是后面的方法，则可以根据展示次数和置信度智能地决定用于探索和收集样本的流量比例。

如同 EE 问题，这种做法由于会有一定的概率随机展示结果，因此会有一定比例的代价。这个代价付出得是否合算呢？在这种做法中，需要被随机展示的是那些没有得到充分曝光，因此模型预测结果的置信度不高的物品，只要用户基数够大，远大于这些物品，那么这个代价被分摊到每个用户上就是很小的，甚至是可以忽略的。这一点非常重要，如果用来探索的代价太大，这种方法就会得不偿失，还是更适合使用前面传统的流程方法。

总体来说，这种基于在线学习的针对机器学习模型的EE方法[1]，可以有效减少系统中的整体遗憾，是MAB思想和方法的一种典型应用。

10.5 EE问题的本质和影响

EE问题不仅仅是对MAB问题的对应翻译，它在推荐系统中也有着丰富的内涵。上面说MAB问题中的老虎机在推荐系统中对应着物品，其实不仅如此，还可以对应到类别、标签、主题等一切可以用来表达用户兴趣的维度[2]。在这种场景下，最大化系统的收益，等价于最大化用户体

1　参见：链接 52。

2　关于用户兴趣的表示维度，可参考本书第 6 章用户画像系统的内容。

验的舒适度，或者说等价于最大化所展示物品与用户各维度兴趣的匹配度。

　　EE 问题与 MAB 问题的一个不同点在于，在 MAB 问题中，假设用户有 T 次机会，也就是说，即使前几次运气不好选到了收益较低的老虎机，后面也还有机会补偿回来；但在推荐系统中，如果前几次展示的结果太差的话，用户可能会直接离开系统，后面没有机会再来补偿。这一点本质的差异使得 EE 问题相比 MAB 问题有了更多需要考虑的地方，也就成了更难的一个问题。

　　在 MAB 问题中，只有两个主体，就是用户和老虎机；而在推荐系统中，有用户和物品，物品对应着用户和老虎机，此外，还需要考虑平台上物品的生产者。如果某些高质量生产者生产的物品长期得不到曝光，那么其收益和积极性就会受到影响，这对于平台来说是有损失的。换句话说，如果不处理 EE 问题，那么实际上就只考虑了平台的消费者——终端用户和平台方的收益；而对 EE 问题进行处理之后，结果才是三方利益综合考虑的结果。所以在这种场景下，是否执行 EE 策略，以及执行什么样的 EE 策略，在一定程度上体现了平台对生产者的态度。

　　从另一个角度来看，EE 问题权衡的是短期收益和长期收益之间的关系。没有处理 EE 问题的系统，会将当前期望收益最大的物品进行展示，其目标是短期收益，是最大化当前收益，牺牲的是对其他潜在高收益物品的探索；而对 EE 问题进行了合理处理的系统，本质上是牺牲了一定的当前收益，用一些展示机会来探索当前点击率不高的其他物品，因为在这些物品中可能会有期望收益更高的物品被探索出来，这样后面就可以有期望收益更高的物品被展示，从而可赚取更高的收益，所以是一种用短期收益换取长期收益的做法，是一种使用展示机会进行长期投资的做法。

10.6　总结

　　本章以多臂老虎机问题为切入点介绍了推荐系统中的探索与利用问题，并介绍了几种常用的算法以及它们的实现方法。此外，还介绍了探索与利用问题对机器学习应用的影响，以及它在推荐系统中的特点和深层次影响。一个推荐系统如何处理探索与利用问题，不仅仅是一个技术问题，从深层次来看，也是一个产品和业务问题，它体现了整个平台和推荐系统当前最重要的任务是什么——是最大程度地利用以换取更多的当下收益，还是可以做一定程度的探索来换取更多的潜在长期收益。这个问题在实践中没有标准答案，而是需要工程师和产品经理在分析利弊之后共同来决定。

第11章
推荐系统架构设计

11.1 架构设计概述

架构设计是一个很大的话题，这里只讨论和推荐系统相关的部分。更具体地说，我们主要关注的是算法以及其他相关逻辑在时间和空间上的关系——这样一种逻辑上的架构关系。

在前面的章节中我们讲到了很多种算法，每种算法都是用来解决整个推荐系统流程中的某个问题的。我们的最终目标是将这些算法以合理的方式组合起来，形成一整套系统。在这个过程中，可用的组合方式有很多，每种方式都有舍有得，但每种组合方式都可被看作一种架构。这里要介绍的就是一些经过实践检验的架构层面的最佳实践，以及对这些最佳实践在不同应用场景下的分析。除此之外，还希望能够通过把各种推荐算法放在架构的视角和场景下重新审视，让读者对算法间的关系有更深入的理解，从全局的角度看待推荐系统，而不是只看到一个个孤立的算法。

架构设计的本质之一是平衡和妥协。一个推荐系统在不同的时期、不同的数据环境、不同的应用场景下会选择不同的架构，在选择时本质上是在平衡一些重要的点。下面介绍几个常用的平衡点。

1. 个性化 vs 复杂度

个性化是推荐系统作为一个智能信息过滤系统的安身立命之本，从最早的热榜，到后来的公式规则，再到著名的协同过滤算法，最后到今天的大量使用机器学习算法，其主线之一就是为用户提供个性化程度越来越高的体验，让每个人看到的东西都尽量差异化，并且符合个人的喜好。为了达到这一目的，系统的整体复杂度越来越高，具体表现为使用的算法越来越多、算法使用的数据量和数据维度越来越多、机器学习模型使用的特征越来越多，等等。同时，为了更好地支持这些高复杂度算法的开发、迭代和调试，又衍生出了一系列对应的配套系统，进一步增加了整个系统的复杂度。可以说整个推荐逻辑链条上的每一步都被不断地细化分析和优化，这些不同维度的优化横纵交织，构造出了一个整体复杂度非常高的系统。从机器学习理论的角度来类比，如果把推荐系统整体看作一个巨大的以区分用户为目标的机器学习模型，则可以认为复杂度的增加对应着模型中特征维度的增加，这使得模型的 VC 维不断升高，对应着可分的用户数不断增加，进而提高了整个空间中用户的个性化程度。这条通过不断提高系统复杂度来提升用户个性化体验的路线，也是近年来推荐系统发展的主线之一。

2. 时效性 vs 计算量

推荐系统中的时效性概念体现在实时服务的响应速度、实时数据的处理速度以及离线作业的运行速度等几个方面。这几个速度从时效性角度影响着推荐系统的效果，整体上讲，运行速度越快，耗时越少，得到的效果越好。这是因为响应速度越快，意味着对用户行为、物品信息变化的感知越快，感知后的处理速度越快，处理后结果的反馈就越快，最终体现到用户体验上，就是系统更懂用户，更快地对用户行为做出了反应，从而产生了更好的用户体验。但这些时效性的优化，带来的是更大的计算量，计算量又对应着复杂的实现逻辑和更多的计算资源。在设计得当的前提下，这样的付出通常是值得的。如同前面章节中介绍过的，时效性优化是推荐系统中非常重要的一类优化方法和优化思路，但由此带来的计算压力和系统设计的复杂度也是必须要面对的。

3. 时间 vs 空间

时间和空间之间的平衡关系可以说是计算机系统中最为本质的关系之一，在推荐系统中也不例外。时间和空间这一对矛盾关系在推荐系统中的典型表现，主要体现在对缓存的使用上。缓存通常用来存储一些计算代价较高以及相对静态变化较少的数据，例如用户的一些画像标签以及离线计算的相关性结果等。但是随着越来越多的实时计算的引入，缓存的使用也越来越广泛，常常在生产者和消费者之间起到缓冲的作用，使得二者可以解耦，各自异步进行。例如实时用户兴趣计算这一逻辑，如果没有将之前计算的兴趣缓存起来，那么在每次需要用户兴趣时都要实时计算一次，并要求在较短的时间内返回结果，这对计算性能提出了较高的要求。但如果中间有一层缓存作为缓冲，则需求方可以直接从缓存中取来结果使用。这在结果的实时性和新鲜度上虽然做了一定的妥协，但却能给性能提升带来极大的帮助。这样就将生产和消费隔离开来，生产者可以根据具体情况选择生产的方式和速度。当然，仍然可以努力提高生产速度，生产速度越快，缓存给时效性带来的损失就越小，消费者不做任何改动就可以享受到这一提升效果。所以说，这种利用缓存来解耦系统，带来性能上的提升以及开发的便利，也是在推荐系统架构设计中需要掌握的一种通用的思路。

上面介绍的一些基本性原则贯穿着推荐系统架构设计的方方面面，是一些具有较高通用性的思路，掌握这些思路，可以产生出很多具体的设计和方法；反过来，每一种设计技巧或方法，也都可以映射到一个或几个这样的高层次抽象原则上来。这种自顶向下的思维学习方法对于推荐系统的架构设计是非常重要的，并且可以推广到很多其他系统的设计中。

11.2 系统边界和外部依赖

架构设计的第一步是确定系统的边界。所谓边界，就是区分什么是这个系统要负责的，也就是边界内的部分，以及什么是这个模型要依赖的，也就是边界外的部分。划分清楚边界，意味着确定了功能的边界以及团队的边界，能够让后期的工作都专注于核心功能的设计和实现。反之，如果系统边界没有清晰的定义，可能会在开发过程中无意识地侵入其他系统中，形成冗余甚至矛盾，或者默认某些功能别人会开发而将其忽略掉。无论哪种情况，都会影响系统的开发乃至最终的运转。

系统边界的确定，简单来说，就是在输入方面确定需要别人给我提供什么，而在输出方面确定我要给别人提供什么。在输入方面，就是判断什么输入是需要别人提供给我的，要把握的主要原则包括：

- 这个数据或服务是否与我的业务强相关。在推荐业务中用到的每个东西，并不是都与推荐业务强相关，例如电商推荐系统中的商品信息，只有与推荐业务强相关的服务才应该被纳入推荐系统的边界中。

- 这个数据或服务除了我的业务在使用，是否还有其他业务也在使用。例如上面说到的商品信息服务，除了推荐系统在使用，其他子系统也在广泛使用，那么显然它应该是一个外部依赖。也有例外情况，例如推荐系统要用到一些其他系统都用不到的商品信息，这时候，虽然理论上应该升级商品信息服务来支持推荐系统，但由于其他地方都用不到这些信息，因此很多时候可能需要推荐系统的负责团队来实现这样一个定制化服务。

依照此原则，图 11-1 展示了推荐系统的主要外部依赖。

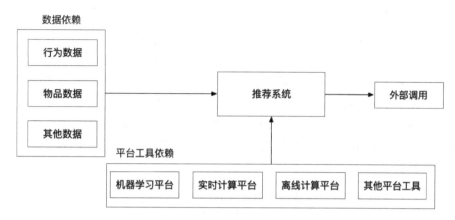

图 11-1　推荐系统的主要外部依赖

1. 数据依赖

推荐系统作为一个典型的数据算法系统，数据是其最重要的依赖。这里面主要包括用户行为数据和物品数据两大类，前面介绍的各种算法几乎都是以这两种数据作为输入进行计算的。这些数据除了为推荐系统所用，它们也是搜索、展示等其他重要系统的输入数据，所以作为通用的公共数据和服务，显然不应该在推荐系统的边界内部，而应该是外部依赖。需要特别指出的是，虽然有专门的团队负责行为数据的收集，但是收集到的数据是否符合推荐系统的期望却不是一件可以想当然的事情。例如，对于结果展示的定义，数据收集团队认为前端请求到了结果就是展示，但对于推荐系统来说，只有用户真正看见了才是真实的展示。其中的原因在于数据收集团队并不直接使用数据，那么他们就无法保证数据的正确性，这时就需要具体使用数据的业务方，在这里是推荐团队，来和他们一起确认数据收集的逻辑是正确的。如果数据收集的逻辑不正确，后面的算法逻辑就是在做无用功。花在确保数据正确上的精力和资源，几乎总是有收益的。

2. 平台工具依赖

推荐系统是一个计算密集型的系统，需要对各种形态的数据做各种计算处理,在此过程中，需要一整套计算平台工具的支持，典型的如机器学习平台、实时计算平台、离线计算平台、其他平台工具等。在一个较为理想的环境中，这些平台工具都是由专门的团队来构建和维护的。而在一些场景下，推荐系统可能是整个组织中最早使用这些技术的系统，推荐业务也还没有重要和庞大到需要老板专门配备一个平台团队为之服务的程度，在这种情况下，其中的一些平台工具就需要推荐系统的团队自己负责来构建和维护了。为了简化逻辑，下面我们假设这些平台工具都是独立于推荐系统存在的，属于推荐系统的外部依赖。

在对外输出方面，系统边界的划定会根据公司组织的不同有所差异。例如，在一些公司中，推荐团队负责的是与推荐相关的整个系统，在输出方面的体现就是从算法逻辑到结果展示，这时候系统的边界就要延伸到最终的结果展示。而在另外一些公司中，前端展示是由一个大团队统一负责的，这时候推荐系统只需要给出要展示的物品 ID 和相关展示信息即可，前端团队会负责统一展示这些物品信息。这两种模式没有绝对的好坏之分，重要的是要与整个技术团队的规划和架构相统一。在本书中，为了叙述简便，我们不讨论前端展示涉及的内容，只专注于推荐结果的生产逻辑。

推荐系统的效果和性能在一定程度上取决于这些依赖系统，所以在寻求推荐系统的优化目标时，目光不能只看到推荐系统本身，很多时候这些依赖系统也是重要的效果提升来源。例如，物品信息的变更如果能被更快地通知到推荐系统，那么推荐系统的时效性就会更好，给到用户的结果也就会更好；再如，用户行为数据收集的准确性能有所提高的话，对应的相关性算法的准确性也会随之提高。在有些情况下，外部系统升级会比优化算法有更大的效果提升。当然，推荐系统的问题也可能来自这些外部的依赖系统。例如，前端渲染展示速度的延迟会导致用户点击率的显著下降，因为这会让用户失去耐心。所以，当推荐系统指标出现下降时，不光要从内部找问题，也要把思路拓展到系统外部，从全局的角度去找问题。综合来讲，外部依赖的存在启发我们要从全链条、全系统的角度来看问题，找问题，以及设计优化方法。

11.3　离线层、在线层和近线层架构

架构设计有很多不同的切入方式，最简单也是最常用的一种方式就是先决定某个模块或逻辑是运行在离线层、在线层还是近线层。这三层的对比如表 11-1 所示。

表 11-1　离线层、在线层和近线层的对比

层级	使用数据	提供服务
离线层	非实时	非实时
在线层	实时+非实时	实时
近线层	实时+非实时	近实时

任何使用非实时数据、提供非实时服务的逻辑模块，都可以被定义为离线模块。其典型代

表是离线的协同过滤算法，以及一些离线的标签挖掘类算法。离线层通常用来进行大数据量的计算，由于计算是离线进行的，因此用到的数据也都是非实时数据，最终会产出一份非实时的离线数据，供下游进一步处理使用。与离线层相对的是在线层，也常被称为服务层，这一层的核心功能是对外提供服务，实时处理调用方的请求。这一层的典型代表是推荐系统的对外服务接口，接受实时调用并返回结果。在线层提供的服务是实时的，但用到的数据却不一定局限于实时数据，也可以使用离线计算好的各种数据，例如相关性数据或标签数据等，但前提是这些数据已经以对实时友好的形态被存储起来。

近线层则处于离线层和在线层的中间位置，是一个比较奇妙的层。这一层的典型特点就是：使用实时数据（也会使用非实时数据），但不提供实时服务，而是提供一种近实时的服务。所谓近实时指的是越快越好，但并不强求像在线层一样在几十毫秒内给出结果，因为通常在近线层计算的结果会写入缓存系统，供在线层读取，做了一层隔离，因此对时效性无强要求。其典型代表是我们前面讲过的实时协同过滤算法，该算法通过用户的实时行为计算最新的相关性结果，但这些计算结果并不是实时提供给用户的，而是要等到用户发起请求时才会把最新的结果提供给他使用。

下面详细介绍每一层的特点、案例和具体分析。

11.4　离线层架构

离线层是推荐系统中承担最大计算量的一个部分，很大一部分的相关性计算、标签挖掘以及用户画像挖掘工作都是在这一层进行的。这一层的任务具有的普遍特点是使用大量数据以及较为复杂的算法进行计算和挖掘。所谓大量数据，通常指的是可以使用较长时间段的用户行为数据和全量的物品数据；而在算法方面，可以使用较为复杂的模型或算法，对性能的压力相对较小。对应地，离线层的任务也有缺点，就是在时间上存在滞后性。由于离线任务通常是按天级别运行的，用户行为或物品信息的变更也要等一天甚至更久才能够被反映到计算结果中。在离线层虽然进行的是离线作业，但其生产出来的数据通常是被实时使用的，因此离线数据在生产出来之后还需要同步到方便在线层读取的地方，例如数据库、在线缓存等。

在具体实践中，经常放在离线层执行的任务主要包括：协同过滤等行为类相关性算法计算、用户标签挖掘、物品标签挖掘、用户长期兴趣挖掘、机器学习模型排序等。仔细分析这些任务，会发现它们都符合上面提到的特点。这些任务的具体流程各不相同，但大体上都遵循一个共同的逻辑流程，如图 11-2 所示。

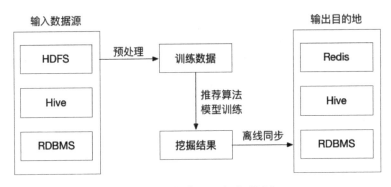

图 11-2　离线层逻辑架构图

在这个逻辑架构图中，离线算法的数据来源主要有两大类：一类是 HDFS/Hive 这样的分布式文件系统，通常用来存储收集到的用户行为日志以及其他服务器日志；另一类是 RDBMS 这样的关系数据库，通常用来存储商品等物品信息。离线算法会从输入数据源获取原始数据并进行预处理，例如，协同过滤算法会先把数据处理成两个倒排表，LDA 算法会先对物品文本做分词处理，等等，我们将预处理后的数据统一称为训练数据（虽然有些离线算法并不是机器学习算法）。预处理这一步值得单独拿出来讲，这是因为很多算法用到的预处理是高度类似的，例如，文本标签类算法需要先对原始文本进行分词或词性标注，行为类相关性算法需要先将行为数据按用户聚合，点击率模型需要先将数据按照点击/展示进行聚合整理，等等。所以在设计离线挖掘的整体架构时，有必要有针对性地将数据预处理流程单独提炼出来，以方便后面的流程使用，做到更好的可扩展性和可复用性。下一步是各种推荐算法或机器学习模型基于各自的训练数据进行挖掘计算，得到挖掘结果。离线计算用到的工具通常包括 Hadoop、Spark 等，结果可能是一份协同过滤相关性数据，可能是物品的文本主题特征，也可能是结果排序模型。接下来，为了让挖掘结果能够被后面的流程所使用，需要将挖掘结果同步到不同的存储系统中。一般来说，如果挖掘结果要被用作下游离线流程的输入，是一份中间结果，那么通常它会被再次同步到 Hive 或 HDFS 这样的分布式文件系统中；如果挖掘结果要被最终的推荐服务在线实时使用，那么它就需要被同步到 Redis 或 RDBMS 这样对实时访问更为友好的存储系统中。至此，一个完整的离线挖掘流程就完成了。

上面讲到离线任务通常以天为单位来执行，但是在很多情况下，提高作业的运行频率以及对应的数据同步频率，例如从一天一次提升到一天多次，都会对推荐系统的效果有提升作用，因为这些都可以被理解为在做时效性方面的优化。一种极限的思想是，当我们把作业的运行频率提高到极致时，例如每分钟甚至每几秒钟运行一次作业，离线任务就变成了近线任务。当然，在这种情况下就需要对离线算法做相应的修改以适应近线计算的要求，例如前面介绍过的实时协同过滤算法就是对原始协同过滤算法的修改，以及将机器学习的模型训练过程从离线改为在线。

所以，虽然我们会把某些任务放到离线层来执行，但并不代表这些任务就只能是离线任务。我们要深入理解为什么将这些任务放在离线层来执行，在什么情况下可以提高其运行频率，甚至变为近线任务，以及这样做的好处和代价是什么。只有做到这一点，才能够做到融会贯通，不被当前的表象迷住眼睛。一种典型的情况是，当实时计算或流计算平台资源不足，或者开发人力资源不足时，我们倾向于把更多的任务放到离线层来执行，因为离线计算对时效性要求较低，出错之后影响也较小。综合来说，就是容错度较高，适合在整体资源受限的情况下优先选择。而随着平台的不断完善，以及人力资源的不断补充，就可以把一些对时效敏感的任务放到近线层来执行，以获得更好的收益。

11.5　近线层架构

有了上面的铺垫，近线层的存在理由和价值就比较明确了，从生产力发展的角度来看，可以认为它是实时计算平台工具发展到一定程度对离线计算的自然改造；而从推荐系统需求的角度来看，它是各种推荐算法追求实时化效果提升的一种自然选择。

近线层和离线层最大的差异在于，它可以获取到实时数据，并有能力对实时数据进行实时或近实时的计算。也正是由于这个特点，近线层适合用来执行对时效比较敏感的计算任务，例如实时的数据统计等，以及实时执行能够获得较大效果提升的任务，例如一些实时的相关性算法计算或标签提取算法计算。近线层在计算时可使用实时数据，也可使用离线生成的数据，在提供服务时，由于无须直接响应用户请求，因此也不用提供实时服务，而是通常会将数据写入对实时服务友好的在线缓存中，方便实时服务读取，同时也会同步到离线端做备份使用。

通常放在近线层执行的任务包括实时指标统计、用户的实时兴趣计算、实时相关性算法计算、物品的实时标签挖掘、推荐结果的去重、机器学习模型统计类特征的实时更新、机器学习模型的在线更新等，这些任务通常会以如下两种方式进行计算。

- 个体实时：所谓个体实时，指的是每个实时数据点到来时都会触发一次计算，做到真正意义上的实时。典型的工具代表是 Storm 和 Flink。
- 批量实时：很多时候并不需要到来一个实时数据点就计算一次，因为这会带来大量的计算和 I/O，而是可以将一定的时间窗口或一定数量的数据收集起来，以小批次为单位进行计算，这可以有效减少 I/O 量。这种妥协对于很多应用来说，只要时间窗口不太大，就不会带来效果的显著下降。典型的工具代表是 Spark Streaming。

图 11-3 展示了典型的近线层计算架构图。

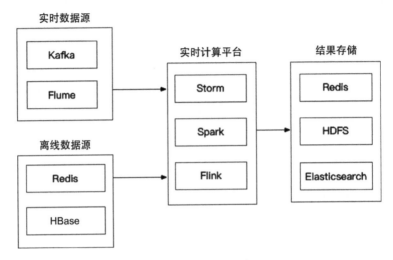

图 11-3　典型的近线层计算架构图

从数据源接入的角度来看，近线层主要使用实时数据进行计算，这就引出了近线层和离线层的一个主要区别：近线层的计算通常是事件触发的，而离线层的计算通常是时间触发的。事件触发意味着对计算拥有更多的主动权和选择权，但时间触发则无法主动做出选择。事件触发意味着每个事件发生之后都会得到通知，但是否要计算以及计算什么是可以自己选择的。例如，可以选择只捕捉满足某种条件的事件，或者等事件累积到一定程度时再计算，等等。所以，当某个任务的触发条件是某个事件发生之后进行计算，那么这个任务就很适合放在近线层来执行。例如推荐结果的去重，需要在用户浏览过该物品之后将其加入一个去重集合中，这就是一个典型的事件触发的计算任务。此外，近线层的计算是可以使用离线数据的，但前提是需要提前将这些数据同步到对实时计算友好的存储系统中。

在近线层中执行的典型任务包括但不限于：

- 特征的实时更新。例如，根据用户的实时点击行为实时更新各维度的点击率特征。
- 用户实时兴趣的计算。根据用户实时的喜欢和不喜欢行为计算其当下实时兴趣的变化。
- 物品实时标签的计算。例如，在第 6 章用户画像系统中介绍过的实时提取标签的流程。
- 算法模型的在线更新。通过实时消息队列接收和拼接实时样本，采用 FTRL 等在线更新算法来更新模型，并将更新后的模型推送到线上。

- 推荐结果的去重。用户两次请求之间是有时间间隔的，所以无须在处理实时请求时进行去重，而是可以将这个信息通过消息队列发送给一个专门的服务，在近线层中处理。
- 实时相关性算法计算。典型的如实时协同过滤算法，按照其原理，也可以把随机游走等行为类算法改写为实时计算，放到近线层中执行。

总结起来，凡是可以和实时请求解耦，但需要实时或近实时计算结果的任务，都可以放到近线层中执行。

近线层的实时计算虽然没有响应时间的要求，但却存在数据堆积的压力。具体来说，近线层计算用到的数据大部分是通过 Kafka 这样的消息队列实时发送过来的，在接收到每一个消息或消息窗口之后，如果对消息或消息窗口的计算速度不够快，就会导致后面的消息堆积。这就像大家都在排队办理业务，如果一个业务办理得太慢，那么排的队就会越来越长，长到一定程度就会出问题。所以，近线层的计算逻辑不宜过于复杂，而且近线层读取的外部数据，例如离线同步好的 Redis 中的数据，也不宜过多，还有 I/O 次数不宜过多。这就要求近线层的计算逻辑和用到的数据结构都要经过精心的设计，共同保证近线层的计算效率，以免造成数据堆积。

除了纯数据统计类型的任务，以及结果去重这样的无数据产出的任务，近线层的大多数任务在离线层都有对应的部分，二者有着明显的优势和劣势，因此应该结合起来使用。典型的如实时协同过滤算法，由于引入了实时性，使得它在一些新物品和新用户上的效果比原始的协同过滤算法的效果好；但由于它只使用实时数据，所以在稀疏性和不稳定性方面的问题也是比较大的，要使用离线版本的协同过滤算法作为补充，才能形成更全面的覆盖。再比如在近线层执行的用户实时兴趣预测，能够捕捉到用户最新鲜的兴趣，准确率会比较高；但由于短期兴趣易受展示等各种因素影响发生较大的波动，如果完全根据短期兴趣来进行推荐的话，则很有可能会陷入局部的信息茧房，产生高度同质的结果，影响用户的整体体验。而如果将离线计算的长期兴趣和短期兴趣相结合，就可以有效避免这个问题，既能利用实时数据取得高相关性，又能利用长期数据取得稳定性和多样性。从这些例子可以看出，离线层和近线层之间并没有不可逾越的鸿沟，二者更多的是在效率、效果、稳定性、稀疏性等多个因素之间进行权衡得到的不同选择，一个优秀的工程师应该做到"码中有层，心中无层"，才算是对算法和架构做到了融会贯通。

上面讲到离线层的任务在一定条件下可以放到近线层来执行，那么类似地，近线层的任务是否可以放到在线层来执行呢？这个问题其实涉及离线层、近线层这两层作为整体和在线层的关系。如果把推荐系统比作一支打仗的军队，那么在线层就是在前方冲锋陷阵的士兵，直接面对敌人的攻击，而离线层和近线层就是提供支持的支援部门，离线层就像是生产粮食和军火的大后方，近线层就像是搭桥修路的前方支援部门，二者的本质都是让前线士兵能够最高效、最猛烈地打击敌人，但其业务本质导致它们无法到前线去杀敌。离线层和近线层是推荐系统的生产者，在线层是推荐系统的消费者（也会承担一定的生产责任），它们有着截然不同的分工和定位，是无法互换的。

11.6 在线层架构

在线层与离线层、近线层最大的差异在于，它是直接面对用户的，所有的用户请求都会发送到在线层，而在线层需要快速给出结果。如果抽离掉其他所有细节，这就是在线层最本质的东西。在线层最本质的东西并不是在线计算部分，因为在极端情况下，在接收到用户请求之后，在线层可以直接从缓存或数据库中取出结果，返回给用户，而不做任何额外计算。而事实上，早年还没有引入机器学习等复杂的算法技术时，绝大多数计算都是在离线层进行的，在线层就起到一个数据传递的作用，很多推荐系统基本都是这么做的，甚至时至今日，这种做法仍然是一种极端情况下的降级方案。

推荐系统发展到现在，尤其是各种机器学习算法的引入，使得我们可以使用的信息越来越多，可用的算法也越来越复杂，给用户的推荐结果通常是融合了多种召回策略，并且又加了重排序之后的结果，而融合和重排序现在通常是在在线层做的。那么问题来了：这些复杂计算一定要放到在线层做吗？为了回答这个问题，不妨假设：如果将所有计算都放在离线层做，在线层只负责按照用户 ID 查询返回结果，是否可行？如果将所有计算都放在离线层做，由于不知道明天会有哪些用户来访问系统，所以就需要为每个用户都计算出推荐结果，这要求我们计算出全平台所有用户的推荐结果，而对于那些明天没有来访问系统的用户，今天的计算就浪费掉了。但这仍然不够，因为明天还会有新来的用户，这些用户的信息在当前计算时是拿不到的，所以，即使今天离线计算出了所有当前用户的推荐结果，明天也还会有大量覆盖不到的用户。这就是将上面提到的复杂计算一定要放在在线层做的第一个主要原因：只有按需实时计算才能覆盖到所有用户，并且不会产生计算的浪费。从另一个角度来看，如果今天就把用户的推荐结果完全计算出来，若用户明天的实时行为表达出来的兴趣和今天的不相符，或者机器学习模型中一些关键特征的取值发生了变化，那么推荐结果就会不准确，并且无法及时调整。例如，用户昨天看的是手机，今天打算买衣服，但我们昨天计算出的推荐结果是以手机为主的，那么用户今天的需求是无法满足的。这就是需要在在线层做复杂计算的第二个主要原因：只有在线实时计算，才能够充分利用用户的实时信息，包括实时兴趣、实时特征以及其他近线层计算的结果等。除此以外，还有其他原因，比如实时处理可以快速应对实时发生的业务请求等。以上这些原因共同决定了在线层存在的意义。

从目前的趋势来看，在线层承担的工作越来越多，因为大家希望利用的信息越来越多地来自实时计算结果。如果说离线层和近线层是厨房里的小工，负责一切食材和配料的前期准备工作，那么在线层就是最后掌勺的大厨，它需要将大家准备好的材料进行组合装配，最终形成一盘菜。

在线层的典型形态是一个 RESTful API，对外提供服务。调用方传入的参数在不同公司的设计中差异较大，但基本都会包含访问用户的 ID 标识和推荐场景这两个核心信息，其他信息推荐系统都可以通过这两个信息从其他地方获取到。在线层接收到请求后会启动一套流程，将离线层和近线层生成的数据进行串联，在毫秒级响应时间内返回给调用方。这套流程的典型步骤包括：

- AB 实验分流。根据用户 ID 或请求 ID，决定当前用户要执行的策略版本。

- 获取用户画像。根据传入的用户 ID 信息和场景信息，从 Redis 等缓存中获取用户的画像信息，用在后面的流程中。

- 相关性候选集召回。包括行为相关性、内容相关性、上下文相关性、冷启动物品等多维度候选集的召回。

- 候选集融合排序。将上面流程得到的候选集进行融合，再进一步进行机器学习模型排序，最后得到在算法上效果最优的结果列表。在当今推荐系统大量使用机器学习算法的背景下，这一部分的逻辑通常会比较复杂。而为了将机器学习模型预测这一越来越通用的逻辑和推荐主逻辑相剥离，通常也会为机器学习专门搭建一套在线系统，用来提供预测功能，包括对推荐结果的点击、转化预测。这样做的好处是机器学习模型的升级改造不会干扰到推荐系统本身，有利于模块化维护。

- 业务逻辑干预。在完成算法逻辑之前或之后，还需要加入一些业务逻辑，例如去除或减少某些类别的物品，或者出于业务考虑插入一些在算法上非最优的结果，等等。

- 拼接展示信息。在一些推荐系统中，推荐服务要负责将展示所需的所有信息集成到一起，这样调用方拿到结果后就可以直接展示了，而不需要再去获取其他内容。这看起来是一个负担，但从某些角度来看也是好事，因为我们可以做一些展示层面的个性化，典型的如根据不同的用户展示不同的图片或标题，要知道展示层对于用户是否对物品感兴趣是起着非常重要的作用的，毕竟这是一个处处看脸的时代。Netflix就做过剧集封面个性化的尝试，相比给所有人展示同样的封面，个性化封面使得在用户点击方面获得了显著的提升[1]。

在这套流程中，本书前面介绍过的相关性算法的结果、用户画像的结果、用户兴趣模型的结果等都会被串联起来。

这套流程对应的在线层服务架构图如图 11-4 所示。

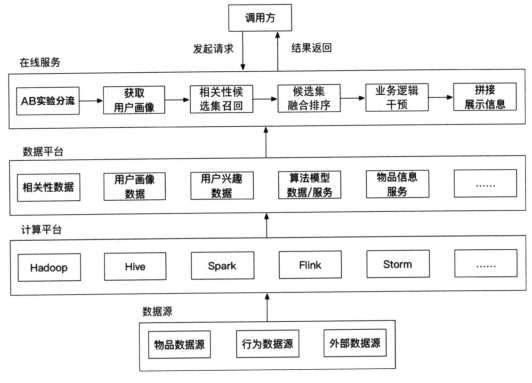

图 11-4　在线层服务架构图

在图 11-4 中不仅呈现了在线服务层的流程架构，而且还把它所依赖的数据和服务也一并呈现出来，这样可以最直接地体现在线层"主厨"的串联作用。最上面一层在线服务层的流程体现了上面介绍的在线层的典型计算流程。下面所依赖的数据平台，包含了推荐服务用到的所有数据，如相关性数据、用户画像数据、用户兴趣数据，以及与机器学习相关的模型和特征数据

1　参见：链接 53。

等。这些数据又是通过下面的计算平台这一层生成的，包括离线层的计算平台和近线层的计算平台。这些计算平台所使用的数据构成了整个推荐系统的数据源，主要包括：物品数据源、行为数据源和外部数据源。

这个架构图从数据和计算的角度对推荐系统做了分割，跟之前讲的离线层和近线层的分割方法是两种不同的视角，相互正交。经常从不同的视角去抽象、剥离一个系统，有助于我们更全面、更深刻地认识系统。在复杂系统面前，我们的认识过程就像盲人摸象，需要不断地从新的视角去看待理解它，才能得到更全面的认识。

11.7　架构层级对比

在介绍完离线层、近线层和在线层的架构之后，我们通过表11-2对它们进行更全面的对比。

表 11-2　离线层、近线层和在线层更全面的对比

层级	使用数据	提供服务	触发时机	典型应用	适合任务
离线层	非实时	非实时	时间触发	• 大数据批量计算 • 无时效性要求 • 计算复杂度高	• 相关性计算 • 离线标签挖掘 • 长期兴趣挖掘 • 离线模型训练 • 离线评测/监控指标计算
近线层	实时+非实时	近实时	事件触发	• 基于实时数据 • 无须响应实时请求 • 时效性敏感 • 计算复杂度适中	• 特征实时更新 • 实时兴趣计算 • 实时相关性算法计算 • 模型在线更新 • 推荐结果去重 • 实时评测/监控指标计算
在线层	实时+非实时	实时	请求触发	• 响应用户请求 • 数据实时性敏感 • 互动性强 • 计算复杂度低	• ABTest 分流 • 个性化结果召回 • 结果融合排序 • 业务逻辑干预 • 实时互动逻辑

在表 11-2 中基本上列出了推荐系统的所有主要模块在架构中的位置，建议读者从架构的视角对其算法进行回顾，以加深对它们的理解。

11.8 系统和架构演进原则

上面介绍了推荐系统各个组成部分在架构中的合理位置，但就像罗马不是一天建成的，这个样子的推荐系统也不是一天构建起来的，一定是沿着一条路径逐渐演进而来的。每个企业、每个团队在系统演进方面都有不同的路径，但也有一些共同的特点，遵循一些共同的原则。

11.8.1 从简单到复杂

任何一个系统都是从简单到复杂不断演进的，这不仅对应着事物发展的一般规律，而且和系统背后的业务发展相契合。对于推荐系统来说，简单和复杂常常体现在如下一些维度上。

1. 产品形态的数量和复杂度

以电商网站为例，在一个较成熟的网站中，推荐产品会存在于转化流程的各个环节中，例如主页、商品详情页、购物车页、订单完成页等。但在系统开发初期，只需要在一两个最主要的场景下开发推荐模块就可以了。不仅因为这样更能集中资源快速开发，而且因为这个时候技术和业务层面的基础能力还不够全面、深入，盲目扩大地盘带来的损失可能要大于收益，会使整个团队陷入修复 bug 和满足各种不重要需求的低效率循环中。就像发布一个半成品到市场上，会收到大量的外部客户投诉和内部升级要求，还不如等产品相对成熟后再大面积推广。由于不同的推荐模块之间存在可复用部分，因此，当一两个推荐模块开发相对完整之后，就可以以较低的代价将其可复用部分应用到更多的模块中。

2. 推荐算法的数量和复杂度

大家知道，更丰富、更全面的推荐算法组合，能够更全面地覆盖相关性的维度，达到更好的推荐效果。但是在实际应用中，建议大家不要贪多，只考虑算法的数量，而是要把经典算法逐个吃透，让其在线上充分发挥作用。快速堆算法上去虽然能够在短期内起到一定的效果提升作用，但是却容易蒙蔽住工程师的眼睛，让其忽视了对算法内核本质的探求，以及对数据特点的探索和理解，把算法当作带有魔法的黑盒子来用，更加不利于对这些算法的持续优化。

3. 数据源的数量和质量

算法和数据是推荐系统的两条腿，与算法类似，在数据方面也存在由浅到深的演进过程。这中间不仅包括数据源的数量，也包括对数据的清洗和预处理程度。互联网上的数据，尤其是用户行为产生的数据，可以说没有百分之百干净的，多多少少总是混有杂质，或者说对算法造成干扰。典型的如网络爬虫访问产生的数据、作弊设备访问产生的数据，以及非作弊但是访问行为明显异于普通用户的所谓异常用户产生的行为数据，这些数据都会对算法效果产生不同程度的影响。在系统开发初期，注意力通常在算法和服务上，没有太多精力关注到这么细致层面的数据质量问题。但随着系统的向前发展，初期的算法红利被快速消化掉，这时就需要花更多的精力在数据质量上，通过不断细化数据质量来获得进一步的效果提升。数据质量的优化还有一个特点，就是它是一个需要持续进行的工作，甚至带有一些对抗性质。典型的如作弊数据，当你发现作弊规律并对作弊数据进行相应的处理之后，作弊者很快就会发现作弊数据被处理了，于是他就会想到用别的方法来生成作弊数据。例如，协同过滤算法比较容易受到用户行为的干扰，如果作弊者生成大量账号全部用来访问某个物品，那么这个物品就会和很多其他物品产生关联，出现在它们的协同过滤算法结果中，影响算法的公正性。当这样的作弊行为被发现后，作弊者可能又会找出其他方法来达到目的。像这样带有对抗性质的数据质量清洗和提升，也是由浅入深贯穿于推荐系统的发展历程的。在具体操作时，可能会是如下这样的演进路线。

（1）不对数据做任何清洗。大部分推荐算法，只要是在一个正常数据远多于异常数据的环境下，就可以发挥作用，所以，即使不对数据做任何清洗，一般结果也是有效的。

（2）清洗爬虫数据。爬虫数据是垃圾数据中量最大、相对最容易识别的一类数据。去掉大量的爬虫数据，不仅推荐效果会有所提升，而且计算量也会有所减小。

（3）清洗明显的作弊数据。所谓明显的作弊数据，指的是介于正常访问和爬虫访问中间的一类行为数据，其特点是访问量大、访问时间有规律、访问类目有规律等。和爬虫数据不同，这类作弊数据的目的通常可能是刷榜、刷单或者攻击推荐算法，以达到非正常提升某些物品流量的目的。

（4）建立对数据进行持续清洗和优化的机制。在完成上面几步的整体性清洗之后，需要建立一种日常持续的数据质量优化机制，在这种机制下，数据质量的优化通常和日常开发并行进行，或者融入日常开发过程中，例如周期性地处理促销期间产生的，与日常数据有着显著差异的数据。到了这个阶段，问题通常不会那么明显，这时就需要工程师对数据有高度的敏感性，并且要多花时间去观察数据，做到对数据以及数据背后用户的熟悉，才能够发现正常数据中的异常点。

4. 排序模型的复杂度

目前，基于机器学习的排序模型已经是推荐系统中必不可少的一个部分，各个团队在这方面的投入也在不断加大。和其他算法类技术一样，常用的简单模型能够解决 80% 的问题，更加复杂的模型本质上是在解决 80% 以上的问题。由于排序模型位于推荐算法流程的最后一个环节，因此其对推荐系统整体效果起到的作用是受前面环节制约的。所以，在模型应用选择方面，也应遵循循序渐进的原则，保持排序模型和召回算法同步前进，最大程度地减小上游对下游造成的瓶颈效应，让整个系统协调发展。

11.8.2　从离线到在线

前面讲过，推荐系统效果优化的一类重要方法就是把离线逻辑实时化，实现一系列实时的计算逻辑，例如实时的协同过滤算法、实时的用户兴趣模型、实时的排序模型更新等。从架构层面来看，这意味着把一大批任务从离线层迁移到近线层。毫无疑问，这样做是有好处的，但通常也会带来更大的维护成本。例如：

- 在线任务容错度低。如果离线任务一次执行失败，则可以重新执行，或者用上一个周期的数据替代，没有很强的时间要求。但在线任务一旦执行失败，数据就会产生堆积，需要尽快处理，对处理速度要求较高。如果在处理过程中出现问题，则会再次影响线上数据。因此，整体来讲，在线任务对错误的容忍度较低，需要更多的以及水平更高的工程师来确保其稳定性。

- 在线任务不易调试。当发生和预期不符的问题时，对于离线任务，可以很容易把数据现场固定下来，一步步缩小范围找到问题。而对在线的流式任务的处理则要困难一些，要想达到理想的调试效果，需要搭建配套的测试环境，这无疑增加了成本。

- 数据一致性难以保障。最常出现一致性问题的场景之一就是服务重启时，这时有的计算平台上可能会出现已经消费过的数据被重新处理的情况，造成数据不一致，进而影响推荐的效果。

- 监控机制更加复杂。对离线数据的监控统计可以通过一套离线作业来实现，实现逻辑较为直观，而实时作业则需要将离线监控作业改写为一套实时计算的监控作业，增加了统计的复杂度。

所以，在实际开发中，建议所有的算法都先实现其离线版本，拿到80%的效果，并在此过程中深刻理解其运行原理，在此基础上，等有了充足的机器和人力资源时，再将其迁移改写为实时算法，以获取更高的收益。

11.8.3　从统一到拆分

从一个角度来看，推荐系统架构研发的进程，就是从统一到拆分的演进过程。在系统开发初期，一般所有的在线服务功能都在一个模块中，包括召回、排序、过滤和业务干预等。但随着业务和算法的发展，这个模块开始变得臃肿，难以扩展、维护，此时就需要按照功能做纵向拆分，把一些核心的通用功能拆分为独立的服务，以增强其独立性和可维护性。模块拆分增加了功能的复杂度和通用性，使得该模块以一种更加独立的形态存在，方便对其进行升级和维护。

系统拆分一定是有代价的，主要包括逻辑解耦的额外工作量、子系统之间数据通信的额外代价等。在整体逻辑不够复杂的情况下，如果从架构的角度出发，设计一个和当前业务需求不符的多模块架构，则会造成付出的代价大于收益，得不偿失。拆分重构，其背后的本质并不全是技术，还有业务的增长。甚至可以说，基于业务发展驱动的架构重构，或者至少有业务发展驱动成分在里面的架构重构，才是有生命力的重构，才能够站得住脚。因为在这种情况下可以明确地知道为什么要重构、重构的目标是什么、边界在哪里，更重要的是，知道收益是什么。其实在大多数技术工作中，如何解决问题并不是最难的，最难的是确定要不要解决某问题，或者说要解决什么问题。如果完全基于所谓的技术理想来驱动架构的拆分演进，则很有可能得不到明确的收益，重构的边界也无法确定，就像跳进一个火坑，最终以烂尾告终。

所以，推荐系统架构的研发，要本着以业务发展和技术进步为双主线的原则，根据确定性目标来进行架构的抽象和拆分，减少无用功。技术人员要追求技术，但也千万不能被技术蒙住了眼睛，把一切判断都建立在纯技术的基础上，置业务于不顾。

11.9　基于领域特定语言的架构设计

在实际的推荐系统开发中，常常会遇到这样的情况：不同位置的推荐模块具有不同的推荐逻辑，但底层调用的是同样的一批数据和算法逻辑。例如，在商品详情页和购物车页分别有一个推荐模块，其逻辑差异主要在于召回逻辑的不同和排序模型的不同。在召回逻辑方面，商品详情页的推荐模块会融合浏览的协同过滤和购买的协同过滤，而购物车页的推荐模块则主要使用了购买的协同过滤。在排序模型方面，两个推荐模块用同样的算法各自训练了一个模型，分别在线上调用。

在常规的做法中，会为两种推荐主逻辑分别写一套代码，一套代码描述商品详情页的推荐逻辑，包括它调用的召回数据以及调用的排序模型等；另一套代码用类似的方法描述购物车页对应的推荐逻辑。这样做在功能实现上是没有问题的，但会存在如下一些缺点：

- 出现大量冗余逻辑。不同推荐模块之间会存在较多类似的甚至相同的逻辑，例如业务过滤、候选集召回等，可能会出现两个推荐模块的代码大量是一样的，只有少量存在差异的情况。这无疑造成了代码的高冗余和低复用。

- 逻辑变更复杂。推荐系统是一个重算法的系统，经常需要对各种逻辑进行调整。如果将逻辑都用代码写死，则意味着每次调整逻辑都需要上线，拉长了实验周期，降低了实验效率。

由于存在以上一些缺点，越来越多的推荐系统开始采用领域特定语言来进行逻辑架构的构建描述。

领域特定语言（Domain Specific Language，DSL），指的是特定使用于某个领域的语言。所谓领域特定，指的是专门用来处理某一特定领域的问题，与 DSL 相对的是 Java、Python 等这些可用来解决各种通用问题的语言。大家最熟悉的 DSL 应该就是 SQL 了，它是特定用于处理关系数据或者说集合数据的一门语言，其核心的 select、project、join 操作都是针对关系数据库设计的，无法完成对关系数据以外的数据的操作。类似的还有 HTML，其专门用来描述网页结构和内容。

与传统的代码编写方式相比，基于 DSL 的开发方式增加了两个部分，一个是逻辑描述部分，一个是逻辑翻译部分。逻辑描述部分，也就是 DSL 外在的表现形式，用来描述想要实现的逻辑，例如可以指定使用哪些召回源、使用哪个排序模型、使用哪些过滤规则等；逻辑翻译部分，负责将逻辑描述的 DSL 代码翻译成通用的计算机语言，进而执行。与 SQL 相比，DSL 的逻辑描述部分就像工程师写的 SQL 语句，用来描述想要选择哪些列、条件是什么等，而逻辑翻译部分就像 SQL 的编译器，将 SQL 语句翻译成更底层的执行逻辑，最终执行的是翻译后的结果。

DSL 执行流程图如图 11-5 所示。首先用 DSL 来描述要执行的推荐逻辑，例如使用哪些召回源、使用哪个排序模型等。编写好逻辑描述代码之后，在服务启动时调用逻辑翻译代码，将逻辑描述代码中描述的逻辑翻译为最终可执行的逻辑执行代码。其中逻辑描述代码可以是自定义的 DSL 代码，有自己的语法；逻辑翻译代码和逻辑执行代码是平台的原生代码，例如 Java、Go 或 C++代码等。

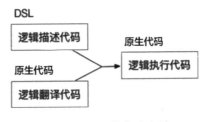

图 11-5　DSL 执行流程图

下面看一个简单的例子。这是一段自定义的 DSL 代码，用来描述一个简单的推荐模块。

```
module_name = ShoppingCart
recallers = ItemCFRecaller + UserCFRecaller + RandomWalkRecaller
rank_model = LR
rank_model_host = 10.1.1.1:8888
filters = TopSaleFilter + BizCategoryFilter
```

这段 DSL 代码描述的逻辑非常清晰，首先说明这个推荐模块的名字是 ShoppingCart，也就是购物车推荐，然后指定使用 ItemCF、UserCF 和 RandomWalk 三个召回源，接下来指定排序模型的类型和模型服务的调用地址，最后指定使用热销商品过滤器和某个业务指定类别的过滤器。

这段 DSL 代码随后会被一个 DSL 翻译解析程序所读取，构造成一段可执行代码。比如在选择 Java 语言作为 DSL 解析语言的情况下，可以在 DSL 代码中指定推荐主流程中所使用的召回器，然后用 Java 语言来解析这段 DSL 代码，就可以通过 Java 语言的反射机制将 DSL 代码中指定的召回器实例化为一个具体的召回器对象，如 ItemCFRecaller。推荐主流程按照上面的方法使用 DSL 代码完成初始化之后，就可以在接收到用户请求时，按照 DSL 代码中指定的逻辑执行了。

这种基于 DSL 的推荐系统架构设计，至少具有如下一些好处。

- 大量减少代码，减少冗余代码，提高代码的复用性。在这种模式下，如果不新增算法，只是新增推荐模块，那么只需要写一段描述逻辑的 DSL 代码即可，代码量远少于写一套 Java 代码的代码量。

- 逻辑表达与执行解耦，便于逻辑变更实验。由于执行程序是由解析程序解析 DSL 代码自动生成的，要更改逻辑，只需要更改 DSL 代码，然后让执行程序重新加载即可，秒级别实现逻辑线上生效。上线流程大大缩短，再配合 ABTest 模块，实验迭代效率得到大幅度提升。

- 表达清晰明了，减少 bug 数量。代码越少，逻辑越清晰，bug 就越少。在 DSL 代码中只保留了与推荐逻辑描述相关的核心代码，其他实现层面的细节全部隐去，使得开发者可以专注于推荐逻辑本身，代码的易读性得到显著提升。这对于组内新来人员熟悉工作以及工作交接都有好处。

- 算法实现和调用分离，减少开发成本。如果实现了一种新算法，例如新的召回算法，那么只需要按照接口规范实现算法并注册，然后在 DSL 代码中直接使用即可，减少了新算法上线的成本。

现在机器学习广泛使用的 TensorFlow 也可以被理解为一种 DSL，它提供了对机器学习业务更简单的表达方式。用户在写代码时，只需要关注和网络结构、特征处理等要解决的业务问题紧密相关的内容，而机器学习层面的技术细节被 DSL 所屏蔽，例如特征分桶是如何实现的、反向传播求导是如何实现的，等等。这使得机器学习的使用面被大幅度扩展，用户不再需要很深厚的机器学习基础就可以上手应用。

在实现推荐系统的 DSL 代码时，可以选择自己定义一套简单的语法逻辑，就像上面的例子中那样。后期如果要实现逻辑较复杂的 DSL 代码，则可以借助 Python、Groovy、Scala 等表达能力强的通用语言，网上也有这方面的资料，读者可以找来参考。

11.10　总结

本章我们从架构设计的角度回顾和讨论了推荐系统的一些核心算法模块，重点从离线层、近线层和在线层三个架构层面讨论了这些算法。本章虽然没有讲解一些具体推荐模块的架构设计，如时下热门的 feed 流推荐、商品详情页的推荐等，但无论什么推荐模块，其逻辑经过拆解后都可以映射到本章介绍的这套架构体系中，做到触类旁通，举一反三。

通过本章的讨论，希望工程师在设计和实现算法时，脑子里除了有算法和数据，还应多一个架构的维度，能够从架构工程的角度来考虑算法，做到心中有系统，而不只是一些零散推荐算法的实现，这样才能构建好一个推荐系统。

另外，本章还介绍了推荐系统架构的发展规律，以及在发展过程中可能遇到的问题，希望能为工程师的具体实践提供参考。

第12章
推荐系统工程师成长路线

在推荐系统的工作中，很大一部分工作是使用各种机器学习算法构建数据和服务组件，因此，一名合格的推荐系统工程师首先一定是合格的机器学习算法工程师。下面首先介绍成为一名合格的机器学习算法工程师需要掌握哪些技能，然后介绍除机器学习的内容以外，针对推荐系统业务所需要掌握的额外技能。

图 12-1 展示了推荐系统工程师，或者说机器学习算法工程师需要掌握的整体技能。可以看出，成为一名合格的工程师不是一件简单的事情，需要掌握从开发到调试再到优化等一系列能力，这些能力中的每一项掌握起来都需要足够的努力和经验。而要成为一名合格的机器学习算法工程师（以下简称"算法工程师"）更是难上加难，因为除了要掌握工程师所需的通用技能，还需要掌握机器学习算法知识。下面我们就对算法工程师所需的技能进行拆分，一起来看看究竟需要掌握哪些技能才能算是一名合格的算法工程师。

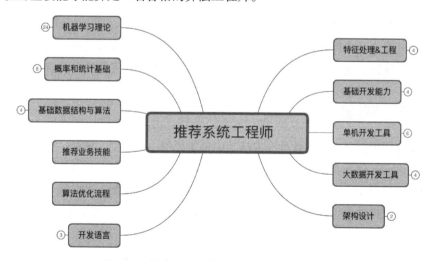

图 12-1　推荐系统工程师需要掌握的整体技能

12.1 基础开发能力

所谓算法工程师，首先需要是一名工程师，那么就要掌握工程师所需的一些技能。有些人对这一点存在误解，认为算法工程师只需要思考和设计算法就行，不用在乎这些算法是如何实现的，因为会有人帮助他来实现算法方案。这种想法是错误的，在大多数企业的大多数职位中，算法工程师需要负责从算法设计到算法实现再到算法上线全流程的工作。本书作者曾经见过一些企业实施过算法设计与算法实现相分离的组织架构，但在这种架构下，说不清楚谁该为算法效果负责，算法设计者和算法实现者都有一肚子的苦水，具体原因不在本文的讨论范围内，但希望大家记住的是，基础的开发技能是所有算法工程师都需要掌握的。

基础开发涉及的技能非常多，这里只挑选两个比较重要的技能来进行阐述。

12.1.1 单元测试

在企业应用中，一个问题的完整解决方案通常包括很多环节，其中的每个环节都需要不断地迭代优化和调试，那么如何对复杂任务进行模块划分，并且保证整体流程的正确性呢？最实用的方法就是单元测试。单元测试并不只是简单的一种测试技能，它首先是一种设计能力。并不是每份代码都可以做单元测试，能做单元测试的前提是代码可以被划分为多个单元，也就是模块。在把项目拆解成可独立开发和测试的模块之后，对每个模块进行独立的、可重复的单元测试，就可以保证它们的正确性；如果每个模块的正确性都得到了保证，那么整体流程的正确性就可以得到保证。

对于算法开发这种流程变动频繁的开发活动来讲，做好模块设计与单元测试是不给自己和他人挖坑的重要保证，也是能让自己放心地对代码进行各种改动优化的重要前提。

12.1.2 逻辑抽象复用

逻辑抽象复用可以说是所有软件开发活动中最重要的一条原则，衡量一名工程师的代码水平的重要依据之一，就是看在他编写的代码中重复代码和相似代码所占的比例。存在大量重复代码或相似代码背后反映的是工程师思维的懒惰，因为他觉得复制、粘贴或者直接照抄是最省事的做法。其实这样做不仅使代码看上去非常丑陋，而且也非常容易出错，更不用说维护的难度了。

在算法开发项目中通常会存在很多类似的逻辑，例如对多个特征使用类似的处理方法，以及对原始数据的 ETL 处理中也存在较多类似的逻辑。如果不对类似的逻辑做好抽象，代码看上去一行行全是重复的，那么无论是阅读还是维护都会非常麻烦。

12.2　概率和统计基础

概率和统计可以说是机器学习领域的基石之一，从某个角度来看，机器学习可以被看作是建立在概率思维之上的一种对不确定世界的系统性思考和认知方式。学会用概率的视角看待问题，用概率的语言描述问题，是深入理解和熟练运用机器学习技术的最重要基础之一。

在机器学习中经常用到的概率和统计基础内容如图 12-2 所示。概率论内容很多，但其知识载体是一个个具体的分布，所以理解常用的概率分布及其各种性质对于掌握概率知识非常重要。对于离散数据，伯努利分布、二项分布、多项分布、Beta 分布、狄利克雷分布以及泊松分布都是需要掌握的内容；对于离线数据，高斯分布和指数分布是比较重要的分布。这些分布贯穿在机器学习的各种模型之中，也存在于互联网和真实世界的各种数据之中，只有理解了数据的分布，才能知道该对它们做什么样的处理。

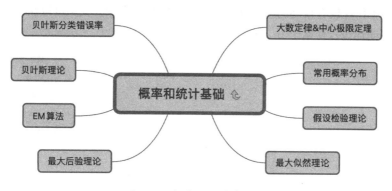

图 12-2　概率和统计基础内容

此外，假设检验的相关理论也需要掌握。在大数据时代，最能骗人的大概就是数据了，只有掌握了假设检验和置信区间等相关理论，才能具备分辨数据结果真伪的能力。比如两组数据是否真的存在差异、上线一种策略之后指标是否真的有提升，等等。这种问题在实际工作中非常常见，不具备相关能力的话，就相当于大数据时代的"睁眼瞎"。

在统计方面，一些常用的参数估计方法也需要掌握，典型的如最大似然估计、最大后验估计、EM 算法等。这些理论和最优化理论一样，都可以应用于所有模型的理论，是基础中的基础。

12.3 机器学习理论

虽然现在开箱即用的开源工具包越来越多，但这并不意味着算法工程师就可以忽略对机器学习基础理论的学习和掌握。因为学习和掌握机器学习基础理论，主要有两方面的意义：

- 只有掌握了理论，才能对各种工具和技巧进行灵活应用，而不是只会照搬套用。只有在这个基础上，才能够真正具备构建机器学习系统的能力，并对其进行持续优化；否则，只能算是机器学习的"搬砖工人"，算不上合格的工程师，而且出了问题也不会解决，更谈不上对系统进行优化了。

- 学习机器学习基础理论的目的，不仅仅是为了学会如何构建机器学习系统，更重要的是，这些基础理论体现的是一套思想和思维模式，其内涵包括概率性思维、矩阵化思维、最优化思维等多个子领域。在大数据时代，这套思维模式对数据处理、分析和建模是非常有帮助的。如果脑子里没有这套思维模式，面对大数据环境还在使用老一套非概率的、标量式的思维去思考问题的话，那么思考的效率和深度都会非常受限。

机器学习的理论内涵和外延非常广，绝非一个章节可以穷尽，这里只列举了一些比较核心的，同时对实际工作比较有帮助的内容进行介绍，如图 12-3 所示。大家可以在掌握了这些基础内容之后，再不断地进行探索学习。

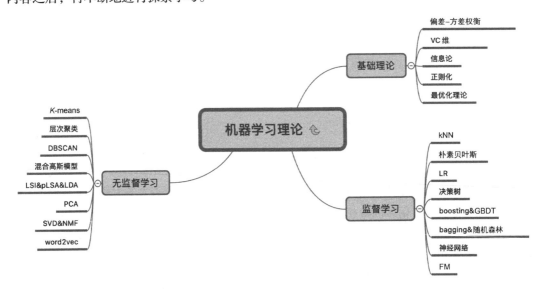

图 12-3　机器学习理论内容

12.3.1　基础理论

所谓基础理论，指的是不涉及任何具体模型，而只关注"学习"本身的一些理论。以下是一些比较有用的基本概念：

- **VC 维**。VC 维是一个很有趣的概念，它的主体是一类函数，描述的是这类函数能够把多少个样本的所有组合都划分开来。VC 维的意义在哪里呢？它的意义在于：当你选择了一个模型及其对应的特征之后，大概就可以知道所选择的模型和特征能够对多大的数据集进行分类。此外，一类函数的 VC 维大小，还可以反映出这类函数过拟合的可能性。

- **信息论**。从某个角度来讲，机器学习和信息论是同一个问题的两个侧面，机器学习模型的优化过程也可以被看作最小化数据集中信息量的过程。了解信息论中的基本概念，例如决策树中用来做分裂决策依据的信息增益、衡量数据信息量的信息熵等，对于理解机器学习理论是很有帮助的。关于这部分内容可参考 *Elements of Information Theory*（《信息论基础》）[1] 这本书。

- **正则化和偏差–方差权衡**（ bias–variance tradeoff ）。机器学习中的主要矛盾就是模型要尽量拟合数据和模型不能过度拟合数据之间的矛盾。而化解这一矛盾的核心技术之一就是正则化。正则化的具体方法不在此讨论，但需要理解的是各种正则化方法背后透露出的思想：偏差-方差权衡。在不同的利益点之间平衡与取舍是算法间的重要差异，理解这一点，对于理解不同算法之间的核心差异有着非常重要的作用。

- **最优化理论**。绝大多数机器学习问题的解决方法，都可以划分为两个阶段：建模和优化。所谓建模就是指用模型来描述问题的各种方法，而优化是指建模完成之后求得模型的最优参数的过程。在机器学习中常用的模型有很多，但背后用到的优化方法却没有那么多。换句话说，很多模型使用的都是同一种优化方法，而一种优化方法也可以被用来优化很多不同的模型。对各种常用的优化方法及其思想有所了解非常有必要，因为这对于理解模型训练的过程，以及解释在各种情况下模型训练的效果都很有帮助，其中包括最大似然法、最大后验法、梯度下降法、拟牛顿法、L-BFGS 等。

机器学习的基础理论内容还有很多，可以先从上面的概念学起，把它们作为学习的起点，在学习过程中还会遇到其他需要学习的内容，就像一张网慢慢铺开一样，不断积累自己的知识。

1　参见：链接 54。

对这方面基础理论的学习，除了可以学习Andrew Ng的著名课程，*Learning from Data*[1]这门公开课也非常值得大家学习，这门课对学习者没有任何背景要求，讲授的内容是在所有模型之下的基础中的基础，非常接近机器学习的内核本质。这门课的中文版叫作《机器学习基石》，也可以从网上找到，其讲授者是上面英文版讲授者的学生。

12.3.2　监督学习

在了解了机器学习的基本概念之后，就可以开始一些具体模型的学习了。在目前的工业实践中，监督学习的应用面仍然是最广泛的，这是因为我们现实中遇到的很多问题都是希望对某个事物的某个属性做出预测，而这些问题通过合理的抽象和变换，都可以转化为监督学习的问题。

在学习复杂的模型之前，建议大家先学习几个简单的模型，典型的如朴素贝叶斯模型等。朴素贝叶斯模型有很强的假设，这个假设很多问题都不满足，模型结构也很简单，所以其优化效果并不是最好的。但也正是由于其简单的形式，非常有利于学习者深入理解整个模型在建模和优化过程中的每一步，这对于搞清楚机器学习是怎么一回事是非常有用的。同时，朴素贝叶斯模型形式通过一番巧妙的变换之后，可以得到和逻辑回归模型形式非常统一的结果，这无疑提供了对逻辑回归模型的另一个角度的解释，对于更加深刻地理解逻辑回归模型有着非常重要的作用[2]。

在掌握了机器学习模型的基础流程之后，需要学习两种最基础的模型形式：线性模型和树形模型，它们分别对应着线性回归/逻辑回归和决策回归/分类树。现在常用的模型，无论是浅层模型还是深度学习的深层模型，都是基于这两种基础模型形式变换而来的。而在学习这两种模型时需要仔细思考的问题是：这两种模型的本质差异是什么？为什么需要这两种模型？它们在训练和预测的精度、效率、复杂度等方面有什么差异？只有了解清楚了这些本质的差异，才能做到根据问题和数据的具体情况对模型运用自如。

在掌握了线性模型和树形模型这两种基础形式之后，下一步需要掌握的是这两种模型的复杂形式。其中，线性模型的复杂形式就是多层线性模型，也就是神经网络；树形模型的复杂形式包括以 GDBT 为代表的 boosting 组合，以及以随机森林为代表的 bagging 组合。这两种组合模型的意义不仅在于模型本身，boosting 和 bagging 这两种组合思想本身也非常值得学习和理解，

1　参见：链接 55。
2　朴素贝叶斯模型和逻辑回归模型之间的关系，可参考：链接 56。

这代表了两种一般性的强化方法：boosting 的思想是精益求精，不断在之前的基础上继续优化；而 bagging 的思想是"三个臭皮匠，顶一个诸葛亮"，通过多个弱分类器的组合来得到一个强分类器。这两种组合方法各有优劣，但都是在日常工作中可以借鉴的思想。例如，在推荐系统中，我们通常会使用多个维度的数据做召回源，从某个角度来看，这就是一种 bagging 的思想——每个单独的召回源并不能给出最好的表现，但是多个召回源组合之后，就可以得到比每个单独的召回源都要好的结果。所以说思想比模型本身更重要。

12.3.3　无监督学习

虽然目前监督学习占了机器学习应用的大多数场景，但是无监督学习无论是从数据规模还是作用上来讲也都非常重要。无监督学习的一大类内容是做聚类，其意义通常可以分为两种：一种是将聚类结果本身当作最终的目标；另一种是将聚类结果再作为特征用到监督学习中。但这两种意义并不和某种聚类方法具体绑定，而只是聚类结果的不同使用方式，这需要在工作中不断学习、积累和思考。在入门学习阶段，需要掌握的是不同聚类方法的核心差异在哪里。例如，在最常用的聚类方法中，*K*-means 和 DBSCAN 分别适合处理什么样的问题？高斯混合模型有着什么样的假设？LDA 中文档、主题和词之间是什么关系？最好能够将这些模型放在一起来学习，从而掌握它们之间的联系和差异，而不是把它们当作一个个孤立的东西来看待。

除了聚类方法，近年来兴起的嵌入表示（embedding representation）也是无监督学习的一种重要方法。嵌入表示和聚类的差异在于，聚类是使用已有特征对数据进行划分，而嵌入表示则是创造新特征，新特征是对样本的一种全新的表示方式。这种表示方式提供了对数据全新的观察视角，这种观察视角提供了对数据处理的全新的可能性。此外，这种做法虽然是从自然语言处理领域兴起的，但却具有很强的普适性，可以用来处理多种多样的数据，并且都可以得到不错的结果，所以现在它已经成为算法工程师必备的一种技能。

对机器学习理论方面的学习，可以从 *An Introduction to Statistical Learning with Application in R*[1] 开始，这本书对一些常用模型和理论基础知识进行了很好的讲解，同时也有适量的习题用来巩固所学知识。进阶学习，可以使用上面这本书的升级版 *Elements of Statistical Learning*[2] 和著名的 *Pattern Recognition and Machine Learning*。在深度学习方面，著名的 *Deep Learning* 这本书是很好的教材，里面对深度学习理论的讲解循序渐进，提纲挈领，能够帮助读者打下非常好的深度学习相关理论基础。

1　英文版免费下载：链接 57；其中文版书名为《统计学习导论》，前 7 章的视频课程参见：链接 58。
2　参见：链接 59。

12.4 开发语言和开发工具

在掌握了足够的理论知识后，还需要一些工具将这些理论落地，本节我们介绍一些常用的开发语言和开发工具。

12.4.1 开发语言

近年来，Python 可以说是数据科学和算法领域最火的语言，主要是因为它的使用门槛低，上手容易，并且具有完备的工具生态圈，同时各种平台对其支持也比较好。所以，这里对 Python 相关内容不再赘述。但是除了学习 Python，建议大家再学习一下 R 语言，因为：

- **R 语言具有最完备的统计学工具链。**我们上面介绍了概率和统计的重要性，R 语言为概率和统计相关操作提供了最全面的原生支持，一些日常的统计需求，用 R 语言来实现可能比用 Python 效率更高。虽然 Python 的统计相关工具库也在不断完善，但当前 R 在概率和统计方面仍然是最好的语言，它也拥有最活跃的统计学社区支持。

- **培养向量化、矩阵化和表格化思维。**R 语言中的所有数据类型都是向量化的，一个整型变量本质上是一个长度为 1 的一维向量。在此基础上，R 语言构建了高效的矩阵和 DataFrame 数据类型，并且在上面支持逻辑复杂而又使用直观的多种数据操作。这种基于矩阵和表的数据类型，以及建立在上面的数据操作方法，也被很多更现代化的语言和工具所借鉴，例如 NumPy 中的 ndarray，以及 Spark 最新版本中引入的 DataFrame，可以说都是直接或间接从 R 语言得到的灵感，定义在上面的数据操作也和 R 语言中 DataFrame 上的数据操作如出一辙。由于其使用的便捷性和理解的直观性，DataFrame 或类似 DataFrame 的数据操作方式基本上已经成为数据科学领域的事实标准。就像学习编程都要从 C 语言学起一样，学习数据科学和算法开发，建议大家都学习一下 R 语言——既学习 R 语言本身，又学习它的内涵思想，这对于理解和掌握现代化工具大有裨益。

除了学习 R 语言，Scala 语言也值得学习。因为它是目前将面向对象编程和函数式编程两种编程范式结合得比较好的一种语言，它不强求你一定要用函数式编写代码，同时还能够在利用函数式编程的地方给予足够的支持。这使得它的使用门槛并不高，随着经验和知识的不断积累，你可以用它写出越来越高级、优雅的代码。

12.4.2 开发工具

在开发工具方面，Python 系工具无疑是实用性最高的，具体来说，NumPy、SciPy、sklearn、

pandas、matplotlib 组成的套件可以满足单机上绝大部分分析和探索性的训练工作。但是在生产环境的模型训练方面，一些更加专注的工具可以给出更好的训练精度和性能，如果使用的是浅层模型，且数据量不是很大的话，例如在百万级或千万级以下，则可考虑使用如 liblinear 和 xgboost 等经典工具；如果已经过渡到深度学习阶段，或者数据量较大，例如样本和特征量都已经上亿，则可以使用以 TensorFlow 为代表的支持分布式的深度学习平台工具。

在大数据工具方面，目前离线计算的主流工具仍然是 Hadoop 和 Spark，在实时计算方面 Spark Streaming 和 Flink 也是比较主流的选择。值得一提的是，对于 Hadoop 和 Spark，不仅要掌握其编码技术，还要对其运行原理有一定的理解，例如 Map-Reduce 的流程在 Hadoop 上是如何实现的，Spark 上的什么操作比较耗时，aggregateByKey 和 groupByKey 在运行原理上有什么差异，等等。只有掌握了这些，才能对大数据平台运用自如，否则很容易出现程序耗时过长、跑不动、内存爆掉等问题。

12.5　算法优化流程

除了要掌握具体的开发语言和开发工具，像算法优化流程这样的软技能也是需要掌握的。

在本书作者之前的一份工作中，组里同事开发了一个覆盖率提升算法，目的是提升商家销售的图书商品的推荐覆盖率。该算法的基本思想是把自营图书的推荐结果附加在商家图书（实质上是同一本书）的推荐结果后面，以此来提升目标商品的推荐覆盖率。该算法的设计大家反复论证过，都认为是没问题的，符合业务特点。但遗憾的是，做了 AB 测试之后发现效果并未达到预期，覆盖率的提升幅度非常小。

上面描述的案例，是算法开发中的一种典型情况，具体表现就是算法设计时觉得很好，但是上线后往往不能达到预期。造成这种偏差的原因有很多，这里只讨论其中的一个方面——通过调整开发流程可以适当控制和缓解这种偏差，也就是算法开发过程中的可行性验证。

可行性验证是一个比较模糊的说法，我们通过具体情况来说明。在上述案例中，虽然我们给很多商品增加了推荐，但是这些商品的浏览量非常小，导致推荐结果并没有真正被用户看到，所以覆盖率的提升幅度也就非常小了。事后来看，这其实并不是一个隐藏很深的问题，应该是可以预先计算出来的，因为商家图书推荐数量少的原因之一就是浏览量小。但问题是，我们在设计算法时只关注算法逻辑是否正确可行，没有计算这个算法是否能够发挥足够大的影响，产生足够好的效果。如果事先做了这个计算，就能够知道这个算法的问题，也就可以在开发之前或者开发初期调整算法了，避免做无用功。

这样的问题不只出现在推荐项目中，在机器学习项目中也比较常见，最典型的就是特征的置信度问题。在机器学习系统中，特征往往多多益善，但是如果某个特征的样本覆盖量很低，也就是说，只有很少一部分样本上出现了这个特征，那么这个特征训练出来的值置信度就会比较低，因为预测结果的置信度和样本量是非常相关的。虽然每个这样的特征可能只影响几条样本，但是由于特征分布的长尾性，会存在一大批这样的特征，加起来就会有大量的样本受到影响。在极端情况下，有可能每条样本中都会有几个置信度不高的特征，所以这样的特征还是需要处理掉的。

对于这种置信度不足的问题，如果不在前期进行有针对性的专门处理，是不容易发现的，毕竟有那么多特征。这个特征处理的过程，换个角度来看，就是在做可行性验证，验证某个特征是否有足够多的样本覆盖，使得其估计值的置信度足够高，而不是不管三七二十一就进行训练。

上面用两个例子说明了可行性验证具体是在做什么，但也只是涵盖了其中的一部分工作。抽象一点说，可行性验证应该是将算法系统的几个大步骤进行拆解，在开发之前或者在开发过程中，用尽量准确的方法来估计每个步骤的效果是否符合预期，如果某个步骤的效果不符合预期，则需要及时进行调整。

以机器学习系统这样一个典型的算法系统为例，其中很多部分都可以用先行验证的方法来加强对过程质量的保证，从而保证最终结果的质量。典型的如：

- 特征置信度验证。如上所述，对要进行训练的特征，验证其置信度是否足够。
- 样本"填充度"验证。在训练之前，还需要验证样本上的特征数量。虽然稀疏性是大数据场景下各种问题的普遍特点，但是如果大量样本上都只有很少的特征覆盖，那么就要考虑特征的构造方式是否合理，以及是否需要增加特征。
- 特征处理验证。对各种特征的处理流程都需要进行不同的验证，例如连续值分段处理，在分段之后，需要验证每个分段内的样本数量等，确认不会出现太稀疏或者太稠密的分段。

从上面的讨论中可以看出，这种强调验证的开发模式，本质上是在把控过程，通过把控过程来把控结果，因为只有过程正确了，结果才能是正确的，同时也是可靠的。不把控过程也可能得到好结果，但这样的结果是不可靠的，因为你不知道它为什么好，一旦它变不好了，你也同样不知道原因。这样的系统无疑是危险的，让人不踏实。就像投资界一句著名的话所说（大意）：举着火把穿过弹药库，即使活下来了，你也还是个傻子。换言之，就是不能做骑着瞎马的盲人，把掉不掉进坑里这件事情交给运气。

验证这件事情，如果不做的话，项目也是可以做下去的，但是当效果不好的时候，还是需要回过头来查找问题的。所以，这件事情是绕不过去的，只是先做和后做的区别，而且相比于后做，还是先做更好，因为可以提前发现问题，及时调整方案，减少无用功。

12.6　推荐业务技能

在掌握了机器学习知识和基础的开发技能后，还有如下一些针对推荐系统领域需要掌握的技能。

1. 对算法适用性的敏感度

前面讲过，自然语言处理的一些算法也可以被应用到推荐问题上，这就是算法的适用性。也就是说，一些不是为推荐发明的算法也可以被应用到推荐业务上，关键在于对算法、对推荐业务是否有足够深入的理解。这本质上是要求推荐系统工程师有足够的抽象提炼能力，能够在充分理解一种技术后，将其抽象提炼成与业务场景无关的通用技术，然后在自己的场景中将通用技术具象化。换句话说，这需要有一种"看山不是山"的能力，带着自己的问题来看待各种技术，也许就能发现新的空间。

2. 对数据驱动思想的理解和实践能力。

在推荐系统中很多效果提升并不是因为大的模型升级，而是得益于很多细小的优化点，这就要求推荐系统工程师拥有"大胆假设，小心求证"的数据驱动思想。所谓大胆假设，指的是能够从广泛的角度来思考潜在的提升点；而小心求证，指的是对于潜在的提升点，能够设计方法来验证它。持续高效地执行这个流程，就是一种数据驱动的做法，这在推荐系统中是非常常用且有效的做法。

举例来说，深度兴趣网络（DIN）[1]中关于用户历史行为的独特处理方法，也就是注意力（attention）机制的引入，就是算法工程师基于对电商购物行为数据的深入探索和思考提出的，而不是对所谓高级方法的无脑推崇。这个例子告诉我们，对于各种算法技术的使用，一定要结

1　Guorui Zhou, Xiaoqiang Zhu, Chenru Song, Ying Fan, Han Zhu, Xiao Ma, Yanghui Yan, Junqi Jin, Han Li, and Kun Gai. Deep Interest Network for Click-Through Rate Prediction. In Proceedings of the 24th ACM SIGKDD International Conference on Knowledge Discovery & Data Mining (KDD '18). ACM, New York, NY, USA, 2018: 1059-1068. 链接 60.

合自己的业务特点，否则很难在众多算法中找到真正符合自己需要的。不同领域下的推荐系统虽然有着充分的共性，但由于领域不同、业务特点不同、数据质量不同等多种因素的存在，并不是在其他公司、其他业务上成功应用的方法对自己的业务都有用。例如上面提到的DIN，本书作者了解到，在电商以外的其他业务中就有多个并不成功的实践案例，背后的原因是多样的，但这些业务和电商业务的差异、这些公司数据和阿里巴巴数据的差异，甚至背后工程能力的差异，都是造成这一结果的重要因素。Wide&Deep等更经典的模型也在不同领域遭遇过滑铁卢。所以，推荐系统工程师既要有博采众长的能力，也要对自家业务、数据和系统足够熟悉，找到技术和业务、数据、系统的交叉点，才能让技术真正落地产生价值。

与数据驱动思想相关的另一个能力是设计指标的能力。在做任何优化之前，都需要能够将待优化的目标相对清晰地定义出来，并得到产品测试人员等相关人员的认可。同时还要建立从常见指标的波动中发现问题的直觉，这对于问题的快速定位是相对关键的。

3. 沟通表达能力

推荐系统是多个业务的交汇点，经常会和多个业务方合作，例如电商的推荐系统经常需要与多个品类的业务部门合作，在推荐系统中兼顾到不同品类的综合利益。因此推荐系统工程师要具备一定的沟通协作能力，在跨项目合作中能够综合考虑多方的利益和诉求，设计出全面的技术方案。

4. 具备一定的用户产品思维

这是非常重要的一点。推荐系统是一个典型的面向终端用户的产品，推荐系统工程师在开发过程中不仅要注重指标效果，也要注重用户体验，不能把用户体验这方面的工作完全交给产品经理，自己也要掌握一定的技能，建立一定的所谓产品感觉，能够从技术的角度对产品给出一些看法和建议。

12.7　总结

本章从需要掌握的技能角度，介绍了推荐系统工程师的成长路线，包括从基础开发到基础理论再到实践优化等多方面的技能。推荐系统是一个内涵丰富、知识范围广而深的领域，要求行业中的工程师们具有持续学习的激情和能力。希望本章介绍的内容能为读者梳理出技能的基本框架，可以在此基础上持续丰富自己的知识结构。

第13章
推荐系统的挑战

从前面章节中的介绍可以看到，推荐系统从技术到产品都已经发展到相对成熟的地步，在很多行业中也有着广泛的应用。但是即使如此，推荐系统在多个领域内也仍然存在挑战，那么如何应对这些挑战决定着推荐系统这个行业的长远发展。本章我们就选取其中一些比较典型的挑战进行介绍和讨论。

13.1 数据稀疏性

我们总说，在当今这个时代有着海量的数据，但是在以数据为"食物"的推荐系统中仍然存在着不同程度的数据稀疏性问题。这里面的核心原因在于，所谓海量的数据在互联网上的分配是不均匀的。

首先，数据在网站间的分布是不均匀的。例如，如图 13-1 所示，在电商领域内，2018 年亚马逊的销售量占到了全美国电商网站销售量的 49.1%[1]，前 10 名的电商网站销售量加起来占到了全部的 70.8%。而在这前 10 名中，第一名亚马逊的销售量又是第二名eBay的 7 倍多。可想而知，前 10 名以外的电商网站得到的流量就非常少了。这种现象不仅在美国存在，在中国以及其他地方也存在。所以，对于大部分网站来说，用户行为的总量本身就是相对较少的。

---

1 参见：链接 61。

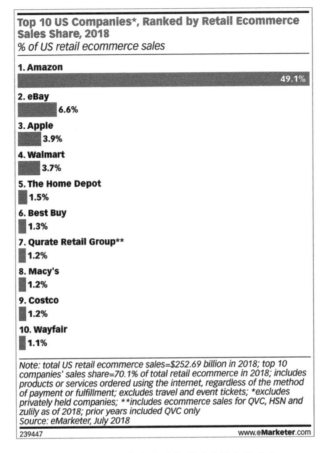

图 13-1　2018 年全美国电商网站销售量对比

其次，到达一个网站的流量，又会被分配到网站上的大量物品上，在这个过程中又会发生分配的不均匀。仍以电商网站为例，每个网站上商品的销售都会有"二八效应"，也就是 20% 左右的商品销售占到了整体的 80% 左右。这就使得大量行为集中在少数商品上，而其他很多商品只能去分摊剩余的流量，造成这些商品上行为数据的稀疏性。我们在各种电商网站上看到的爆款商品、爆款品牌等，都是头部流量的拥有者和受益者。虽然推荐系统的目标和作用之一就是提升长尾商品的流量和减少消耗，但深入业务本质的规律在很大程度上是无法扭转的，推荐系统可操作的空间也不是无限的，我们还是要在认清大背景的情况下努力做出改变。

将以上两点综合起来，我们可以将整个互联网上的所有用户和物品组织成一个超大型的矩阵，其中每一行是一个用户，每一列是一个物品。在行与列交汇处的格子中，如果是 1，就代表对应行的用户对对应列的物品产生过行为；如果是 0，则代表没有产生过行为。不用将这个矩阵画出来也可以想象到，这是一个极度稀疏的矩阵，只有极小比例的格子中是 1，其他绝大多数格子中都是 0，这个矩阵就是对数据稀疏性的最直观描述。

那么数据稀疏性对推荐系统意味着什么呢？它给推荐系统带来的最大挑战是：推荐系统的主要任务之一是把没有充分展示机会的物品推荐给合适的用户，同时提高物品流量，提升用户体验。但数据稀疏性问题的存在，导致恰恰是这些最需要被推荐的物品，最缺乏数据支撑。也就是说，最需要你帮助的，恰恰是那些最难以被帮助的。

数据稀疏性问题的存在，催生了一系列降维方法，而降维方法的本质，都可以直观地理解为将上面的巨大的系数矩阵变成一个更小的矩阵。具体来说，这个矩阵的列会从物品变成降维后的维度，例如类别、主题、嵌入表示等，所以是一个列更少的矩阵。矩阵小了之后，将同样的数据放进去，矩阵稀疏的比例就会降低。但是无论哪种降维方法，都是一把双刃剑，在降维之后都会损失原有的个体级别的信息。

总结来说，数据稀疏性是推荐系统中会长期存在的现象，如何在这个背景下平衡数据的覆盖率和准确性，是需要长期探索实践的话题。

13.2　推荐结果解释

无论是工业界还是学术界，研究人员将大部分精力都花在了如何让推荐系统推荐得更准这个主题上，但对于如何向用户解释推荐结果，并没有给予足够的重视。而且随着推荐系统所使用算法的复杂度越来越高，推荐解释的难度也在不断增加。

对推荐结果的解释，指的是在给出推荐结果的同时，给出推荐这个物品的原因。在搜索系统中就不需要对结果进行解释，因为用户清楚地知道为什么会出现这些结果，搜索结果的来源是用户的具体搜索词。如果某个结果用户不知道为什么出现，那么多半是搜索算法的问题，而不是需要解释的问题。在推荐系统中则不是这样的。推荐系统是一个泛需求的系统，这意味着出现在推荐结果中的物品，都和用户有着不同程度、不同角度的相关性。在这些结果中，有的东西用户一眼就能看出为什么和自己相关，因为自己买过同品牌或同类型的物品，而有的东西相关性却不那么明显。对于这部分相关性不那么明显的东西，如果能给出令用户信服的解释，无疑会提升用户点击的兴趣。

但对推荐结果给出解释并不容易，尤其是在当今机器学习算法被大量使用的背景下，解释难度也在不断增加。在推荐系统的早期，只使用协同过滤算法，模块名称通常承担了推荐解释的功能,例如"看了还看"表示看了该物品的用户还看了其他什么物品,其背后的算法通常是基于浏览行为的协同过滤算法,还有"买了还买"等也是类似的。但这样的解释至少有两方面的局限性:首先,它是模块级别的解释,无法解释到个体;其次,它反过来对推荐算法的逻辑做了限制,如果一个模块中混合了多种算法的结果,那么这种解释就失效了。

当前的推荐系统更倾向于使用"少模块,多结果"的形式,也就是不再对模块做过多区分,一个页面上可能只有一个推荐模块,名称通常是"猜你喜欢"之类的,但这个推荐模块中的内容会有很多。在这种场景下,对推荐结果解释的难度就增加了。这是因为这种模块下的推荐结果通常是多种召回逻辑的混合,模块名称已经无法给出任何层面的统一解释,只能以物品为单位做出解释。目前这种做法通常是事先选定一组解释类标签,典型的如"热销物品""同兴趣的用户在看"等。但这些标签通常只能覆盖结果的一部分,剩余的结果还是无法给出很好的解释。

推荐系统解释的难度,有一个重要来源是对机器学习技术的大量使用,尤其是非结构化的,甚至一些基于神经网络的特征的使用,使得对单个物品的解释变得非常困难。对于机器学习模型预测的个例的解释方法,比较典型的有LIME[1]方法,其英文全称为Local Interpretable Model-Agnostic Explanations,中文翻译为"局部可解读的模型无关解释",该方法挑选出少数重要特征,用简单模型进行类似于调试诊断形式的拟合,可以针对机器学习模型中的每个个例进行有针对性的解释。

LIME 方法的背后有一个核心假设,就是对于每一次预测行为,虽然有成百上千甚至更多的特征在发挥作用,但真正对预测结果产生关键影响的特征是少数的,那么这些特征就可以用来作为这个预测结果的解释。遵循这一原则,为了得到一个具体样本的解释特征,LIME 方法需要以下一些核心步骤:

确定一批可用来做解释的候选特征 x'。一般会选择那些含义相对简单、直接的特征作为解释特征,例如某属性的历史点击率这样的统计型特征,或者某个词是否出现这样的离散型特征,以及它们的组合特征等,而像嵌入表示类的特征则不适合作为解释特征。如果是图片相关问题,则需要先将像素级特征进行聚合,降维成相对可读的低维特征。这一步也是 LIME 方法能做到模型无关解释的原因之一,因为不管底层预测模型使用什么样的原始特征 x,在解释时 LIME 方法都会使用一批可解释的特征 x',来保证解释的可读性。

在选定了潜在的用来解释模型的特征后,接下来要定义选择解释模型的原则,也就是要形

---

1 Marco Tulio Ribeiro, Sameer Singh, and Carlos Guestrin. "Why Should I Trust You?": Explaining the Predictions of Any Classifier. In Proceedings of the 22nd ACM SIGKDD International Conference on Knowledge Discovery and Data Mining (KDD '16). ACM, New York, NY, USA, 2016: 1135-1144. 链接 62.

式化定义什么样的模型算是一个好的解释模型。LIME 论文的作者最终选定的是满足如下原则的模型：

$$\xi(x) = \mathrm{armgnin}_{g \in G} L(f, g, \pi_x) + \Omega(g)$$

其中：

- x 代表待解释的一条原始样本，可能包含大量、复杂的特征。
- f 代表预测使用的真实模型。
- G 代表可解释模型家族，例如线性模型或简单的树模型家族。
- g 是 G 中的一个成员。
- π_x 代表度量一条样本与样本x相似度的函数。
- L 是定义在f、g、π_x上的一个损失函数，代表解释模型g在相似度度量函数π_x下对原始模型f的解释能力，该值越大表示解释得越好。
- $\Omega(g)$ 用来衡量函数g的复杂度，可理解为一个正则化项，例如对于树模型可使用数的深度、对于线性模型可使用非零特征的个数等。

综合来说，LIME 模型的目标是从可解释模型家族G中找到原始样本x的一个解释$\xi(x)$，该解释既能够对原始函数f进行足够好的解释——对应着L足够小，同时还不能太复杂——对应着$\Omega(g)$足够小。

引入相似度度量函数π_x的意义在于，LIME 方法的本质是通过观察不同特征的变化来确定哪些特征的解释能力较强，那么在观察过程中，一条和原始样本x相似度较高的样本上的特征变化给出的信息，要多于一条相似度较低的样本给出的信息。在具体实践中，LIME 方法通过用π_x决定样本权重的方式来实现这一点。

在设定好了整体框架之后，接下来需要将公式中的符号具象化。具体来说，主要是解决包括如何定义损失函数L、如何选择G、如何定义π_x、如何定义$\Omega(x)$等问题。在 LIME 的论文中使用了如下配置：

- $L(f, g, \pi_x) = \sum_{z,z' \in Z} \pi_x(z)\big(f(z) - g(z')\big)^2$，其中$z$是样本的原始特征表示，$z'$是对应的可解释特征表示。可以看出，这一项衡量的是每一条样本的带权拟合程度。
- 线性模型作为G。
- 使用指数核函数作为相似度度量函数：$\pi_x(z) = \exp(-D(x,z)^2/\sigma^2)$。
- 限定线性模型的非零特征个数不多于K个，即：$\Omega(g) = \infty 1[||w_g||_0 > K]$，其含义为如果非零特征个数大于$K$个，则取值为无穷大，否则取值为 1。

在对每个符号进行具体配置之后，就需要训练模型了，而在选定了特征和模型的情况下，剩下最关键的就是构建样本了。LIME 方法构建样本的核心思想是随机抽样，即对可解释特征集合x'的随机抽样，也就是随机选择 x' 的一个子集，将子集中的特征设为非零，将其他特征设为零，得到一条抽样样本z'，以及与之相对应的相似度权重$\pi_x(z')$，然后通过还原z'得到它对应的原始特征表示z，将$f(z)$作为该条样本的标签值。其背后的思想是，通过调试不同的待解释特征，生成与待解释样本具有不同相似度的样本，然后分析待解释特征在这些样本上引起的变化，学习到哪些特征是具有最好解释能力的。

在选定好模型之后，接下来就是常规的机器学习流程了。从流程中可以看到为什么这种方法是局部的，也就是每个样本的解释都需要单独学习——学习到每个样本的解释，需要从这个样本单独抽样来学习，观察这个样本上的哪些特征比较敏感，但这些特征可能并不具有通用性。例如，每个人感冒的症状都可能不同，医生做出判断依据的是每个人的具体表现，而不是所有的人共用同一套解释，因为不可能每个人感冒后都有一样的症状。

LIME 方法整体思想的形象化表述如图 13-2 所示。

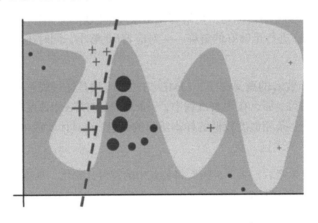

图 13-2　LIME 方法整体思想的形象化表述

图 13-2 中浅灰色区域和深灰色区域的分界线是真实的分类边界，但是为了得到好的解释，我们无法使用这一复杂的分类边界，而是需要使用一个简单、易懂的分类边界。图中粗体的十字是需要解释的个体样本，周围的十字和圆点是抽样得到的训练样本，形状的大小代表了样本与待解释个体样本的相似度。离待解释个体越近的样本，越需要仔细观察学习。最终得到了用来解释的分类边界，也就是图中的黑色虚线。用线性模型加上少量特征来解释，才能够起到简单、易懂的效果。

这种方法可以提供一定程度的个体解释，但由于其作用范围是单个模型，对于具有召回、排序、规则等多个流程的推荐算法来说，并不能解决全部问题。除了 LIME 方法，基于知识图谱的方法也可以提供一定的推荐解释，具体可参考前面章节中的内容。但是要使用知识图谱的方法进行解释，首先需要建立一套知识图谱，并且需要推荐结果本身就由知识图谱的相关算法生成，这对该方法适用的范围做了限制。

以上做法对推荐解释提供了一些可行的方法，但在当前的推荐主流技术架构下，如何给用户提供更加令人信服的解释，仍然需要更多的关注和研究。

13.3　相关性和因果性

推荐系统的算法，以及机器学习的算法，现在都有一个很大的缺憾，就是绝大部分算法学习的都是特征之间的相关性，而非因果性。关于因果性和相关性的差异，有一些经典而有趣的例子。首先看鲨鱼和冰激凌的例子。调查研究发现，每年冰激凌销量大涨的时候，海滩上的鲨鱼攻击事件也会增多。能够根据这两个事实得出冰激凌销量大涨是造成鲨鱼攻击事件增多的原因吗？很显然并不能，它们二者之间只有相关性，并没有因果性。其共同的原因是夏天到来，气温升高，人们去海滩的次数增多，进而导致冰激凌卖得更多和鲨鱼攻击事件增多。这个例子看起来很荒谬，读者可能会觉得没有人会犯这样的错误，这两者之间显然是不具有因果关系的，但其他一些例子则没有这么简单，最典型的是吸烟和肺癌之间的因果性论证。在研究吸烟和肺癌关系的早期，有科学家通过分析吸烟和肺癌之间的相关性，得出吸烟导致肺癌的结论，但受到了批评，批评者中就有伟大的统计学家罗纳德·费雪（Ronald Fisher）。费雪提出，一种可能性是肺癌导致吸烟，因为得了肺癌之后会对肺部造成刺激，而吸烟会缓解这一刺激；另一种可能性是存在一种基因，同时导致个体患肺癌的概率增加和吸烟的概率增加。这两种解释乍一看好像很奇怪，但如果只对吸烟和得肺癌这两个变量做相关性分析，这两种解释确实是都有可能的。

在推荐系统中也存在同样的问题。最经典的协同过滤算法，本质上就是在记忆物品之间的相关性。所以，这种算法只能告诉你哪两个物品相关，但给不出原因。至于推荐系统中用到的大量的机器学习算法，虽然使用了很多特征，好像是在学习原因，但本质上也都是在学习相关性，并没有学习因果性。学习不到因果关系，就难以判断出在模型中起作用的众多特征中，哪些是真正的根本原因，哪些是受到根本原因影响的次要原因，或者根本不是原因，只是与结果有相关性，而没有因果性。

例如，在一个图书推荐的点击率模型中，我们使用了性别、年龄、学历、职业、收入水平、喜好主题、喜好作者等特征，同时也使用了大量的 ID 类特征，如用户对某本书的历史行为等。在训练出这样一个模型之后，我们能够通过特征参数得知每个特征与最终点击与否这个行为的相关性，但是却无法得知在这些特征中，哪些是起根本性作用的，哪些是被这些起根本性作用的特征所影响的。比如用户的喜好主题和喜好作者，可以在很大程度上决定他对一些书籍的历史阅读行为，那么喜好主题和喜好作者就属于在因果关系链条中更靠上的原因，而对这些具体书籍的历史阅读行为则会受到喜好主题和喜好作者这两个变量的影响。如果是这样的话，我们就可以说，这些书籍上的 ID 类特征的权重并不能真实反映它们的影响，因为它们并不是导致用户点击的原因。对这些书籍的历史点击行为和对当前要预测的书籍的点击行为是具有相关性的，但并不具有因果性，真正具有因果作用的变量是用户的喜好主题和喜好作者。

这样的变量在统计学中叫作混淆变量（confounding factor）。如果能找到模型中的混淆变量，或者说根本原因，那么对用户的理解就会更加深入，就能够将每种因素对用户行为的影响进行量化，并且将变量间影响进行剥离。

著名的计算机科学家，图灵奖得主 Judea Pearl 在其介绍因果推断的书 The Book of Why 中，将人类对因果关系的认知分为三个层次，并将其称为"因果认知的梯子"，如图 13-3 所示。第一层是关联（association），这一层回答的主要问题是："看到变量 X 后对变量 Y 会有什么影响？"例如，当知道某人有某种临床表现（X）后，他患某种疾病的概率（Y）会增加多少？可以看出，这就是当今机器学习在解决的典型问题。第二层是干预（intervention），这一层回答的主要问题是："如果采取某操作，结果会有何不同？"例如，如果吃一片阿司匹林，我的头疼是否会好转？这一层与第一层的主要区别在于，人会主动采取行动改变原有事物的进程。第三层是归因分析与反事实推理（counterfactual），这一层回答的主要问题是："是 X 导致了 Y 吗？"或"如果 X 当时没有发生，后果会怎么样？"典型的如：是阿

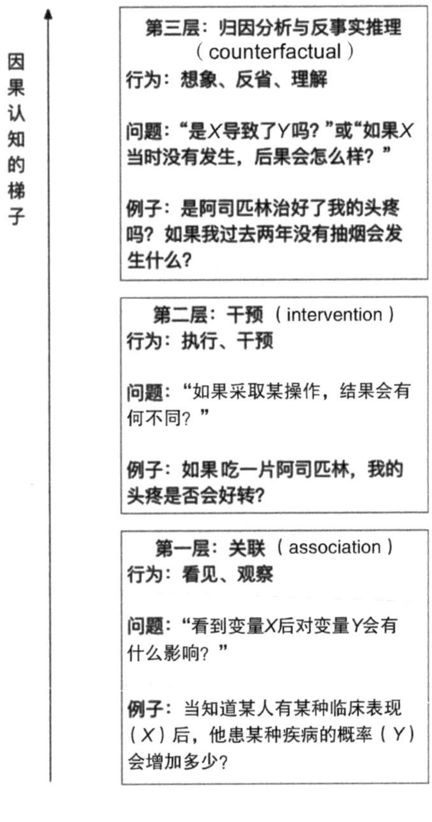

因果认知的梯子

第三层：归因分析与反事实推理（counterfactual）
行为：想象、反省、理解

问题："是 X 导致了 Y 吗？"或"如果 X 当时没有发生，后果会怎么样？"

例子：是阿司匹林治好了我的头疼吗？如果我过去两年没有抽烟会发生什么？

第二层：干预（intervention）
行为：执行、干预

问题："如果采取某操作，结果会有何不同？"

例子：如果吃一片阿司匹林，我的头疼是否会好转？

第一层：关联（association）
行为：看见、观察

问题："看到变量 X 后对变量 Y 会有什么影响？"

例子：当知道某人有某种临床表现（X）后，他患某种疾病的概率（Y）会增加多少？

图 13-3　因果认知的梯子

司匹林治好了我的头疼吗？如果我过去两年没有抽烟会发生什么？等等。这一层是在第二层的基础上进行总结归纳和分析，进而得到因果性结论的。

对比 Judea Pearl 的梯子理论，当今我们大量使用的机器学习算法，包括推荐系统中使用的算法，都还停留在梯子的第一层，也就是学习变量之间的相关性这一层。如果不引入新的对因果性友好的技术和描述语言，那么不管模型有多少层、有多少个神经单元，仍然无法跨越到第二层和第三层。

目前工业界和学术界的大部分注意力仍然在学习到更好的相关性这一领域，对于学习因果性，还没有表现出足够的兴趣。这在一定程度上和技术对业务的直接贡献有关系，但从行业发展的角度来看，还是希望能有更多这方面的研究与实践，这或许会对推荐系统的长期发展方向和发展空间产生不小的影响。首先，我们可以使用更少数量的特征描述出用户的点击原因，进而得到更高效的精练的模型，并将这种因果关系输出应用到网站业务的其他地方。其次，参考因果认知的梯子的第二层，我们可以计算出如果给用户推荐了他之前兴趣中没有出现过的物品会怎么样，与之前介绍过的探索与利用中的算法不同的是，使用因果推断的方法可以在不用进行大量实验的情况下就得出相对可靠的结论。这与目前推荐行业几乎完全基于已发生的事实进行计算的方法有着本质的不同，当前的做法本质上还是一种记忆，基于历史行为的记忆，而基于因果推理进行计算，则可以说在一定程度上进化到智能阶段了，或者说勉强可以算是智能的推荐系统了。最后，如果能进化到梯子的第三层，也就是归因分析与反事实推理的层次，那么推荐系统就具有了反省和自我进化的能力，可以计算出今天通过推荐得到的收入背后的真正原因是什么，如何通过调整这些因素以取得更好的推荐效果，等等。总而言之，如果推荐系统可以跟随因果认知的梯子一路向上进化，那么它最终就会变成一个真正具有智能和智慧的系统。

13.4　信息茧房

信息茧房是个性化推荐领域人们经常讨论的话题，它有着多方面深刻的内涵。本节我们主要讨论当今的推荐算法技术在信息茧房形成中起到的作用，以及一些可能的逃离信息茧房的方法。

首先来回顾一下推荐系统典型的演进过程。

（1）几乎没有推荐算法，随机或通过规则决定要展示的内容。

（2）收集到一定数量的数据，基于此设计简单的推荐算法，典型的如协同过滤算法。

（3）引入机器学习算法，与协同过滤等召回算法相结合，进一步精准化学习用户的喜好，以求推荐的内容更加贴近用户的喜好，而用户喜好的主要信息来源是用户在平台上的历史行为，其中最重要的评价指标是点击率和购买率等直接转化类指标。

（4）使用深度学习等更复杂的机器学习算法优化召回和排序算法，持续优化点击率等指标。

在不同的场景下推荐系统会有不同的演进路线，但整体上都可被看作上面流程的一个具体实例。上面的流程存在如下两个核心问题。

问题一：核心的评价指标都是以点击率为代表的，与短期业务绩效强关联的指标。

问题二：每一次算法优化使用的训练数据，包括展示后点击和展示后未点击的数据，都是由上一个版本的推荐算法生成的。

"问题一"会导致系统基本上只关注当前收益，而忽略了潜在的长期收益。这一点的危害及应对方案在前面的关于探索与利用问题的章节中进行过介绍。而"问题一"和"问题二"加起来则会导致另外一个非常严重的问题——由于训练数据中只包含了由上一个版本的推荐算法生成的展示数据，并且优化指标通常是点击率，因此会导致新算法是有偏的，偏向于已经发生过的事情，并且这种偏差在不引入新思路、新方法的情况下很难被纠正。

假设使用标签作为用户的兴趣维度，具体来说，比如有一个用户，其喜好标签有10个，在某一版本的推荐算法中，推荐出与其中4个标签相关的内容，此外，还推荐出其他一些标签的内容。我们希望通过升级算法来优化推荐效果，按照上面的流程，会使用日志中的数据作为样本。此时日志中存储的是4个相关标签的展示结果（包括点击和未点击，下同）和其他一些不相关标签的展示结果。根据机器学习算法的特点，新算法会极力去拟合日志中的结果。在理想情况下，新算法学习到的信息主要是两个方面：用户很喜欢这4个标签的内容和用户不喜欢其他几个标签的内容。基于这些学习到的信息，新算法会尝试给出与这4个标签更像的结果，同时极力避免与其他几个不相关标签相似的结果。在整个过程中，用户感兴趣的另外6个标签却很有可能始终没有被推荐出来，而与4个被展示过的标签相关的内容会越来越多，如此循环往复，用户看到的内容主题范围越来越窄，最终导致了信息茧房的形成。这也成为近年来用户诟病推荐系统的主要问题之一。有人将推荐系统的这种行为戏称为"母爱式"的溺爱，也就是你爱什么就拼命给你什么。而用户在一定程度上也需要"父爱式"的严厉，让用户走出自己的舒适区，去认识更广阔的世界。

换句话说，当前这套主流的推荐系统开发流程，本质上是对系统历史行为的"取精华、去糟粕"的过程。所以，效果的上限就是最早历史行为中精华的多少，一旦最早的基调定下了，后面就很难摆脱这个大方向。如果说推荐系统对用户喜好的建模过程是一条路，那么越到后期，这条路的方向越固定，越难以去探索不同方向上的用户兴趣。

我们在前面的关于探索与利用问题的章节中介绍过一系列缓解信息茧房的方法，但由于一些原因，这些方法还难以真正做到逃离信息茧房，其中主要原因包括：

- 产品和技术决策者很难真正做到舍弃部分当前利益，以换取潜在的长期利益。在这个"刺刀见红"的竞争时代，真正大规模使用 EE 策略不仅会损失部分当前利益，还可能会给内部和外部竞争者超越自己的机会。在这样的背景下，利益的舍弃是一个多方博弈的问题，推荐产品所有者真正拥有的决策权并没有那么大。这一点可称之为"不愿"。

- 以 UCB 和 LinUCB 为代表的 EE 算法，其核心都是需要得到一个物品点击率的置信区间。当今点击率模型的发展都是以深度模型为主的，但是关于深度模型如何给出预测值的置信区间却少有研究和大规模的实践，所以想要在深度模型的技术框架下使用 EE 策略有很大的难度。这一点可称之为"不能"。

以上两点综合起来，可谓"既不愿也不能"。当意愿和能力都缺失的时候，任何事情都无法进行下去。但我们也欣喜地看到，谷歌等公司在逐步重视这个问题，如YouTube在WSDM 2019上发表了一篇文章[1]，主题是使用强化学习来对这种偏差进行纠正，该方法使YouTube取得了近两年来单个项目的最大增长。

推荐系统最早的成功来自对用户兴趣的精准捕捉，进而给用户带来惊喜的体验。但随着这种"溺爱式"体验的流行和加重，这一曾经的优势也有可能会成为让推荐系统走向衰落的原因。所以，推荐系统的工程师和产品经理们，在追求当下业绩收益的同时，也需要花费一定的精力和资源来关注推荐系统的诗与远方。

1　Minmin Chen, Alex Beutel, Paul Covington, Sagar Jain, Francois Belletti, and Ed H. Chi. Top-K Off-Policy Correction for a REINFORCE Recommender System. In Proceedings of the Twelfth ACM International Conference on Web Search and Data Mining (WSDM '19). ACM, New York, NY, USA, 2019: 456-464. 链接 63.

13.5 转化率预估偏差问题

在电商推荐系统中，商品的消费通常会经历两个步骤，第一步是从曝光到点击；第二步是从点击到购买。第一步的效率通常称为点击率，第二步的效率通常称为转化率。目前业界在转化率建模方面主流使用的技术框架和点击率建模基本相同，主要差别在样本的选取上。点击率模型的样本空间是全部曝光的商品，其中被点击的作为正样本，未被点击的作为负样本；而转化率模型的样本空间是全部被点击过的商品，其中被购买的作为正样本，未被购买的作为负样本。但正是这样的样本选取方法，给转化率模型带来了一些问题。

首先是样本的偏差问题。如图 13-4 所示，上面提到转化率模型的样本空间是全部被点击过的商品，但在线上应用时需要预测的范围却是整个样本空间。这就导致在样本上学到的信息相对于预测空间来说是有偏的，所以在预测时会有信息的损失。这个问题和上面提到的信息茧房的问题在一定程度上是类似的，二者的样本都是在受限的空间内选取的，和上线预测的样本空间不同，因此都会产生偏差。但由于转化率模型使用的样本空间比点击率模型使用的样本空间更小，因此这个问题可能会更加严重。

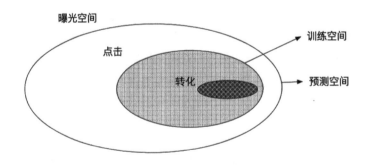

图 13-4 转化率模型的样本空间

其次是数据稀疏性问题。在电商场景下，推荐模块的点击率通常在百分之几到十几的级别，这导致被点击的商品数量远少于曝光的商品数量，在极端情况下可能会少一到两个数量级。这意味着在转化率模型中，如果使用与点击率模型相同的模型和特征，那么可用的样本数也会少一到两个数量级，这种稀疏性会导致学习不够充分，结果欠拟合。

目前业界在点击率和转化率上通常使用的是类似的方案，这样做带来了流程的统一性和便利性，点击率模型效果的提升方案也可被直接应用到转化率模型上。但这种便利性在一定程度上掩盖了上面提到的问题，长期下去会影响推荐系统效果的整体平衡发展。

近年来,在这方面陆续有些工作注意到了这个问题,具有代表性的是阿里巴巴在SIGIR 2018上发表的ESMM模型 [1]。该模型使用多任务联合学习的方法对点击率模型和转化率模型进行建模,实现了在全量样本空间上的转化率建模。该方法使多项关键指标都得到了提升,在一定程度上缓解了上面提到的两个问题。

ESMM 模型架构图如图 13-5 所示。从图 13-5 中可以看出,该方法的核心在于点击率模型和转化率模型共享了大量的嵌入表示层,而这些嵌入表示层是可以使用点击率样本空间中的大量样本来训练的,这就缓解了转化率模型只能用较小的转化率样本空间中的样本进行训练的问题,提高了转化率模型的拟合能力。此外,这种多任务联合学习的方法还有一个额外的作用,就是可以减少过拟合,其原理是让一批特征同时拟合多个目标,如点击率和转化率目标,使得这批特征不会对某一个目标过拟合。在这个具体的场景中,点击率模型是更容易过拟合的,因此这种方法可以提高点击率模型的泛化能力。

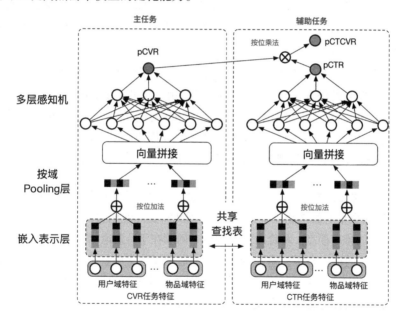

图 13-5 ESMM 模型架构图

虽然目前推荐的链路还是以一阶段或两阶段为主,但随着推荐技术应用的普及,在未来很

---

1 Xiao Ma, Liqin Zhao, Guan Huang, Zhi Wang, Zelin Hu, Xiaoqiang Zhu, and Kun Gai. Entire Space Multi-Task Model: An Effective Approach for Estimating Post-Click Conversion Rate. In The 41st International ACM SIGIR Conference on Research & Development in Information Retrieval (SIGIR '18). ACM, New York, NY, USA, 2018: 1137-1140. 链接 64.

有可能会出现更长链路的场景，届时这两个问题带来的影响会被进一步放大，因此在这方面进行更多的研究和实践还是非常有必要的。

13.6　召回模型的局限性问题

在当今主流的"召回+排序"这种两阶段方法中，召回阶段一般使用的算法都相对简单，因此研究人员将更多的精力放在了排序阶段，例如层出不穷的 CTR 模型大多服务于排序阶段。召回阶段的匹配算法大致经历了两个阶段的发展：

- 第一个阶段是以协同过滤为主的行为类匹配算法，加上以用户画像和文本算法为核心的内容类匹配算法。行为类匹配算法的局限性在于只能对有过行为的商品进行计算，兴趣范围逐渐收窄；而内容类匹配算法的问题在于内容层面的匹配与用户兴趣的匹配之间往往还会有较大差异。
- 第二个阶段就是近年来逐渐兴起的基于嵌入表示的向量内积匹配算法。这类算法的典型代表是 YouTube 的深度学习文章中提到的用"用户向量和物品向量的内积"来进行召回。这类算法的核心问题在于限定了只能用"向量+内积"的方式进行相关性计算，但很多复杂模型无法表示为这种形式。此外，很多时候用户向量和物品向量并不在同一个空间内（数学概念上在，但物理含义上不在），因此也会带来精度的损失。

之所以要使用"召回+排序"的两阶段方法，是因为目前主流的精度较高的排序打分模型由于性能问题，难以在全量的候选物品上进行计算，因此需要先使用召回算法对候选集进行缩减，缩减后再应用复杂的排序模型。两阶段方法的最大问题在于，无论 CTR 模型精度提升到什么级别，都会由于召回层的精度有限，导致给排序层输送的候选集质量有限，使得 CTR 模型发挥作用的空间也受到了限制。如果该情况持续下去，则会导致推荐效果的优化永远只是在候选集给出的几十个、几百个物品上做文章，优化空间严重受限。

所以理想的方式是有一种算法可以对全量的候选物品进行较复杂的模型计算，也就是提高召回阶段的建模能力。这种算法在计算性能和精度上都需要有较好的表现。比如阿里巴巴在 KDD 2018 上提出了基于树模型的全库检索模型TDM[1]。该方法将全库商品建模组织为一棵树，

---

[1] Han Zhu, Xiang Li, Pengye Zhang, Guozheng Li, Jie He, Han Li, and Kun Gai. Learning Tree-based Deep Model for Recommender Systems. In Proceedings of the 24th ACM SIGKDD International Conference on Knowledge Discovery & Data Mining (KDD '18). ACM, New York, NY, USA, 2018: 1079-1088. 链接 65.

叶子节点是具体的商品，那么从根节点到每个商品就形成一条路径，而用户对一个商品的兴趣就可以描述为用户对这条路径的兴趣。在此基础上，对每一层节点的兴趣采用较复杂的模型进行建模。在预测时，从根节点一路向下寻找当前层的TopK个最感兴趣的节点。这种方法在召回时将每个叶子节点，也就是商品都纳入了计算范围，同时使用树结构将$O(N)$级别的计算降到了$O(\log N)$级别，是一种很巧妙的方法。

要想让跟随这棵树走下去得到的结果是最优结果，一个前提条件是这棵树的结构本身要足够好。在该方法中构建的树结构，本质上是对所有物品组成的空间的一种划分，如果根节点有N个子节点，构成N棵子树，那么就相当于把物品空间划分成N个子空间，然后继续对每个子节点进行划分，直至到达叶子节点，也就是物品本身。在这种场景下，我们希望一棵树具有什么样的结构呢？推荐系统寻找待推荐物品的过程，本质上就是拿着用户的行为历史和属性等各种特征，去寻找和这些特征最相似或匹配的物品，而最自然的寻找过程，就是逐步缩小寻找范围。在这个逐步缩小范围的寻找过程中，自然是希望每走一步都排除掉不那么相关的物品，更接近相关的物品。所以希望划分到同一棵子树下的物品是比较相似的，而划分到不同子树下的物品是相差比较大的。因为在这种树结构下，配合以精准的选择算法，可以确保每选择一个子节点，下钻到一棵子树，都是排除了大量不相关的物品，选择了一个比较类似的群体的，并且后续不再需要查找当前排除掉的其他子树，只需要在这棵子树下继续寻找即可。

所以，要让 TDM 方法奏效，除了在每一层构建复杂的排序模型，还需要有一棵结构合理、满足上面条件的树。*Learning Tree-based Deep Model for Recommender Systems* 论文中选择的做法是联合优化模型训练和树结构，交替优化排序模型 M 和树结构 T，大致方法为：

（1）依托淘宝商品体系，结合随机初始化，构造初始化的兴趣层次树T_0。

（2）基于T_0构造样本，训练得到 TDM 模型M_1。

（3）根据M_1学到的物品嵌入表示，通过分层多次 K-means 聚类重新构造新树T_1。

（4）基于T_1重新构造样本，训练得到 TDM 新模型M_2。

（5）重复步骤 3 和步骤 4，直至模型测试指标稳定，得到最终模型M_f。

可以看到，树结构优化有如下几个核心点：

- 每一层的排序模型M_k都需要为每个节点生成一个嵌入表示。
- 对嵌入表示进行多次 K-means 聚类，每次聚类都将物品分为两组，也就是两个节点，直至每个聚类中只有一个物品。
- 模型训练优化与树结构优化交替迭代进行，直至指标收敛稳定。

这种方法可以让树结构不断优化，再结合每一层的排序模型，可以得到更好的整体召回结果。更多细节请参考该论文原文。

在该论文作者使用的真实数据集上，该方法使得各方面指标都有了较大提升，证明了将全库商品纳入检索范围的收益是巨大的。这里的提升也是容易理解的，因为这相当于同样的算法应用了更大的杠杆，从而撬动了更大的收益。在这方面，我们也希望能够看到更多的开创性探索和实践，将推荐系统的召回检索能力提升到新的高度。

13.7　用户行为捕捉粒度问题

推荐系统发展的初期，使用的是用户评分这样的最为显式的数据，例如电影评分数据。但后来发现由于用户意愿等各种原因，评分数据十分稀疏，所以大家开始使用点击、购买这样的所谓隐式反馈数据。这种用法也一直延续到现在，构成了目前用户反馈数据的主要部分。

其实用户对一个展示物品的行为远不止点击这么简单。首先，在曝光阶段，用户在一个物品上的停留时长也是一种反馈。随着推荐展示使用的图片越来越大，甚至还带有视频，用户虽然没有点击进去，但是如果在封面图片或视频上长时间停留，也能够代表用户的兴趣程度。其次，用户点击进去之后，滑动商品图片、点击详情页标签、放大图片、查看评论区等，都代表了用户的兴趣。如果能将这些细粒度行为收集起来并加以利用，对用户兴趣的建模能力显然可以提升一个级别，相应地，也能够提供更高级别的推荐系统。

要实现这一目标并不容易，最大的难点在于这种细粒度行为的数据量非常大，比点击行为的数据量大至少一个量级，如果全部通过回传服务器进行加工，然后下发到客户端的方法进行处理，显然服务器经受的数据传输压力会呈数量级增长，之后进行的模型训练和推断同样也会面临巨大的挑战。应对这一挑战的方法之一是应用边缘计算的模式，即将在客户端收集到的部分数据在客户端直接处理，将服务器下发的结果进行二次加工，得到更优的结果。

例如，在一次请求中，用户行为被上传到服务器，服务器更新该用户的推荐结果 R，并在下一次请求时下发到客户端。该用户接收到 R 之后，在客户端继续产生行为，包括上面说到的很多细粒度行为被收集起来，根据这些行为更新一个本地针对该用户的个性化模型，并根据这个个性化模型对 R 进行二次排序，得到结果 R'，然后将 R' 展示给用户。其中的关键在于从 R 到 R' 的过程是在终端应用边缘计算技术实现的，而不是传统的把数据上传到服务器进行计算的。

细粒度行为反映的细粒度兴趣，加上边缘计算的极致反馈速度，可以将推荐系统的效果提升到一个新台阶。但目前这方面的工作还处于萌芽探索阶段，尚无可靠的最佳实践方案，需要大家去积极探索尝试，相信潜在收益是巨大的。

13.8　总结

　　本章介绍了推荐系统面临的几个比较典型的挑战，由于篇幅所限，还有很多挑战没有讨论。但我们明确知道的是，随着推荐系统应用的不断推广普及，推荐系统承载的功能会越来越多，一些在当下看起来不足以引起重视的问题，在未来一定会成为制约系统发展的瓶颈。因此，我们在享受推荐系统当下带来的红利的同时，也要能够充分看到远方的挑战，毕竟我们的目标是星辰大海。